「數位新世界」出版的話

數位科技像空氣一樣，一轉瞬就充滿了我們生活的每個角落。工作、學習、娛樂、理財、居家、出遊、溝通、傳情、兼差、謀生、犯罪等，沒有一種媒體的發明像數位科技這樣無縫深入。

美國史學大師巴森在他的經典名著《從黎明到衰頹》中說，這個時代有一個新階級叫做「數位人（Cybernist）」，他們的角色跟中世紀的教會神職人員一樣，各機構制度的主管及領袖皆從這個階級產生。巴森在一九九九年寫出這段話的時候，Google 尚未誕生，然而十年過後，現在全世界市值上升最快的公司，讓最多年輕人快速致富的行業，全都來自這裡。

數位世界本來是人類的新邊疆，但很快的它已經變成我們的現實。英特爾的葛洛夫說「所有公司都會變成網路公司」，我們不只架部落格，上噗浪，開臉書，我們也要開始煩惱新開拍的電影如何找到觀眾，老家日漸蕭條的手工製品如何找到新愛好者，舊媒體如何找尋新讀者，救災體系如何不要被鄉民在一天之內架設的網站所淘汰。

舊時代的服務、溝通、組織必須現在就跨入新世界，而我們只有很少數人熟悉數位世界的遊戲規則。如果有所謂數位落差，那不只存在於城鄉之間，更重要的是存在於舊部門、舊市場、舊主管、舊官僚對新世界的陌生。

你不需要開始學程式設計，但你應該開始熟悉數位世界運作的原理，以及如何進入的方法。這是「數位新世界」系列為什麼會誕生的原因。

科技想要什麼

未來學教父凱文・凱利的科技大趨勢

嚴麗娟──譯

WHAT TECHNOLOGY WANTS

KEVIN KELLY

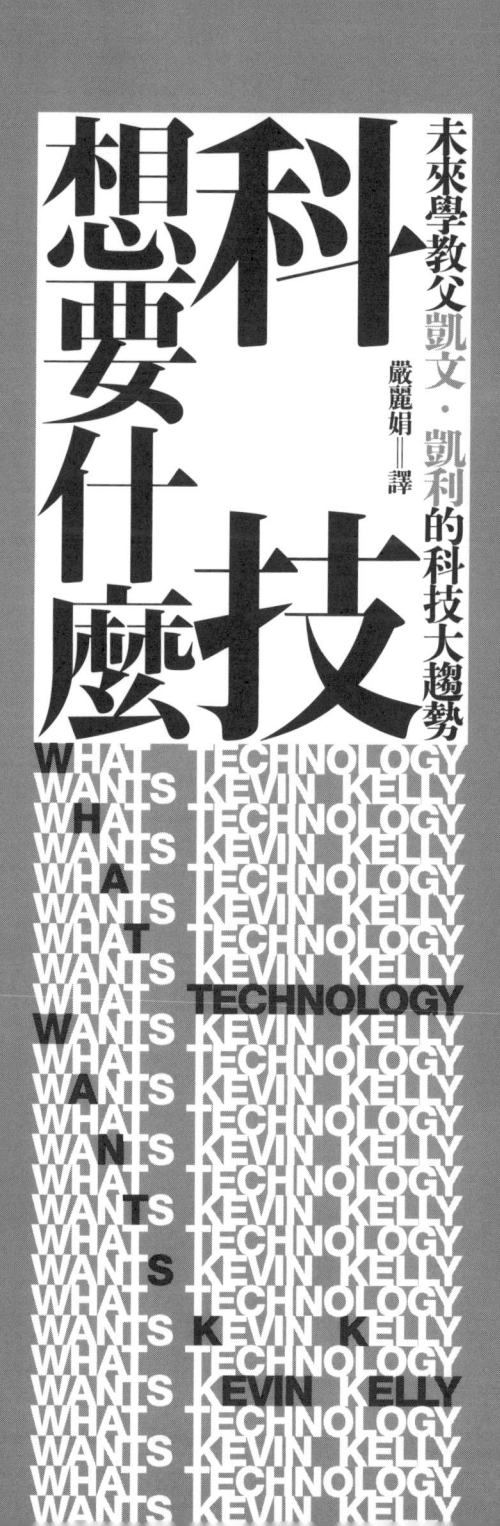

數位新世界 7

科技想要什麼 YK1607X

作　　者　凱文．凱利
譯　　者　嚴麗娟
選 書 人　陳穎青
責任編輯　曾琬迪（初版）、王正緯（二版）
編輯協力　蕭亦芝
專業校對　魏秋綢
版面構成　健呈電腦排版股份有限公司
封面設計　徐睿紳
行銷統籌　張瑞芳
行銷專員　何郁庭
總 編 輯　謝宜英
出 版 者　貓頭鷹出版

發 行 人　凃玉雲
發　　行　英屬蓋曼群島商家庭傳媒股份有限公司城邦分公司
　　　　　104 台北市中山區民生東路二段 141 號 11 樓
　　　　　劃撥帳號：19863813；戶名：書虫股份有限公司
城邦讀書花園：www.cite.com.tw　購書服務信箱：service@readingclub.com.tw
購書服務專線：02-2500-7718~9（週一至週五 09:30-12:30；13:30-18:00）
24 小時傳真專線：02-2500-1990~1
香港發行所　城邦（香港）出版集團／電話：852-2508-6231 ／ hkcite@biznetvigator.com
馬新發行所　城邦（馬新）出版集團／電話：603-9056-3833 ／傳真：603-9057-6622
印 製 廠　成陽印刷股份有限公司
初　　版　2012 年 5 月
二　　版　2020 年 11 月／二刷 2024 年 3 月
定　　價　新台幣 540 元／港幣 180 元
I S B N　978-986-262-446-3

讀者意見信箱　owl@cph.com.tw
投稿信箱　owl.book@gmail.com
貓頭鷹臉書　facebook.com/owlpublishing

國家圖書館出版品預行編目資料

科技想要什麼／凱文．凱利（Kevin Kelly）
著；嚴麗娟譯 . -- 二版 . -- 臺北市：貓頭鷹
出版：家庭傳媒城邦分公司發行 , 2020.11
面；　公分 . --（數位新世界；7）
譯自：What technology wants
ISBN 978-986-262-446-3（平裝）

1. 科技社會學

440.015　109016769

各界好評

哲學家的洞見，歷史學家的窮究，生物學家的視野。凱文・凱利一貫的原創書寫，再次刺激我們思考「科技」與「未來」的遠方交會點。

——黃哲斌，媒體工作者

凱文・凱利想要跟我們說的是，科技如同人類一樣，正不停地進化……。《科技想要什麼》是一本奠定科技發展的宏觀哲學論著，如果他的論述是正確的，那他當然是科技進化史上的達爾文。

——吳顯二，癮科技站長

科技因人而生，人因科技而擴展，《科技想要什麼》明白闡述了「科技體」與「人」的微妙互動，閱讀它、分享它、按讚，你也在「科技體」的神經元裡！

——李世光，財團法人資訊工業策進會執行長

「君子役物，小人役於物」。當我們已經活在科技架構的「母體」時，凱文・凱利將告訴你如何與這個系統共存。

——李怡志，Yahoo! 奇摩內容企畫總監

這本將會厚達四百三十頁的書，可能要花上你一、兩周，甚至長達一個月的時間去讀，它有時候像是輕鬆的科幻小說，有時卻充滿非常非常深的哲理……。跟大家推薦凱文．凱利的《科技想要什麼》，我想它會讓你更知道，你想要科技做什麼。

——林之晨，appWorks 之初創投合夥人，著有《Jamie 流行銷》

凱文．凱利可名列世上頂尖的科技哲學家，他又再次領導潮流，帶給我們這本出色到令人稱奇的作品。

——艾薩克森，著有《賈伯斯傳》

本書不是入門讀物，非常激勵人心，是我讀過最棒的科技書。

——尼葛洛龐帝，MIT媒體實驗室創辦人，著有《數位革命》

這本書出現後，我才甘願接受無可避免的科技化未來，同時也讓我對未來感到有希望。本書就是達到顛峰的科技。

——洛西可夫，著有《大腦操縱》

凱文．凱利的新書令人愛不釋手。太優秀了，人人必讀。

——柯普蘭，著有《X世代》

這就是為什麼我們仍該花時間讀書。在這文化和科技的交叉點，凱文．凱利是位睿智有遠見的人，精心創造出這部作品，適合所有年齡層的讀者。

——高汀，著有《關鍵》

凱文．凱利帶給我們的權威大作應該要慢慢吸收，細細品味，直到讀完最後一段。

——彼得斯，與他人合著有《追求卓越》

我很少看到一本如此重要、如此縝密的作品，雖然有些地方我非常不同意，但我卻覺得要推薦所有人買來細讀。若要思索我們的時代和未來，《科技想要什麼》中提供了一個方法，陳述非常清楚，也非常純粹。沒讀過這本書，你無法了解當代最重要的對話。

——藍尼爾，著有《別讓科技統治你》

凱文．凱利的論點引人入勝、清楚易懂、唱反調、非常了不起：科技要表現出自我組織的宇宙，與其透過工程來比喻，不如透過生物學。讀了以後你一定會大吃一驚，受到激發；讀了之後你對科技的恐懼會轉化成驚嘆。

——霍肯，著有《看不見的力量》

本書的深度和廣度皆前所未見，絕對會成為當代思潮的地標。

——伊諾，音樂家和製作人

■推薦序

「求知若渴，虛懷若愚」最佳實踐者

《今周刊》社長 梁永煌

會認識凱文．凱利，我想，得從「求知若渴，虛懷若愚」這幾個字談起。這句堪稱二〇一一年最熱門的座右銘，尤其在蘋果創辦人賈伯斯逝世後，更為世人所傳頌。

站在後PC時代最關鍵的十字路口，台灣人曾經引以為傲的NB代工產業，卻在 iPad 問世之後，潰不成軍；曾經自豪的兩兆雙星產業，如今卻深陷巨額虧損之中，無法自拔。我們看著一片轉型的恐慌在科技產業瀰漫，聽著科技大老們的焦慮聲，這幾乎是台灣科技這幾年來最黑暗的時刻。

我們就像迷失在霧裡的行船，能見度伸手不見五指。坐在船上的每個科技大老，有的急著操作羅盤，有的看著地圖，有的拼了命瞪大眼地往望遠鏡裡瞧，沒有人知道，到底對的方向在哪裡。

於是，凱文．凱利的名字，躍然紙上。他出版《科技想要什麼》原文書之後，首度到大陸參訪。那時形成的討論風潮，讓我們更有信心，是他了！

但我們也不諱言，在《今周刊》確定要邀請凱文．凱利來台進行大型演講後，我們仍不斷問著自己：「真的夠了解科技了嗎？真的夠認識凱文．凱利了嗎？」

為了認識這位二十一世紀的權威科技趨勢預言家，我們將他所出版過的著作全數找了出來，他發表過的文章，我們盡力地去吸收。在知道「科技到底想要什麼」之前，我們得透徹地認識這位大師，進入他的思想，然後帶領台灣讀者走出後PC時代的迷霧之中。

還記得在凱文．凱利正式登台面對台灣讀者前，應我們之邀前來與其對談的華碩董事長施崇棠，這麼問著凱文．凱利：「你似乎很喜歡創造新的名詞？」凱文．凱利笑了笑，搖了搖頭，「不是我喜歡創造新的名詞，是我始終找不到合適的名詞，來形容這些正在發生的趨勢。」

所以，在這本書中，你會看到，凱文．凱利用的是「科技體」（technium）來向下論述，原因很簡單，我們所熟悉的「科技」（technology）一詞，在他看來，只足以用來表示特定科技產品，可能是雷達，可能是一種塑膠聚合物，然而，他所想探討的科技，卻遠遠超出於特定科技產品，因此，他創造了這個詞——「科技體」。

讀這本書時，凱文．凱利從最根本的底層——「什麼是科技？」開始談起，他由下而上，一層一層架構起科技的概念。他省略告訴你什麼是矽晶圓，他不會鉅細靡遺地跟你分析到底新一代 iPhone 該使用單片式玻璃觸控（Touch On Lens，簡稱TOL）好，抑或是內嵌式觸控（in-cell）技術更有競爭力，他更不會直接幫你預估新一代 iPad 能賣幾百萬台。

取而代之的，他希望我們每個人在關心科技時，都應先回歸到科技的根基，先想想，你真的懂什麼是科技了嗎？進而再思索，究竟科技要的是什麼？又或者說，到底我們想要怎麼樣的科技？

多數時候，他是一個哲學家、思想家，他從來不會直接給你答案，但凱文．凱利最令人著迷的地方，是一步步地引導你，進入問題的最核心，隨之，啟發、觸動，然後找到你想要的答案。因為每個人要的答案，都不一樣。

在全球科技巨變的時代，我們看到一位趨勢大師在科技產品發達的年代，如何與科技產品保持距離，以維護他探究科技本質的初衷；我們看到凱文．凱利親踏上台灣，在《今周刊》記者的陪同下，深入竹科、工研院，與台灣最關鍵的研發人員對談，與第一線的CEO們交換意見，用虛懷若谷的謙遜態度，吸收每個訊息。

他搭計程車時，對滿街跑的計程車上都裝載行車記錄器，感到驚奇；他到便利商店購物時，對台灣便利商店提供琳瑯滿目的服務，感到訝異；他更在工研院看到最新的研發成果時，為之驚豔。

誠如開頭所提，他幾乎就是「求知若渴，虛懷若愚」的最佳實踐者。

凱文．凱利用他獨特的眼光，重新帶領我們探索這個科技世界，他企圖與我們溝通一個概念，那就是科技遠比我們想像的更多。科技不會只是一個特定的科技產品，而像是一個科技體，有朝一日可能存有某種程度的意識，自我演進，甚至比你我更懂得我們需要的科技產品是什麼。

如此說來，很多人可能會露出不可置信的一笑，這些話如同凱文．凱利在書中所提，「烤麵包機怎麼會有欲望？」這般不為人所相信。但「Nothing is impossible.（無所不成。）」，就像在臉書尚未出現之前，我們也無從想像——有一天，會有一個網站掌控著全球八億個使用者的生活細節，所連結起的網絡彷彿像一個人口密集的國家般綿密。

期盼隨著這本書在台灣出版，能夠為更多關心科技發展的讀者，掀起另一波科技思想的波瀾，在我們尋找後PC時代的新方向之際，也同時回到問題的本質核心：「科技想要什麼？」

■推薦序

與科技的對話，讀完這本書後，才開始

《WIRED》國際中文版總編輯　戴季全

別理我們這些老傢伙，你們才是創造未來的人。

——凱文．凱利

有人稱凱文．凱利為科技哲學家，有人把他當成權威思想家。要注意的是，這些聆聽凱文．凱利聲音的人當中，有兩種人。一群人是現役的創業家、創造者，這些人知道他的觀點是自己行動的結果，可以是我們即將展開新行動前想像的開始。但有另外一群人把他當成神祇膜拜，把他的話語當成行動的教條與方針。

在閱讀這本書之前，我們得先問，我們是哪一種人？

就我和凱文．凱利對談的經驗來看，與他的對談，往往是在對談結束後才開始的。如果你和我一樣，是那種「凡事都想自己動手嘗試」的人，那麼閱讀完這本書之後，你也會有同樣的感覺。

在凱文．凱利受邀來台前，我到他位於加州的家中進行了一次長達三小時的漫談專訪，全都自私自利地聊我心裡懸疑許久的觀察、結論與想像。原本擔心他的台灣之行會就我們談論的內容演繹，不敢掠人之美，壓著訪談內容未發。結果聽著訪談的錄音、看著逐字稿，才發現我正在進行的收尾整理工作，愈整理、愈懸疑。聊的議題多元有趣，會分批發表於 WIRED（http://wired.tw），我先挑一組議題，看看凱文・凱利看待事物的方法：

我：我最關心的還是網路對社會的衝擊。我自己在台灣從事網路事業，親身體會網路已經為世界帶來重大的改變了，但我感覺我們正在面臨另外一個階段的衝擊的開始。就我自己的觀察，網路已經開始影響台灣的政治。你認為這個改變會如何發展，會衝擊到什麼程度？

凱文・凱利：這樣說好了，如果人們每天會花五六個小時透過運算設備上網，這一定會影響政治。如果你花了這麼多時間在網路上，工作中也用，下班後也用，這必定會影響你的政治運作。

我想這個方向的變化正在持續擴大，我們逐漸認為我們可以透過某種……現在還沒有可以用來描述的英文辭彙。我們可以透過某種社會（social）或社會主義（socialism）的協同合作來達成某種政治目的。我們有精確定義的社會主義（socialism）和共產主義（communism），但我們聊的並不是這些，不大一樣，用社會主義這樣的舊辭彙來描述不大對。

我們可能可以用 collective intelligence 來描述這個事情，但我不認為我們已經找到那個對的辭彙了。你所描述的例子，是某種在政治領域中用來達成目的的方式，原本只有兩種形式。一種形式，是市場機制。市場機制是非常有效率的，這真的是一種很有效率的機制，每個人都根據自己的興趣或利益做事，然後和其他人產生某種程度上的合作。你有我要的，我有你要的，然後我們可以交換。這種形式的合作非常鬆散，這就是市場。另一種，則是科層合作

（firm cooperation）模式，有老闆告訴你要做這做那，一夥人聚在一起工作。我們正在討論的，是第三種模式。不是市場機制，也不是科層模式，是另外一種別的東西。像是維基百科、Linux 作業系統。這種第三類模式證明了很多人可以自發完成某些事。

在《科技想要什麼》一書中，我們同樣看到凱文．凱利以這種洞察力貫穿古今，結合生態系與生物演化的觀點，不是詢問我們要科技做什麼，而是把科技當成一個意識體，逆向提出科技想要什麼。他用一整本書的論述，提出這樣一個大的問題，不只是一個科技發展的觀察與剖析，也是一種提醒。

凱文．凱利在加州家中送給我的書上寫下一句：「To Tai, A fellow traveler.」不論在台北，還是舊金山，他沒把我當成需要指導的晚輩、當成一個向西方取經的小子，他把我當成分享獨特風景的年輕旅人。

我想把凱文．凱利給我的注解分享給他的讀者。我極度偏頗地認為，所有拿起這本書的讀者，最好不是科技產品或技術工作的被奴役者，最好都是科技應用與科技發展旅途上的旅人。這本書不只是科技領域的徐霞客遊記或馬可波羅遊記，這個基礎裡蘊涵的，是更多善的可能性。

讀完凱文．凱利這本《科技想要什麼》，旅程才開始。

作者序

寫給台灣的讀者

凱文．凱利

這本書，可以說是四十年前在台灣扎下了根基。一九七二年，二十歲的我離開美國紐澤西，結束平淡的生活，展開長長的旅程，來到一個完全不同的世界，也就是當時正開始面臨轉變的台灣。我第一次出國，目的地就是台灣。眼前所見，令我震驚不能自已。那個時候，最主要的交通工具是腳踏車，現在的新北市則是一片片稻田。我親眼見證，這塊活躍的土地急速現代化，幾乎每天都在改變，從第三世界國家提升到名列世界富國。台灣，達成了不可能的任務。這段體驗奠定了我內心強烈的樂觀主義。

再度踏上旅程，到亞洲別的國家參觀，我的樂觀主義更強了，因為我看到讓台灣改頭換面的變化也出現在其他的地方。引進科技後，農夫得以用小型拖拉機、肥料、礱穀機和冷藏設備讓工作自動化。新科技出現後，小規模製造業興起，在家裡就能生產商品，最後還能外銷。電氣化和道路帶來教育及商業，社會也因此更加繁榮。台灣的發展以及人民的熱情一再顯現眼前，更讓我不得不回頭，審視自己當初為何對科技充滿懷疑。

發展之餘，當然有許多缺點，在台灣也看得見。得與失，便是我在這本書裡要探索的。發展，是否讓全體人類更加富裕？還是該少點科技，多留下一些傳統？有些人甚至會想，有沒有方法能讓我們逃離所有的科技跟發展？我們是否受到科技的禁錮？另一方面，誰願意放棄抗生素、肥皂、空調和智慧型手機？

讀了這本書，你就會明白我的論點，為什麼最後我的結論是要贊同科技，認為科技是人類生活和宇宙中一股正面的力量。但在本篇繁體中文版的序中，我要強調我對科技的正面信念，並不只是一名加州樂觀主義者的看法。根據眼前的證據，我相信科技在世界上按著普遍的原理和定律演進，台灣和其他亞洲國家也包括在內。規模比較大的科技產品，例如電力系統、蒸氣動力、化學式和網際網路，都不受文化牽制；它們出現在所有的文化中，事實上可以說出現在所有的星球上。

然而，科技比較不明顯的特質，例如管理科技的政治學、商業化的程度、控制的開放度，都跟文化脫離不了關係，並非放諸四海皆準，這些不規則的特質對人類的影響不可忽視。

本書的重心不是某地的特色，而是科技最重要的普遍特質——脫離地域的限制。的確，在本書的篇章中，你會看見我的理由，科技的影響遍布整個宇宙。科技超越了人類，超越了地區的文化，在其中，我們會找到深刻的整體意義。

本書能譯成繁體中文，我至感榮幸，也希望讀者能在其中發掘對科技的新視界。

目次

第一章　大哉問

我這一生多半身無長物。從大學輟學後，我在亞洲偏僻荒涼的地方遊蕩了快十年，穿著便宜的球鞋和磨破的牛仔褲，時間多多，口袋空空。我最熟悉的城市浸潤在濃厚的老式風華中；走過的土地仍由古老的農業傳統支配。手一伸出去，拿到的物品材質多半不出木頭、布料或石頭。進食靠雙手，徒步走遍山野丘壑，走到哪兒睡到哪兒。我的行李很少，總計有一個睡袋、替換的衣服、一把小刀和幾台相機。少了科技的干擾，我的生活與大地更親近，體驗也更直接。常常感到溫度下降，也能察覺到溫度上升，三天兩頭兒全身濕透，更容易被蚊蟲咬傷，更快習慣一天和四季的節奏。時間似乎多到用不完。

在亞洲待了八年後回到美國，把我那一點點財產賣掉，買了台便宜的腳踏車，在美洲大陸上從西到東迂迴曲折騎了八千多公里。滑過賓夕法尼亞州東部阿米希人整潔農地的那一段旅程，在我心中留下最深刻的印象。在美洲大陸上，阿米希人盡力不仰賴科技，是我看過最貼近亞洲體驗的族群。我很佩服阿米希人，慎重選擇自己擁有的物品。樸素的住所卻能帶來無比的滿足。我覺得，我的生活跟他們有異曲同工之妙，不受花稍的科技妨礙，我也立下目標，在生活中儘量不要接觸科技。到了東岸，除了腳踏車，我沒有其他的財產。

一九五〇和一九六〇年代，我在紐澤西州的郊區長大，生活中少不了科技。但到了十歲，我家才買第一台電視，送來後我也沒興趣看。我看到電視對我的朋友發揮了什麼樣的魔力。到了特定的時刻，大家就受電視的召喚而去，讓他們定在那裡好幾個小時。充滿創意的廣告告訴觀眾，要購買更多科技產品，觀眾也照著做了。我注意到，其他的科技產品支配人類的能力也更強，像汽車，似乎能讓人心甘情願地服侍，刺激買車的人去購買和使用更多的科技產品（高速公路、汽車電影院、速食）。我決定了，在生活中盡可能避開科技。青少年時期，我不懂得自己想表達什麼意見，在科技產品嘈雜的對話聲中，我覺得朋友真正的想法也被淹沒了。避開了科技的循環邏輯，我的想法就更不容易受到干擾。

二十七歲那年，結束了橫跨美國的腳踏車旅行。我避居到紐約上州一處偏僻的所在，那裡的地價十分便宜，木材產量大，且不受建築法規約束。和朋友合力砍伐橡樹後打磨成木料，再用這些自製的梁木蓋成一棟房子。我們把雪松屋瓦一片一片釘在屋頂上。搬了數百塊大石頭堆成擋土牆的回憶鮮明如昨，溪水多次氾濫，擋土牆也跟著垮了好幾次。曾用雙手搬動那些石頭的次數數不清。我們又搬了更多石頭在客廳裡搭成巨大的壁爐。雖然費了不少力氣，大石頭和橡木梁讓我感受到阿米希人的心滿意足。

不過我不是阿米希人。如果要砍倒大樹，我覺得最好用電鋸。住在森林裡的部落居民要是能用電鋸，也會同意我的想法。一旦你能壓倒科技的噪音，確定自己想要什麼，就會發現，有些科技就是比其他的好。要說在亞洲的遊歷給了我什麼啟示，我會說阿斯匹靈、棉質衣物、金屬鍋具和電話都是很了不起的發明。**很不錯**。不論在哪裡，有機會用到這些東西的話，除了極少數的人以外，大家都不會放手。如果你曾把設計完美的工具拿在手中，應該就體驗過那種心神一振的感覺。飛機擴大了我的眼界，書本開啟了我的心靈，抗生素救了我的命，攝影技術激發了我的靈感。斧頭砍不穿的樹瘤，電鋸卻能利落片開，就連用了電鋸，都讓我內心對木頭的美好和扎實產生了深深的敬畏，世界上再沒有其他的媒介可以帶來同樣的感覺。

如果能挑出幾樣提振精神的工具……這挑戰令我心醉神迷。一九八〇年，我是個自由撰稿人，受《全球概覽》約聘，這本雜誌讓讀者從形形色色對個人有利的產品中挑選和推薦恰當的工具。在一九七〇和八〇年代，網路和電腦還沒出現，《全球概覽》基本上就等於使用者提供內容的網站，只是用便宜的白報紙印製。讀者就是作者。精心選擇的簡單工具能在他人的生活中激起偌大變化，令我心潮澎湃。

二十八歲那年，我開始透過郵購販賣克難旅行指南，用低廉的價格提供資訊，告訴讀者如何進入住了全球大多數人但科技不發達的地帶。那時我只有兩樣比較值錢的東西：一輛腳踏車，一個睡袋，所以我跟朋友借了電腦（早期的蘋果二號），讓我羽翼漸豐的外快事業得以自動化，又弄來便宜的電話數據機，把文字傳輸到印表機。同在《全球概覽》工作的編輯對電腦很有興趣，暗中給我訪客帳號，可以從遠端登入紐澤西理工學院某位大學教授經營的實驗性電話會議系統。不久之後，我發現自己一頭栽入更大更廣的世界裡：線上社群的新領域。這塊新大陸對我來說比亞洲更陌生，我開始寫相關報導，把它當成異國的旅遊目的地。我真的很驚訝，高科技的電腦網路並未讓我們這些早期的使用者心靈變得麻木，反而讓心靈更加充實。人類和電線組成的這個生態系統彷彿有生命，但當初誰也沒想到。從無到有，我們合力打造出虛擬的共和國。幾年後網際網路終於出現，簡直跟阿米希人一樣嘛，我想。

人類生活開始圍著電腦轉，關於科技，我發現了一件以前我沒注意到的事情。科技除了能滿足（和創造）人類的願望，有時候也能節省勞力，但還有其他的貢獻——帶來新的契機。就在我面前，我看到眾人在網路上分享想法和選擇，認識原本沒有機會遇見的人。網路讓熱情得以宣洩，聚合更強的創造力，擴大了我們的度量。自認博學的人宣布書寫已死，但在這獨樹一格的文化關頭，數百萬人在網路上寫作，產量遠超過從前寫下的東西。正當專家大放厥詞，說群眾再也不參加社區活動時，卻有數百萬人聚集在一起，結成人數眾多的團體，他們在線上同心協力，分享創造，用的方法出人意表，多到無法計數。對我而言，這是一個全新的體驗。冰冷的矽晶片、綿長的金屬線和複雜的高電壓裝置提供營養，讓我們盡情投入。我注意到，連上網路的電腦能激發出創意，衍生出無限可能，也因此發現，汽車、電鋸、生化等其他科技產品也有類似的功效，就連電視也可以算是其中的一員。在我心目中，科技因此有了非常不一樣的面貌。

在早期的電話會議系統中，我非常活躍，一九八四年，因我在虛擬網路上已有知名度，得到《全球概覽》雇用，協助編輯全球首見的消費者刊物，評論個人電腦用的軟體（我想，我也算是在網路上找到工作的先驅）。幾年後，網際網路日漸興起，我和其他人率先推出公眾上網的管道，也就是叫作 The Well 的線上入口。一九九二年，我跟合夥人共同創立了《連線》雜誌，正式為數位文化發聲，在剛開始的七年內，也負責策畫雜誌的內容。從那時開始，我就走在使用科技產品的尖端。我的朋友發明了所有新奇的東西，包括超級電腦、基因藥物、搜尋引擎、奈米科技、光纖通訊。不管往哪裡看，都能看見科技轉化事物的力量。

不過我沒有PDA，也沒有智慧型手機或有藍芽的玩意。我不玩推特。三個小孩在成長過程中從不看電視，家裡現在仍沒有廣播跟有線電視。我沒有筆記型電腦，出門也不會帶電腦，生活圈裡其他人都有了最新款的必備器具，我卻常常落在人後。這陣子騎腳踏車的時間比開車多。看到朋友被不斷震動的手持裝置制約了，但我仍把五花八門的科技產品拒於門外，免得一不小心就忘了我是誰。同時，我名下有個叫作「酷工具」的日報網站，還挺受歡迎，延續我很久以前在《全球概覽》評估精選技術的工作，好增進個人的產能。廠商寄來工作室的商品源源不絕，希望能得到我的背書，留下來的商品還滿多的。我的身邊堆滿了東西。雖然對科技存有戒心，但我仍刻意在自己能夠應付的範圍內，盡可能保有最多的科技產品選擇。

我承認我跟科技的關係充滿矛盾。我懷疑，你們也有同樣的矛盾。一邊想要更多科技的優點，一邊想要減少個人的需要，現今人類的生活就在這二者之間深刻而持續地拉扯著：要給孩子買這個小玩意嗎？想熟練操控這個省力的裝置，有時間學嗎？還有更深層的問題：這個接管我生活的科技產品到底**是**什麼？這股遍布全球、令人又愛又憎的力量究竟是什麼？我們應該如何應對？抗拒得了嗎？還是每一項新科技皆無可避免呢？新產品如雪片般飛來，每一項都值得我付出支持或懷疑嗎？我的選擇真的有關係嗎？

我需要解答，引導我穿越科技困境。第一個碰到的問題也最基本，我發覺我根本不知道科技究竟**是**什麼。科技的本質是什麼？如果我不了解科技的基本性質，那每當新的科技產品出現，就沒有基準來決定要熱烈擁抱還是冷漠忽略。

無法確定科技的本質，跟科技的關係又充滿矛盾，因此我花了七年的時間來追尋，最後把過程寫入這本書。為了研究，我回到時間的起點，躍過遙遠的未來。努力鑽研科技的歷史，聽矽谷的未來學家發揮想像力，編織出未來的遠景。訪問了極度挑剔科技的批評家，也訪問了最熱誠擁戴科技的人士。我回到賓州的鄉間，花更多時間跟阿米希人在一起。到寮國、不丹和中國西方的山村中遊歷，聽聽看缺乏物質商品的窮人怎麼說，我也拜訪了富有企業家設立的實驗室，他們想發明出幾年內會被眾人視為必需品的東西。

愈加深究科技充滿矛盾的趨勢，問題也愈嚴重。科技帶給我們的混亂通常始於某個特定的主題：應該讓複製人合法化嗎？一直傳簡訊會讓小孩變笨嗎？是否希望車子會自動停好呢？但在我追尋的過程中，我發覺，如果我們要為這些問題找到令人滿意的解答，必須先把科技當成一個整體。聆聽科技的故事，臆測科技的趨勢和潮流，追蹤科技當前的走向，或許我們就能解決這些令人疑惑的難題。

儘管威力無窮，科技也曾經不起眼、無足輕重、沒沒無名。舉個例子：一七九〇年，華盛頓發表了第一次國情咨文演說後，每一位美國總統都會向國會報告該年度美國境內的狀況和展望，以及世界各地最不容小覷的驅動力。一直到一九三九年，**科技**才變成口語的說法。一九五二年，這個詞首次在國情咨文中出現了兩次。祖父母和父母輩的生活當然脫離不了科技！然而，這個人類集體的發明，卻是在發展成熟很久之後才有了名字。

科技的英文 *technology* 名義上始於希臘文 *technelogos*。古希臘中的 *techne* 有藝術、技能、工藝的意思，也可以指熟練的手藝。最接近的翻譯或許是「心靈手巧」。以前的人用 *techne* 來表示有能力克服碰到的難題，因此荷馬等詩人非常看重這個特質。古希臘國王奧德賽就能掌控 *techne*。而柏拉圖跟他那個時代大多數學者一樣，認為 *techne* 指手工藝，是最基本的技術，不夠純淨，等級不夠崇高。柏拉圖蔑視實用的知識，他精心地將所有知識分門別類，卻完全不提到工藝。事實上，在希臘文集中沒有一篇文章提到 *technelogos*，只有一個例外。就我們所知，在亞里斯多德的專著《修辭學》中，*techne* 首次跟 *logos* 連在一起（*logos* 的意思是字詞、言論或讀寫能力），創出新字 *technelogos*。在這篇著作中，亞里斯多德提到 *technelogos* 四次，但四次出現的確切意思都不怎麼清楚。他在乎的是「文字的技巧」還是「關於藝術的言論」？抑或對手工藝的知識？短暫出現，又留下謎團，然後 *technology* 這個詞基本上便消失了。

但是，科技當然不會化為泡影。希臘人發明了鐵器燒焊、風箱、車床和鑰匙。羅馬人師承希臘，發明了拱頂、溝渠、吹製玻璃、水泥、下水道和水車磨坊。但在那個時代跟接下來的好幾個世紀，這些發明物的產能簡直沒有人看得見，也不會當成獨立的主題來討論，看來大家想都沒想過。在古代世界中，科技無所不在，就是進不了人類的心裡。

在接下來的幾百年內，學者仍把製作物品稱為「手工藝」，表現出發明才能則叫做「藝術」。由於工具、機械和新玩意愈來愈普及，用這些東西完成的工作稱為「實用藝術」。採礦、編織、金屬加工、縫紉，每一項實用藝術都有祕密的知識，透過師徒制度傳承。仍然是**藝術**，製作者非凡的延伸，也存留了希臘文中手工藝和靈巧的意思。

在接下來的數千年內，藝術和技法壁壘分明。上述藝術的產品或許包含了鍛鐵柵欄和草藥配方，都算是個人發揮自己心靈手巧的獨特表達方式。製作出來的東西都是個人才華的成果。歷史學家米切姆的解釋是：「古典時代的人絕對想不到量產這回事，也不只是因為技術的關係。」

歐洲進入中世紀前，工藝最明顯的表現在於使用能源的新方法。社會大眾開始用高效能的馬頸圈，農田面積因此大幅度增加，而水車磨坊和風車磨坊效能也提高了，增加木材和麵粉的產量，排水系統跟著改善。不需要奴隸，就能享受豐足。科技史學家懷特寫道：「中世紀晚期最輝煌的成就並非教堂、史詩或士林哲學，而是建造出歷史上第一套複雜的文明系統：奠定基礎的主要力量並非來自人類，不仰賴辛勞的奴隸或苦力。」

到了十八世紀，工業革命和其他幾場革命顛覆了社會。機械產物侵入了農田和住所，但這場入侵依舊沒沒無名。一八〇二年，德國哥廷根大學經濟系的教授貝克曼為這股不斷上升的力量取了名字。貝克曼認為，實用藝術快速擴展，也愈來愈重要，必須用「有系統的次序」傳授給學子。他提到了建築、化學、金屬加工、石工技藝和製造業的 *techne*，也開先例向大家宣布，這些知識領域互有關聯。他把這些技藝統一到一門課程中，寫出《科技指南》這本教科書（德文書名是 *Technologie*），讓這個早被遺忘的希臘字復活了。他希望他的大綱能變成科技的第一套課程。他的願望實現了，而且不僅如此，我們的所作所為也因此定了名目。一旦有了名字，才能被看見。看到了之後，就納悶之前怎麼沒人發現。

貝克曼為那看不見的東西取了名字，但他的成就不只這樣而已。他也帶頭發現，人類的創造並不只是集合了隨意的發明和有用的想法。科技一直在我們眼前，我們卻視而不見，因為個人的天賦經過精挑細選後就掛上了面具，分散了我們的注意力。貝克曼拉下了那面具，我們的藝術和工藝品才能相輔相成，編製成協調、客觀的整體。

發明必須承先啟後。沒有傳送電力的銅線，機器之間無法溝通。採集銅或鈾的礦脈，在河流上築水壩，或採集貴金屬來製作太陽能面板，才能產生電力。運載工具來來去去，工廠才充滿生氣。有了鐵鎚，卻沒有鋸子，就做不出把手；有了把手，卻沒有鐵鎚，就無法打磨鋸刃。所有系統、子系統、機器、管線、道路、電線、傳輸帶、交通工具、伺服器和路由器、程式碼、計算機、感應器、歸檔資料、啟動程式、集體記憶和發電機，組成了遍及全球、來回盤繞、相互連接的網路，這整個偉大的新發明中的零件關係密切、彼此依賴，形成了獨特的系統。

科學家一開始調查這個系統如何運作，就注意到很不尋常的事情：大型科技系統運轉起來，通常就像最原始的生物。網路所展現的行為也可以用生物學來解釋，尤其是電子網路。開始上網後，我也學到，送出一封電子郵件的時候，網路會把郵件切成很多塊，然後透過好幾條路徑把這些碎塊送到訊息最終的目的地。在寄送前並未決定要用哪幾條路徑，而是在寄送時根據整個網路的流量「浮現」出來。事實上，電子郵件可能分成兩塊，走的路完全不一樣，最後再組合成原狀。要是有一小塊在路上掉了，就會沿著不同的路徑重新傳送，直到到達目的地。我聽了覺得不可思議，網路傳遞訊息的方法與蟻丘中的螞蟻幾乎一模一樣。

一九九四年，我出版了《失控》這本書，細細探索科技系統模仿自然系統的各種方式。以電腦程式為例，它們能夠自我複製，而人工合成的化學物質，則能夠自我催化——就連最原始的機器人也跟細胞一樣，能夠自行組合。供電網路這一類更大、更複雜的系統，最初便設計成能夠自我修復，跟人類身體的功能大同小異。電腦科學家利用演化原理培養出人類能力寫不出來的電腦軟體；研究人員不需要一行一行設計出數千行程式碼，只要任由演化系統選擇最好的程式碼，並不斷加以變化，然後去蕪存菁，直到演化出來的程式碼能夠完美運作。

同時，生物學家也發現電腦計算等機械程序中抽離出來的本質能夠影響生命系統。舉例來說，研究人員發現DNA（去氧核糖核酸，這裡是指真正從人體腸道內隨處可見的大腸桿菌中找到的DNA）可以用來計算困難數學問題的答案，就跟電腦一樣。如果DNA變成了有用的電腦，而有用的電腦也能像DNA一樣演化，或許人工產物和天然產物之間的確有某種同等關係，或是說這種關係一定存在。科技和生命一定共有某種基本的要素。

我花了好幾年的時間尋找這些問題的答案，科技卻變得更不可思議，其中最值得稱道的，就是驚人的「離身性」。好用的產品體積變小，用的原料更少，但能做的事情更多。軟體可說是最棒的科技產品之一，可是它卻不具有實體形式。這不是新的趨勢，列出歷史上偉大的發明，有很多都是細微的東西：曆法、字母、羅盤、盤尼西林、複式簿記、美國憲法、避孕丸、馴養動物、數字零、細菌致病論、雷射、電力、矽晶片等等。要是不小心把這些發明掉在腳趾頭上，你多半不覺得痛。但到了現在，「離身性」的進展速度愈來愈快了。

科學家覺悟了，他們也很驚訝：不論用什麼方法來定義生命，生命的本質並不在DNA、組織或肉體等實質的形式中，而是由這些實質形式內的能量和資訊，以無形的方式組合起來。揭開了原子組成的外衣，我們才能看見科技的核心，也只有想法和資訊。生命和科技的基礎，似乎都是無形的資訊流動。

就在這個時刻，我發覺，我必須更清楚知道流過科技的力量究竟是什麼。真的只是無形無色的資訊？還是科技也需要實體？是自然的力量還是人為的力量？至少，我知道科技延伸的起點是自然的生命，但科技和自然是怎麼個**不一樣**？（電腦和DNA本質上有共通點，但蘋果電腦卻不是向日葵。）我們也明白，科技源自人心，但心智的產物（也包含人工智慧等認知產物）和人心究竟有什麼明確的差異？科技是否帶有人性？

我們總覺得科技就是閃亮的工具和器物。就算我們承認科技也有「離身」的形式，比方說軟體，但我們不會把科技和繪畫、文學、音樂、舞蹈、詩詞與一般的藝術歸在同一類。雖然實際上它們應該算是同類。如果UNIX作業系統上的一千行字母算是科技（網頁的電腦程式碼），那麼用英文寫一千行字母（莎士比亞的名著《哈姆雷特》）一定也有資格。兩者都能改變人類的行為、讓正常的情況出現變化、啟發靈感帶來新的發明。那麼，莎士比亞的十四行詩和巴哈的賦格曲跟 Google 的搜尋引擎和 iPod 應該算是同一類：都是人心產生的有用之物。電影《魔戒》的拍攝過程融合了不少功能重疊的科技產品，分也分不開。原著小說的文學表現是一種發明，用數位方法表現奇幻的生物也是一種發明。兩種表現方式都是人類想像力的實現，都深深影響了讀者和觀眾，也都屬於科技。

發明和創造積累出如此偉大的成果，為何不直接稱之為**文化**？事實上，確實有人這麼說。用文化指稱時，便涵蓋了到目前為止人類發明的所有科技，加上這些發明的產物，還要加上人類透過心智集體產生的所有東西。如果文化不僅表示當地的種族文化，也是人類累積的文化，那麼這個詞還算能貼切地表達我口中的廣大科技領域。

但**文化**一詞少了一個重要的元素，格局太小了。一八〇二年貝克曼為科技命名時，也領悟到我們發明的東西正用一種自行繁殖的方法孕育出其他發明。科技的藝術讓新工具得以出現，因而開展新的藝術，又產生新的工具，無止境地循環下去。手工藝品的操作變得非常複雜，起源也彼此關聯，因此形成了新的整體：**科技**。

一股自我驅策的動力推動了科技，而**文化**無法傳達這樣的要素。但老實說，**科技**也不太對。格局一樣太小了，因為**科技**同時表示特定的方法和工具，例如「生物科技」或「數位科技」，還有石器時代的科技。

我不喜歡發明只有我一個人會用的新名詞，但在目前的情況下，所有已經存在的替代方案都無法表達必須涵蓋的範疇。因此，我雖然不情願，還是創了一個詞來表達圍繞在我們周圍、更偉大、遍及全球、聯繫關係無遠弗屆的系統。我稱之為**科技體**（technium）。科技體超越了閃亮的硬體，涵蓋文化、藝術、社會制度和形形色色的智慧產物；包含無形的事物，如軟體、法律和哲學概念。更重要的是，人類發明的東西含有生生不息的力量，亦納入其中，激勵我們製造出更多工具、發明出更多科技產品、建立更能自我強化的人際關係。在接下來的篇章內，我用到**科技體**這個詞，就等於其他人口中**科技**的整體，表示完整的系統（例如「科技加快腳步」）。**科技**一詞我只用來表示特定的科技產品，例如雷達或塑膠聚合物。舉個例子，我說：「科技體加快了科技產品發明的速度。」也就是說，**科技**可以申請為專利，科技體卻涵蓋了專利系統。

科技體這個詞近似德文的 *technik*，兩者皆將所有的機器、方法和工程流程全盤納入。**科技體**也很像法文名詞 *technique*，法國哲學家用以表示工具的集合和文化。但不論是德文還是法文，都無法完全表達我心目中科技體必須具備的特質：一種自我強化的創造系統。在演化的過程中，我們的工具、機械和想法系統充斥著環環相扣的意見回饋以及非常複雜的互動，因此醞釀出些許自主性，開始行使某種程度的自治。

科技獨立性的觀念乍看之下很難領會。我們受的教育告訴我們，第一，把科技當成一堆硬體，第二，科技沒有生命，完全要仰賴人類。從這樣的觀點來看，科技只是人類製造出來的東西。沒有人類，科技就不存在，它只是我們想要的東西而已。開始這段探索時，我就懷抱著這種想法。但是，更深入探索科技發明的整套系統後，我發覺科技的力量更強，更懂得自行繁殖。

熱愛科技的人不少，痛恨科技的人也很多，他們非常反對科技體能獨立存在的看法。他們堅決相信，科技能做的事僅限於人類允許的範圍內。根據這個想法，科技自主的概念只是我們一廂情願的想法。但我現在擁護的看法正好相反：經過一萬年緩慢的演進，再經過兩百年錯綜複雜到不可思議的打磨，科技體長成獨特的模樣。自我強化的流程和零件組成的支持網路，賦予科技體明顯的自主性。或許它以前就跟古老的電腦程式一樣簡單，我們下命令，就跟著學舌，但現在則比較像複雜無比的有機體，常常按著欲望自作主張。

好吧，我的描述充滿了想像，那科技體的自主性有**證據**嗎？我覺得有，但重點在於我們如何定義自主性。在宇宙中，我們最看重的特質都極度不明確。**生活**、**心靈**、**意識**、**秩序**、**複雜性**、**自由意志**和**自主性**等名詞都有好幾種似是而非、不完全貼切的定義。對於生命、心智、意識和自主性的起源及終點，大家都有不同的看法。充其量我們只能同意，這些狀態並不是二元的，而是一個連續不斷的整體。因此，人類具有心靈，小狗和老鼠也有。魚類有細小的腦部，因此應該也有細小的心靈。螞蟻有更細小的腦部，那麼是不是說螞蟻也有心靈呢？要用多少個神經元才能構成心靈呢？

自主性也有類似的浮動計算法。牛羚生下來第二天就能自行跑動。但是，人類的寶寶剛生下來的幾年內如果沒有母親照顧就會死亡，所以我們不能說人類的嬰兒具有自主性。就連成人也不是百分之百自主，因為我們要仰賴腸內其他的生物（例如大腸桿菌），來幫我們消化食物或分解毒素。如果人類無法完全自主，還有什麼才是？生物或系統不需要全然獨立或展現某種程度的自主性。就像生物的幼兒一樣，從一點點開始，慢慢提高獨立的程度。

那麼，怎麼才算自主？如果生物展現出下列特質，我們或許會認為它有自主性：自我修復、自我防禦、自我維護（獲得能量，處理廢物）、有自己的目標、自我改進。所有這些特質的共通要素，就是它們都展現了某種程度的自我。在科技體中我們尚未找到能展現出**所有**特質的系統來當作範例，但展現其中某些特質的例子則比比皆是。無人飛機可以自行操控方向，在空中飛行數小時，但無法自行修復。通訊網路有自行修復的能力，但無法自我複製。電腦病毒能夠複製繁衍，但無法自我改善。

廣大的通訊網路涵蓋全球，在其中，我們也找到證據，證明科技自主性的發跡。科技體包含一百七十萬億個電腦晶片，連接成規模龐大的電腦平台。現在，在這個全球網路中，電晶體的數量大概就等於人腦內神經元的數量。網路中檔案彼此之間的連結數目（指世界上所有網頁中的連結）約莫等於人腦內突觸連結的總數。這塊覆蓋全球的電子薄膜仍在不斷擴張，因此複雜度也可媲美人腦。它有三十億個已經通電的人工眼睛（電話和網路攝影機），它以十四千赫的速率嗡嗡響著處理關鍵字搜尋（高頻的嗖一聲，幾乎聽不到），它是個大到不得了的玩意兒，現在消耗的電力占全球的百分之五。當電腦科學家仔細分析流經其上的超高流量，根本無法解釋所有資料從何而來。不時會有一個位元傳錯了地方，大多數變化起因都可以辨認出來，比方說駭客、機器故障、線路受損等等，研究人員只能找到極少數不知怎地改變了自己的變種。也就是說，科技體的溝通有一個很小的片段並非源自已知的人造節點，而是來自整個系統。科技體正在喃喃自語。

更深入分析流過科技體網路的資訊後，我們發現，科技體已經慢慢地改變了組織的方法。一個世紀前，在電話系統中，數學家認為訊息散布在網路中的型態沒有特別的安排。但過去十年來，從統計來看，位元的流動變得更像自行組織起來的系統中能看到的型態。有個原因是，全球網路展現出一種自我相似性，也稱為碎形圖案。好比一棵樹，不論遠看近看，都會看到樹枝構成的鋸齒線條，就很像這種碎形圖案。今日，散布在全球電信系統中的訊息自行組織成碎形圖案。觀察到這一點並無法證實自主性，不過通常在還沒找到證據前，自主性早就顯現出來了。

我們創造了科技體，便希望我們能對其有獨一無二的影響力。但所有的系統都會產生自己的動能，而我們卻遲遲未發現這一點。由於科技體是人類心智的產物，也是生活的產物，以此類推，自我組織起來的物理和化學系統是生命的起源，而科技體也是這種自我組織的產物。科技體除了和人類心智享有同樣的深層根源，也和古老的生命及其他自我組織的系統有共通的來源。心智除了遵守掌管認知的原則，也遵守掌管生命和自我組織的法則，正因如此，科技體一定要遵循心智、生命和自我組織的法則，就跟人類的心智一樣。所以科技體不光是人類心智的勢力範圍，還受到其他力量的影響，而且人類的心智可能還是最弱的一環。

科技體的目的由我們的設計而定，也要根據我們的引導。但除了這兩項驅動的力量，科技體也有自己的目的：想要理出頭緒、想要自行組裝成分層的階級，就跟多數大型、關係錯綜複雜的系統一樣。科技體跟所有的生命系統一樣，想要永垂不朽，一直活下去。在不斷成長的過程中，這些固有的目的變得愈來愈複雜，也愈來愈強大。

我知道這麼說聽起來有點怪，似乎想把顯然不是人類的東西當成人類來看待。烤麵包機怎麼會有欲望？我分配給無生命物品的意識是否太多？是否也因此賦予物品過多掌控人類的能力，超出它們應有的範圍？

很好，是該問這個問題。但「欲望」並非人類獨有。你的愛犬想要玩飛盤，你的貓咪想要你幫忙搔癢，鳥兒想要尋偶，蟲子想要水分，細菌想要食物。單細胞的微小生物想要的東西沒那麼複雜，沒那麼苛求，也不像你我想要的那麼多，但所有的生物都有幾項基本的願望：生存和成長。這些「欲望」變成生物的驅動力量。原生動物察覺不到自己的欲望，也不會訴諸語言，比較像是衝動或癖性。細菌會朝著營養素前進，卻不知道自己需要營養。它們只是選定了前進的方向，在不知所以然的情況下滿足欲望。

對科技體來說，**欲望**並不代表經過深思熟慮的決定。我不相信（在這個時刻）科技體具有意識。科技體無意識的欲望並非仔細思量過的結果，而是趨勢，學習，衝動，歷程。科技的欲望比較像某種需要，針對某物的衝動。海參在求偶時會無意識地漂流，就是一個很好的譬喻。零件之間數百萬種強化的關係和數不清的電路，推著整個科技體朝著某些未察覺的方向前進。

科技的欲望或許通常看來很抽象很神祕，但在今日，你說不定會看到科技的欲望就在眼前。最近我參觀了一家新公司「柳樹車庫」，在史丹佛大學附近綠蔭滿地的郊外住宅區裡。這家公司的產品是技術最先進的研究機器人。柳樹車庫最新款的家用機器人代號是ＰＲ２，高度到人類的胸口，靠著四個輪子移動，有五個眼睛和兩條粗壯的手臂。握住它的手臂，不會覺得關節很僵硬，也不會軟軟的沒力氣。它會順勢回應，柔和施力，彷彿它的手臂有生命。那種感覺很不可思議。但這機器人握手的方法就跟人類一樣慎重。二〇〇九年的春天，ＰＲ２在建築物內環行，完成了四十二公里的全程馬拉松，沒撞到任何障礙。在機器人界，這是很了不起的成就。但是ＰＲ２最引人注目的成就則是能找到電力插座，幫自己充電。ＰＲ２的程式設計讓它會自己去找電源，但行走的路徑在穿越障礙時才會逐步浮現。所以需要電力時，它會去找建築物內的電力插座（一共有十二個）幫電池充電。它會用一隻手抓著電線，使用雷射和光學眼睛找到插座的位置，對著插座輕柔地畫圓找到確切的位置，把插頭推進去，幫自己充電。充電需要幾個小時的時間。在軟體未臻完美前，ＰＲ２展現了幾個人類沒預料到的「欲望」。有個機器人雖然電池飽飽的，卻非常想充電；有一次ＰＲ２還沒把電線妥當拔出來，就拖著電線走了，像個健忘的機車騎士，加完油後油管還插在油箱裡就急著離開。行為的複雜度增加後，欲望也會變得複雜。當ＰＲ２肚子餓了，如果你站在它前面，它不會對你怎樣。它會後退，到處去找可以充電的插座。機器人沒有意識，但你站在插座前擋住了它的路，就能清楚感覺到它的欲望。

我家下面有個螞蟻窩。如果不管那些螞蟻，牠們就會把儲藏室裡的食物搬得一乾二淨（所以我們當然會想辦法處理）。人類不得不順應天性，雖然有時候也會被迫逆天而行。我們讚嘆大自然的美景，卻又常常拿出大砍刀，想暫時奪走景色。我們織造衣物，把自然世界隔開；調製出疫苗，讓人體接種後能抵抗大自然致命的疾病；我們奔到野外期待能夠恢復元氣，卻仍帶著帳篷。

在我們的世界中，科技體正如自然，是一股強大的力量，我們對科技體的反應應該也很類似我們對自然的反應。我們無法要求生活照著我們的期待走，所以也無法要求科技遵從人類的意願。有時候我們應該屈服於科技的引導，沐浴在豐富的科技中，有時候則該想辦法改變其原本的路徑來符合人類的需要。我們不需要滿足科技體的每一個欲望，但我們能學會利用這股力量，不需要去抵抗。

為了力上加力，首先，我們需要了解科技的行為。為了要決定回應科技的方式，我們必須明白科技的欲望。

在漫長的路途後，我來到了這個終點。聆聽科技的欲望，我覺得我找出了架構，能引導自己通過新興科技愈來愈龐大的網路。透過科技的眼睛去看我們的世界，讓我看清了科技更大規模的目的。我的矛盾之處在於不知道自己在科技中該如何自處，發現科技的欲望後也消除了這樣的矛盾。我想用這本書告訴大家科技想要什麼。我希望讀了這本書以後，其他人也能找到自己的路，讓科技造福人群，並縮減科技的成本。

第一部 起源

第二章 人類的生活，來自人類的發明

要知道科技往何處去，就要知道科技從何而來。這可不簡單。愈往回追溯科技體的歷史，科技體的源頭似乎愈加久遠。那麼先來看看人類的起源吧，也就是史前時代人類的居住環境中尚未充斥人造品的時刻。沒有科技的人類生活是什麼樣？

用這種思維提問行不通，因為科技比人性更早出現。動物開始使用工具的歷史比人類早幾百萬年。黑猩猩用細長的棍子製成狩獵工具，從蟻丘中掏出白蟻，也用石頭砸開堅果，這些習慣到今日仍未改變。白蟻用泥土構造出巨塔當做家園。螞蟻在庭園中牧養蚜蟲和種植菌類。鳥兒用樹枝編織出精巧的鳥巢。有些種類的章魚會尋找貝殼帶著走，就跟寄居蟹一樣。採取馴服自然的策略，使自然融入自己，這個訣竅在生物界起碼已經運用了五億年。

兩百五十萬年前，人類祖先首次用削薄的石片，給自己一雙掠食的爪子。大約在二十五萬年前，人類發明了原始的烹飪技術，用火讓食物變得更好消化。烹飪彷彿就讓人多了一個胃，這個人造的器官讓我們的牙齒變小，也不需要那麼強壯的下顎肌肉，就可以吃進更多種類的食物。利用科技輔助狩獵，就跟不使用工具的採集方法一樣古老。考古學家在馬的脊椎骨裡發現一塊插進去的石頭，也在距今有十萬年歷史的紅鹿骨骼中找到木頭做成的長矛。

自古以來，這種使用工具的模式只有愈來愈快的跡象。黑猩猩挖掘白蟻的木條和人類的魚矛、海狸的水壩和人類的水庫、鳴鳥編的吊籃和我們拿來放東西的籃子、切葉蟻的庭院和人類的花園等種種科技產品，基本上都屬於自然。我們常把製造出來的科技產品和自然分開，甚至認為這些產品違反了自然，只是因為人造品的衝擊和力量愈來愈大，足以和製造者匹敵。但就起源和基本原則來說，工具就和我們的生活一樣自然。人類屬於動物，這點不需要爭論。但人類跟動物不一樣，這點也不需要爭論。看看人類本體的核心，就能看到這樣矛盾的本質。同樣地，按定義來說，科技不屬於自然。而按著更廣的定義，科技也來自自然。這樣的矛盾也存在於人類本體的核心。

有了工具，腦部變大，演化中才出現明確的人類體系。考古學家發現，最早的簡單石造工具出現時，製造這些工具的人族（猿人）大腦開始變大，更接近現代人的尺寸。所以說，大約在兩百五十萬年前，人族出現在地球上，他們有粗糙的石頭刮刀和切割用工具。一百萬年前，這些富有智慧、會使用工具的人族離開非洲，到歐洲南部定居，演化成尼安德塔人（腦部變得更大），遷居到亞洲東部，再進化成直立人（腦部更大了）。再接下來的幾百萬年內，三支人族繼續演化，但留在非洲的則演化成現代人的形象。這些原人完全變成現代人的確切時間當然尚有爭議。有些人說二十萬年前，如果說十萬年前，則無人爭議，也最接近現代。十萬年前的人跨越了界限，外表更像現代人。要是其中一人走在今日的海灘上，我們不會注意到他和其他人有什麼差異。然而，他們的工具和大多數行為則非常接近歐洲的親戚尼安德塔人，以及亞洲的直立人。

在接下來的五萬年內，人類的變化不大。非洲人骨骼的構造在這段時間內幾乎沒有改變。他們的工具也沒什麼進步。早期的人類打磨簡陋的石塊，用來切割、戳插、鑽洞。但這些手持工具沒有專門的用途，在不同的時空也看不到變化。在這段時期內（稱為中石器時代），不論在何時何地，不論是尼安德塔人、直立人，還是智人，拿起來的工具就跟數萬英里外或數萬年前後的人一樣。人族就是無法創新。正如生物學家戴蒙所說：「腦子雖然大，卻少了點東西。」

然後在大約五萬年前，少了的東西到來了。雖然非洲原始人的體型沒有變化，基因和心智的改變則不容小覷。人族終於有了滿腦子的想法跟新意。他們充滿了全新的活力，可稱為現代人（我用這個名詞來跟較早的智人做個區分），離開東非世代相傳的居所，衝入全新的領域。他們從草原上散開，在相較之下很短的時間內人口暴增，從非洲時期寥寥可數的數萬人，一下子變成散布在全球各地的八百萬人（估計值），這時距今差不多一萬年，農業時代也即將開始。

現代人在地球上昂首闊步，移居到各個大陸（南極除外）的速度令人訝異。不到五千年的時間，他們就越過歐洲邊境。再過一萬五千

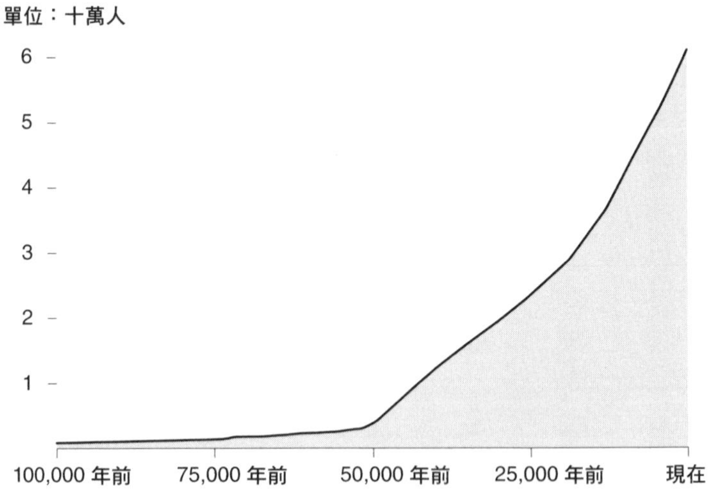

史前時代的人口爆炸。第一次人口爆炸的模擬資料，大約從五萬年前開始。

年後，他們到達亞洲的邊緣。現代人的部落穿越陸橋，從歐亞大陸進入阿拉斯加，之後只花了幾千年的時間就遍布整個新世界。在接下來的三萬八千年內，現代人持續增加，占領的地區每年平均要向外拓展兩公里。現代人一直擴大領地，一直到了南美洲的最南端，再也無法前進。從非洲的「大躍進」之後，經過不到一千五百代，智人就變成地球歷史上分布最廣闊的物種，什麼樣的生物群落都有，地球上每一條河的流域都住了人。現代人是自古至今侵略能力最強的外來物種。

到了今日，在已知的大型物種中，現代人所占領的區域獨占鰲頭；其他肉眼看得見的物種所占有的領地，論地理和生物優勢，都比不上智人。現代人占領新地區的速度一向很快。戴蒙發現，「毛利人的祖先（帶著少許工具）到達紐西蘭後，很明顯地，他們花了不到一百年的時間就找到所有具有價值的石材來源；接下來的幾百年內，在全世界地形最崎嶇的地方，把恐鳥殺得一隻不留。」維持了數千年的穩定生活後，卻突然向全球各地擴張，只有一個原因：科技創新。

現代人的領土變大後，他們把動物的角和長牙改造成推進的工具和刀子，用動物身上的武器來對抗動物，是不是很聰明？在五萬年前這個分界點，他們用貝殼裡挖出來的珠子塑造小雕像，這是最早的藝術，也是最早出現的珠寶。雖然用火不是在這個時候發明的，他們也在同時發明了最早的壁爐和住所結構。大家也開始交易少見的貝殼、角岩和打火石。約在同一時期，現代人發明了魚鉤和魚網，也會用針把獸皮縫成衣物。考古學家在洞穴裡發現殘餘的獸皮，上面留有裁縫的痕跡。當時留下的陶器，少數上面能看到布料的壓印，有的織成網狀，有的看起來很鬆散。在同一時期，現代人也發明了獵獸的陷阱。他們的遺物中有一堆堆小型毛茸茸動物的骨骼，但是腳不見了；今日設陷阱的人仍用同樣的方法剝掉小動物的皮，把腳留在皮上。藝術家在牆上畫下穿著毛皮外套的人用箭或矛獵殺動物的樣子。值得注意的是，這些工具與尼安德塔人和直立人的粗糙創作不一樣，隨處可找到細微的風格和技術變化。現代人開始創新了。

現代人懂得製作溫暖的衣物，就能前進北極區；發明了釣魚設備，就能去海邊跟河邊覓食，在大型獵物少見的熱帶區域尤其有利。現代人能夠創新，就能在新的氣候地帶順利定居，寒帶地區及當地獨特的生態更讓人致力於創新。歷史上從事狩獵採集的部落，居住的緯度愈高，就需要（或發明）愈多複雜的「技術組件」。在北極區獵捕海中的哺乳類，需要的設備比在河裡釣鮭魚更精密得多。現代人能夠快速改進工具，就能用更快的速率適應新的生態棲位，不受基因演化的限制。

在快速占領全球的期間，現代人取代了地球上其他幾個同時存在的人族物種（不論是否有雜交的情況），包括他們的表親尼安德塔人。尼安德塔人向來人口不多，或許最多的時候只有一萬八千人。身為占領歐洲數十萬年的唯一人族，帶著工具的現代人到來後，傳承不到百代的尼安德塔人便消失了。在歷史上一霎眼就不見了。人類學家克蘭指出，從地質學的角度來看，這一次的取代可是說突如其來。在考古學的紀錄中沒有過渡期。克蘭說：「前一天尼安德塔人還在，第二天就換成克羅馬儂人（現代人）了。」現代人這一層一定在最上面，絕對不會反過來。現代人甚至不需要屠殺尼安德塔人。人口統計學家算出，生殖成效的差異只有百分之四這麼少（現代人能帶回家的食物比較多，應該生育能力也比較強），就能讓生殖能力比較弱的物種在幾千年內滅絕。幾千年內就絕種的速度在自然演化中並沒有前例。很可惜，這是人類第一次造成物種快速滅絕。

尼安德塔人應該早就明白了，正如我們在二十一世紀也領悟了，有件大事要發生了，這是一股全新的生物和地質力量。幾位科學家（克蘭、泰特薩、卡爾文和其他人）認為，五萬年前發生的「某件事」便是人類發明了語言。在這之前，人族已經很聰明了。他們能隨意製作出粗糙的工具和用火，或許就像智力超乎尋常的黑猩猩一樣。非洲人族的大腦和體格成長到持平的地步，但腦內的演化仍繼續進行。克蘭說：「五萬年前的大事就是人類的操作系統改變了。點突變有可能影響了大腦的接線，讓人類產生語言，就跟我們今日了解語言的方法一樣：快速產生、聽得懂的言詞。」尼安德塔人和直立人的腦子都變大了，但現代人不一樣，腦袋接駁的方法改變了。語言使人類的心智從尼安德塔人的程度發生改變，讓現代人的發明開始有了目的，經過深思熟慮。哲學家丹尼特用高雅的語言大聲疾呼：「在心智設計的歷史上，再沒有更令人振奮、更重大的一步，能比得上語言的發明。智人因這項發明而受益，他們有如踩上了彈弓，一下子飛越了地球上所有的物種。」語言的創造是人類第一項獨特的產物。一切因此而改變。有了語言後的生活，是沒有語言的物種完全無法想像到的。

語言讓人能夠溝通合作，加快學習和創造的速度。如果某人能解釋新的想法，並跟其他人溝通，大家就不需要自己去發現新的想法，也能加快想法的傳播。但語言最主要的優勢並非溝通，而是自動產生。語言是一種讓心智自我質疑的手法，如魔鏡般向你的心顯露你在想什麼，轉動這個把手，你的心就會發揮作用。語言能夠掌控不明確、沒有目標的自我意識和自我指涉，改造心智，使其源源不斷冒出新的想法。腦部若無跟語言相關的構造，我們無法接觸自己的心智活動，當然也沒辦法用現在這種方式思考。如果人類心智無法訴說故事，就無法有意識地創造，所有的創造都是無心的意外。用能和自己溝通的組織工具，來馴服人心，否則思緒只會隨興飄搖，無法加以敘述。我們的心智跟野獸一樣。我們的聰穎沒有輔助的工具。

少數科學家相信，事實上，科技才是激發語言的要素。要朝著移動中的動物丟擲石頭或木棍等工具，也要有足夠的力道去殺死動物，人族的大腦需要認真計算。每次投擲都需要一長串連續不斷的精確神經指令，在一瞬間執行完畢。但跟計算如何接到空中的樹枝不一樣，投擲時大腦必須同時計算幾種替代方案：動物會加速還是慢下來，要瞄得比較高還是比較低。心智接著要編造出結果，在實際投擲前評估怎麼投最好，一切都在幾毫秒內完成。包括神經生物學家卡爾文在內的科學家都相信，一旦大腦演化到能夠同時考慮到好幾種快速投擲的場景，就會攔截投擲的步驟，同時迅速想到好幾串概念。大腦投擲出來的不是木棍，而是語言。重複使用科技，或重新訂立目的，接下來就變成占有優勢的原始語言。

語言難以掌控的特質為現代人不斷擴張的部落開展了不少新棲地。現代人跟表親尼安德塔人不一樣，能夠快速改造工具，獵捕更多不同的野獸，也能採集和處理愈來愈多種類的植物。尼安德塔人只有少數幾種食物來源，這已經有一些證據了。檢查尼安德塔人的骨骼，我們發現他們缺乏魚類提供的脂肪酸，多半以肉食為主。但不是所有的肉他們都吃。尼安德塔人的飲食一半以上是毛茸茸的長毛象和馴鹿。尼安德塔人會滅絕，應該和這些史前巨獸大量滅亡脫離不了關係。

現代人什麼都吃，狩獵採集，愈來愈繁盛。人類數十萬年來綿延不斷，證明只要有幾樣工具，就可以獲得足夠的營養，來繁衍下一代。我們在這裡，因為過去的狩獵採集有了成效。分析歷史上狩獵採集部落吃些什麼，結果顯示他們獲得的熱量符合美國食品藥物管理局對相同身材者的建議。舉個例子，人類學家發現，歷史上的杜族每天平均攝取二一四〇千卡，魚溪部落二一三〇千卡，漢普灣部落二一六〇千卡。他們的食材很豐富，有塊莖、蔬菜、水果和肉類。研究早期現代人的骨骼和廢棄物中的花粉，發現他們的飲食也很多樣化。

哲學家霍布斯宣稱，野蠻人（這是他口中狩獵採集的現代人）的生活「很險惡、粗野、短暫」。但是，早期狩獵採集的部族雖然生命短暫，常受到險惡的戰爭干擾，卻一點也不粗野。只有十來樣原始的工具，人類取得足夠的食物、衣服和避難所，在任何環境下都能生存，此外，這些工具和技術也為他們的生活帶來閒暇時間。人類學研究證實，這些現代的狩獵採集者不需要花一整天的時間打獵採集。一名研究人員薩林斯做出結論，他們只需要每天工作三到四個小時，就有足夠的食物，僅需投入他所謂的「短工作時間」。他的結論非常令人驚訝，證據也有待爭議。

根據範圍更廣的資料，現代的狩獵採集者每天平均約用六小時覓食，這個數字比較符合實際，也比較少爭議。這樣的平均值表示每天的生活習慣必須相當固定。每天小睡一兩個小時，或一睡就睡一整天，應該也很常見。從客觀的角度觀察，一定會注意到覓食的工作常出現中斷。搜食族可能會連續好幾天努力覓食，然後在這個星期接下來的幾天內什麼也不做，完全不去找食物。人類學家稱之為「舊石器時代的節律」，做一兩天，休一兩天。熟悉野蔓部落的觀察家寫道：「他們工作的時間一陣一陣，偶爾工作的時候，他們在一段時間內能夠產生相當多的能量，但是之後，他們會想要休息一段很長很長的時間，躺著什麼也不做，不過看起來也不怎麼疲累。」同樣的現象其實也可以套用到其他部落上。舊石器時代的節律事實上反映出「掠食者的節律」，因為動物界的大型獵食動物也展現出同樣的風格，如獅子和其他大型貓科動物：在短暫的爆發後獵食到筋疲力竭，然後躺上好幾天。幾乎大家都看得出來，獵食者鮮少外出打獵，能吃到食物的機會更少。用投入一小時能產生的卡路里來衡量，原始部落獵食的效益只有採集的一半。因此對搜食族來說，吃肉是很難得的享受。

還有季節的變化。每一種生態系統中，搜食族都會碰到「饑荒季」。在地勢較高、氣候較涼爽的緯度地區，冬末春初的饑荒比較嚴重，但就算在熱帶緯度，人類最喜愛的食物、補充營養的水果和不可或缺的野味也會跟著季節波動。此外，還有氣候的變化：乾旱、洪水和暴風雨如果長久肆虐，就有可能干擾這一年的生活型態。日復一日，季復一季，年復一年，如果常碰到長時間無法覓食的情況，表示狩獵採集族雖然常常吃得很好，也有可能會常常（也真的碰到）吃不飽或挨餓，無法攝取足夠的營養。處於幾乎營養失調的狀態下，幼兒有可能死亡，對成人來說也很可怕。

攝取的熱量時多時少，結果舊石器時代的節律可能極長，也可能極短。很重要的是，「工作量」暴增並非個人的選擇。主要仰賴自然系統來提供食物的話，增加工作時間也不一定會增加產能。投入雙份的精力，不代表可以找到兩倍的食物。無花果成熟的時間無法加快，也無法確切預測，也不知道獵物何時來到。如果不貯存過剩的食物或找適當的地方耕種，要覓食就得移動。狩獵採集族一定要不停移動，離開耗盡的資源，才能維持產量。一旦連續不斷地到處移動，過剩的食物和貯存食物所需的工具會讓你的速度變慢。在現代的狩獵採集部落中，有不少人認為不受外物阻礙是種美德，甚至是人格的優點。什麼也不帶，但有需要的時候就能製造或取得，非常聰明。薩林斯說：「會累積補給品的獵人效率高，卻失掉了尊敬。」此外，食物和用品過多的人必須和所有人分享，也讓人更不想增加產能。因此，搜食族如果貯存食物，反而弄巧成拙，降低社會地位。你的食欲必須適應在野外的移動。要是因為乾旱而減少了西谷米的產量，做多少額外的工作都無法提高食物的產量。因此，搜食族進食的步調要夠隨和。有食物的時候，大家都努力工作。糧食稀少時，覺得肚子餓了就圍坐聊天。這種方法非常理智，卻常讓人誤解，認為這個部落很懶惰，但如果要從環境中尋覓食物，這樣的策略事實上才合乎邏輯。

現代文明社會中要工作的人看到有人的工作態度如此悠閒，會覺得嫉妒。每天工作三到六個小時，跟已開發國家中大多數成人的工作量相比，實在太少了。此外，被問到的時候，大多數已接受外來文化洗禮的狩獵採集者覺得很滿足，不想要更多的東西。整個部落或許只有一樣人工製品，比方說斧頭一把，一把就夠了，為什麼要有多的呢？一個可能是，你用你需要的東西，但更常見的情況是，你需要什麼，就去造出來。用完之後，人工製品通常就丟掉了，不需要留下來。如此一來，就不需要攜帶或看顧額外的物品。西方人把毛毯和刀具送給搜食族，第二天通常就看到自己的禮物變成垃圾，覺得受盡羞辱。很奇怪的是，搜食族的生活文化根本就是用過即丟。最好的工具、用品和科技都可以丟掉。就連精心搭建的住所也不是永久的。部落或家族要遷徙時，可能搭起只住一夜的家（比方說簡陋的竹屋或圓頂雪屋），第二天早上就棄而不用。可以住好幾家人的大型房屋住幾年後可能就不要了，也不維修。對待農地的態度也一樣，收成後就放棄了。

自給自足來得容易，來得及時，加上滿足的態度，薩林斯因此指稱狩獵採集者是「原初豐裕社會」。雖然搜食族大多數時候能攝取足夠的熱量，也未創造出欲望無窮的文化，但更好的說法應該是狩獵採集者的生活「豐裕，但不充沛。」根據歷史上許許多多碰見原始部落的紀錄，我們知道他們常常（不是習慣性地）抱怨吃不飽。知名人類學家騰布爾發現，雖然姆布蒂部落屢屢唱歌讚揚森林的好處，卻也常常抱怨肚子餓。狩獵採集者抱怨多半是因為每餐都吃一樣的碳水化合物主食，例如麵包果；講到匱乏，或甚至飢餓，他們的意思是吃的肉不夠，渴望攝取脂肪，不喜歡吃不飽的時候。他們擁有少量的科技，讓他們大多數時候能有足夠的食物，但稱不上豐盛。

平均來說還算充足，和豐盛之間有條微妙的界線，也是決定健康的因素。人類學家統計現在狩獵採集部落中女性的總生育率（在育齡內產下嬰兒存活的平均數目），發現相對來說算低，整體來說只有五到六個小孩，而農業社會中則平均有六到八個小孩。生育率降低有幾個因素。或許因為營養攝取不穩定，搜食族女孩的青春期比較晚，十六或十七歲才開始（現代女性從十三歲就開始）。初潮來得晚，加上壽命較短，讓她們較晚開始生小孩，生育期也比較短。搜食族哺乳的時間比較長，也延長了生下一胎的間隔。大多數部落會哺乳到小孩子兩三歲的時候，也有少數部落讓小孩一直吃到六歲。此外，大多數女性都非常苗條，活動量也很大，就跟西方苗條好動的女性運動員一樣，生理期通常不規則，或根本不會來潮。有一個理論說，女性需要到「關鍵的肥胖程度」，才能製造出可以受精的卵子，但許多搜食族女性由於飲食上下波動，一年總有一段時間無法到達這種肥胖程度。當然，不論在哪裡，你都可以刻意禁欲，避免生小孩，搜食族也有不生的理由。

搜食族中兒童的死亡率非常高。調查了史上來自不同大陸的二十五個狩獵採集部落後，研究人員發現，有百分之二十五的兒童活不到一歲，百分之三十七在十五歲前死亡。在一個傳統的狩獵採集部落中，兒童死亡率高達百分之六十。史上大多數部落的人口成長率幾乎都是零。調查狩獵採集族的凱力在報告中提到，人口成長率停滯的現象非常明顯，因為「之前到處移動的人定居下來後，人口成長率就會增加。」雖然其他的條件保持不變，但穩定收成的農產品可以餵飽更多人。

兒童死亡率高，年長的狩獵採集族也好不到哪裡去。他們的生活很艱苦。考古學家分析骨頭上的壓痕和傷口，指出尼安德塔人身體上的傷痕分布跟專業牛仔一樣，頭部、軀幹和手臂上的傷就像你近距離跟憤怒的大型動物搏鬥後的結果一樣。早期人族的遺體在我們所知的範圍內，沒有活過四十歲的。由於兒童死亡率太高，縮短了平均壽命，如果最老的遺骨也只有四十歲，年齡中位數應該不超過二十歲。

典型的狩獵採集部落中幼兒很少，沒有老人。造訪自古以來一直沒有改變的狩獵採集部落時，大家都會有一個印象，或許可以用這樣的人口分布來解釋。訪客會評論說：「大家看起來都好健康好結實。」一個原因是，每個人都正當盛年，介於十五到三十五歲之間。去參觀時髦的都會區，人口一樣年輕時，我們或許也會有同樣的反應。部落生活的風格屬於年輕人，也只適合年輕人。

搜食族的平均壽命較短，影響最大的是這個社會裡幾乎沒有祖父母輩的成員。假設女性要到十七歲才能開始生小孩，三十幾歲就去世，孩子還不到青春期就大多是孤兒。短暫的壽命對個人來說很糟糕，但壽命不長對社會也極度不利。沒有祖父母，要隨時間推移傳授知識便十分困難。祖父母是文化的管道，沒有他們，文化就停滯不前。

想像一個社會，除了沒有祖輩，也缺乏語言，就跟智前古人一樣。學習到的東西如何代代相傳？自己的父母可能在你成年前就死去，他們能教你的，僅限於在你還沒長大時他們能教給你的。除了周圍親近的人，你再沒有其他可以學習的來源。創新和文化傳承就這麼停止了。

有了語言之後，想法得以聯結，在人與人之間溝通，這種棘手的情況就被打破了。新事物能夠問世，然後透過孩子傳播到下一代。現代人有了更棒的打獵工具（例如可以投擲的長矛，讓體重不到標準的人也能隔著安全的距離射殺危險的大型動物）、更好的釣魚工具（三叉魚鉤和陷阱），以及更進步的烹調方法（使用燒熱的石頭，除了煮熟食物，也能從野外的植物獲取更多熱量）。使用語言後不到百代的時間，這一切都變成他們的。更好的工具表示能攝取更多營養，加快演化的速度。

營養稍微有了改善，長期而言，最主要的效應是壽命持續增加。人類學家佳斯柏里研究了歐亞非三洲約五百萬年前到大躍進之間七百六十八個人族的牙齒化石。她的結論是，「現代人類壽命戲劇性地增加」約從五萬年前開始。壽命增加表示孩子有了祖父母，創造出所謂的祖母效應：在遵守道德的圈子裡，透過祖父母的溝通，能夠推動更強大的創新，也能延長壽命，讓人有更多的時間發明新工具，促使人口增加。還有，壽命延長後，「提供了選擇性優勢，讓人口繼續增加」，因為人口密度變高，新事物出現的速率和影響也提高了，也讓人口數目上升。佳斯柏里認為，促成現代化的行為創新，最基本的生物要素應該是成人存活率提高。擁有科技後，最重要的結果便是壽命延長，當然不是巧合，原本就該是最有可能發生的結果。

一萬五千年前，地球開始變暖，遍布全球的冰帽開始縮小，一群群的現代人攜手增加人口，開發出更多工具。現代人用的工具有四十種，包括鐵砧、陶器和合成物，例如構造複雜的長矛或用好幾個部件（許多細小的燧石碎片和把手）組合的切割工具。主要仍以狩獵採集維生，不過現代人也開始嘗試定居下來，回去照顧特別喜愛的農地，發展出用於不同類型生態系統的專門工具。在北國這個時期的墓地中，我們發現衣物也從普通的樣式（粗糙的短袖束腰外衣）進步到特殊的品項，例如帽子、襯衫、外套、長褲和獸皮鞋。因此人類的工具也愈來愈專門。

現代人的部落跨入不同的流域和生態後，也愈來愈多樣化。他們的新工具反映出居所的特性，住河邊的有很多魚網，大草原上的獵人有很多種尖銳的工具，住森林的人有很多種陷阱。他們的語言和外表也開始分歧。

不過他們仍有不少共通的特質。大多數狩獵採集族成群居住，家族內平均有二十五名親戚。數個家族會聚集成更大的部落，約有數百人，按季節舉辦盛筵或共享營地。部落有一個功能，就是透過異族通婚來延續基因。人口分布稀疏。在氣候比較寒冷的地帶，部落的平均人口密度為一平方公里不到零點一個人。在大規模部落中的兩三百人就是你這一生會遇到的所有人。或許你發覺還有其他人，因為交易或交換的貨物可能來自三百公里外的地方。有些交易的貨物可能是飾品和珠子，內陸居民可能會購買來自海邊的貝殼，住在海邊的人則會買來自森林的羽毛。用來彩繪面孔的顏料或許也是交換的項目，不過顏料也拿來塗在牆上或木頭雕像上。隨身攜帶的十來樣工具包括鑽骨器、尖錐、針、骨頭做成的刀子、矛上用來捕魚的骨頭鉤、石片，或許還帶了磨石頭的工具。固定刀片的把手可能是骨頭，可能是木頭，用藤條或獸皮繩索綁住。圍著火堆蹲下，會有人敲鼓或吹奏骨頭做成的笛子。過世的時候，那一點點所有物也會跟著下葬。

但不要以為整個過程都很和諧。現代人走出非洲後的兩萬年內，當時的巨獸種類有百分之九十因他們而滅亡。現代人創造出弓箭、長矛和誘導獵物往懸崖猛衝，殺光了乳齒象、長毛象、恐鳥、長毛犀牛和巨型駱駝，基本上四條腿的大量蛋白質來源都是目標。地球上超過百分之八十的大型哺乳類在一萬年前絕種。不知怎地，北美洲有四種動物避開了悲慘的命運：野牛、麋鹿、大角鹿和馴鹿。

部落之間的暴力衝突也時有所聞。同一部落中的成員謹守和諧和合作的規則，也是現代觀察家妒羨的目標，但對部落外的人就不適用了。澳洲的部落或許為了爭奪小池塘，美國平原上的部落要占領獵場和野生稻田，太平洋西北地區的部落則想爭奪海岸線旁的河口和海岸。沒有仲裁系統或公平的領袖，貨物、女人或財富象徵（例如新幾內亞的豬隻）引發的小小仇恨可能會擴大成綿延好幾代的戰爭。狩獵採集部落因戰爭造成的死亡率比之後的農業社會高出五倍（每年在「文明」的戰爭中死亡的人數為人口的百分之零點一，而部落戰爭造成的死亡人數則占百分之零點五）。每個部落、每個區域實際的戰爭比率都不一樣，就跟在現代的世界一樣，某個好戰的部落可能會瓦解許多部落的平靜。一般來說，部落如果四處游牧，就比較容易維持和平，因為一碰到衝突，只要逃離就行了。但要真的打起來，戰爭會十分慘烈，害死不少人。雙方的戰士如果人口相當，原始部落通常能打敗文明的軍隊。塞爾特部落打敗了羅馬人，圖阿雷格族打敗了法國人，祖魯人贏了英國人，美國軍隊花了五十年的時間才打敗阿帕契人。基利的著作《文明前的戰爭》探索早期的戰役，書裡提到：「民族誌學者和考古學家發現的事實明確指出，原始和史前的戰爭就跟歷史及文明版本的戰爭一樣可怕，一樣會留下深刻印象。事

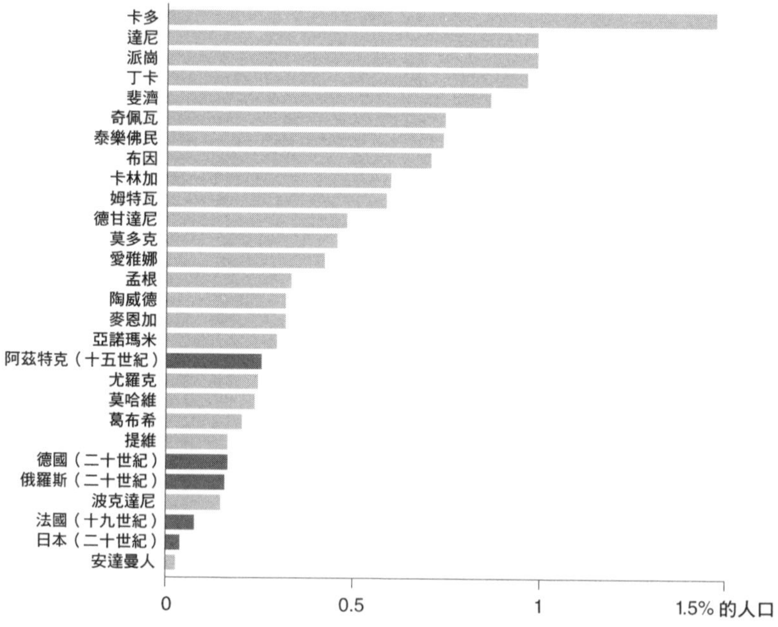

戰爭致命率的比較。在原始社會（灰色長條）和現代社會（黑色長條）中每年因戰爭死亡的人口百分比。

實上，原始的戰役比文明國家之間的戰爭更有可能致命，因為近身搏鬥的頻率更高，作戰的方法更加無情……。文明的戰爭才有規格跟儀式，相較之下沒那麼危險。」

語言革命自五萬年前開始，在那之前，世界上並沒有重大的科技。在接下來的四萬年內，每一個人一生下來就注定要狩獵採集。在這段時間內，估計有十億人靠著少量的工具儘量擴大探險的範圍。在沒有什麼科技的世界中，一切剛好「足夠」。人類可以休閒，工作成果也可以滿足需求，也還算快樂。科技無法超越石器，自然的節律和型態就在眼前。自然支配你的食欲，指定你的走向。大自然如此廣大，如此豐饒，又如此靠近，只有極少數人能隔絕自然。和自然世界協調一致，感覺非常神聖。但在科技尚未蓬勃發展的時候，幼兒死亡的悲劇一再發生。意外、戰爭和疾病表示人類平均壽命無法超過最長壽命的一半，基因提供給你的年限或許你連四分之一都活不到。飢餓永遠迫在眉睫。

但最值得注意的是，科技尚未發展，表示你的閒暇時間局限在傳統的循環中。沒有空間容納新的東西。就狹義而言你沒有上司。但生活的方向和關心的事物都安排在陳腐的道路上。環境的循環決定你的人生。

自然雖然廣大，雖然富饒，卻非無所不包。人心才能廣納一切，卻尚未完全受到釋放。沒有科技的世界能夠維持性命，卻不足以帶來超越。只有當語言釋放了心智，在科技體的助力下，超越了五萬年前自然的限制，才能開展更多更廣的可能。要付出代價才能有所超越，但抓住了這個機會，我們得到了文明和進步。

走出非洲後，現代人已經變了。我們的基因跟著我們的發明一起演化。光在過去一萬年內，人類基因演化的速度事實上已經比之前的六百萬年快了一百倍，也不意外。我們把狼隻馴養成狗（所有的品種），從無法辨認的原型培育出乳牛、玉米等動植物，同時我們自己也被馴化了。我們馴養了自己。牙齒持續縮小（因為我們學會烹飪，就像多了個胃來消化），肌肉變薄，身上的毛髮消失。科技馴養了人類。在翻新工具的同時，也改造了自己。我們跟著科技一起演化，也因此深深依賴科技。如果所有的科技產品，比方說地球上最後一把刀和最後一支長矛，都要被奪走，人類大概撐不了幾個月。現在，我們與科技共榮共存。

在短短的時間內，我們大幅度改造自己，同時也改變了世界。從人類在非洲出現，到殖民地球上所有可供居住的流域這段時間內，我們發明的東西改變了人類的住所。現代人的狩獵工具和技巧留下了深遠的影響。科技讓他們能夠殺光關鍵的草食動物（長毛象和巨型大角鹿），草食動物滅絕後，整片草原上的生態從此就不一樣了。占優勢的草食動物一旦消失，影響就會蔓延到生態系統中，新的掠食動物、新品種的植物以及它們所有的競爭對手和同類聯手打造出改造後的生態系統。因此少數人族的行為改變了數千個其他物種的命運。現代人懂得用火後，這強大的科技產物更進一步對天然地貌帶來規模龐大的變化。放火燒草原，預先燒出空地來控制火勢，起火燒熟穀物，手法很簡單，在各大陸上破壞的區域卻範圍廣大。

之後，全球各地不斷出現新發明，農業也愈來愈普及，不只地球表面受到影響，厚達一百公里的大氣層也無法倖免。農耕擾亂了土壤，增加空氣中的二氧化碳。有些氣候學家相信，自八千年前開始這種人為的暖化，讓冰河時期無法重臨地球。農業流傳的範圍變大，中斷了自然的氣候循環，不然現在地球上最北的地方大概早就再度被冰封住了。

當然，一旦人類發明能吃下植物化石（煤炭）而不是新鮮植物的機器，排放出的二氧化碳更進一步改變了大氣的平衡。豐富的能量來源為機器所用後，科技體也跟著蓬勃發展。曳引機等使用石油的機器提高生產力，讓農業更普及（舊有的趨勢加快了腳步），更多的機器出現了，更快地鑽出更多石油（新趨勢），加速的速度愈來愈快。今日，地球上所有機器排放出的二氧化碳量大大超過所有動物的排放量，甚至體積接近地質力量產生的二氧化碳。

科技體的力量深不可測，規模是一個因素，另一個則是其自行擴展的本質。字母、蒸氣幫浦或電力等重大發明能夠帶來其他重大的發明，例如書本、煤礦和電話。這些進展又再帶來其他的重大發明，例如圖書館、發電機和網際網路。每往前一步，就更有力量，之前發明的東西如果有優點，也會留存下來。有人靈機一動（想到紡車的構造！），他的想法或許跳到別人的腦海裡，衍生出另一個想法（把紡車放在雪橇下，拉起來更輕鬆！），便打斷了目前最占優勢的平衡情況，帶來變化。

但科技帶來的改變有正面也有負面。工業時代有了帆船，就能把在非洲抓到的俘虜跨越海洋運輸到目的地，奴隸種植和收成的纖維可以用機械式軋棉機處理，價格非常便宜，導致蓄奴制度愈來愈盛行。若無科技，如此大規模的奴隸制度應該不會出現在歷史上。小小的發明也帶來強烈的負面效應，數千種合成毒素導致人類和其他物種的自然周期大幅遭到擾亂。科技帶來的負面力量強大無比，透過戰爭更放大了嚴重性。可怕的毀滅性武器也因科技創新而出現，對社會造成的毀滅可說是前所未見。

另一方面，要補救或抵銷負面的結果，也必須從科技中尋找方法。古代文明大多在族群中也有奴隸制度，或許史前時代這種社會階級就出現了，在許多人煙罕至的區域仍能看到奴隸制度。全球各地的奴隸制度目前逐漸消失，因為科技給我們溝通、法律和教育的工具。科技產品能夠偵測合成毒素和取代毒素，使用的機會就愈來愈少。與監控、法律、契約、警政、法庭、市民媒體和經濟全球化的科技產品能夠緩和及減少戰爭的惡性循環，久而久之就能消弭戰禍。

所有的進步說到底都是人類的發明，道德進展也一樣。我們的意願和頭腦製造出這種有用的產品，所以也算是科技。我們可以決定奴隸制度的做法不好。我們可以決定公平施行的法律才對，摒除任用親戚的偏私。我們可以訂下條約，宣布某些處罰方式不合乎法律。發明書寫後，我們鼓勵大家培養責任感。我們可以有意識地擴大同理心的範圍。這些都是人類的發明，心智的產物，就跟燈泡和電報一樣。

在科技的驅動下，社會改善的速度不斷循環加速。社會的演化會漸漸增快，歷史上社會組織中的興起，皆是因為新科技出現。發明書寫後，有了書面法律，人人才得以平等。發明了按標準鑄造的錢幣，貿易的範圍擴大，激發企業精神，加快自由主義的傳播。歷史學家懷特指出：「像馬鐙那麼簡單的發明少之又少，但也有極少數的發明對歷史的催化不可忽視。」懷特認為，無足輕重的馬鐙裝到馬鞍上後，騎在馬背上就能揮動武器，騎兵因此就比步兵更占優勢，買得起馬匹的領主贏面更高，因此貴族封建制度才能在歐洲興起。封建主義出現，馬鐙並不是唯一受責的科技產物。馬克斯說過一句很有名的話：「手持研磨器讓社會上出現封建領主，蒸氣磨坊則為社會帶來產業資本家。」

一四九四年，一名方濟會修士發明了複式簿記，從此公司就能掌控現金流動，開始掌控複雜的業務。因為複式簿記，金融業在威尼斯嶄露頭角，開展全球經濟。在歐洲，活字印刷發明後，天主教徒能夠自行閱讀最基本的教義，自行解讀經文，在宗教內掀起「抗議」的思潮。回顧一六二〇年，現代科學之父培根察覺到科技將發揮出多大的力量。他列出了三種改變世界的「實用藝術」：印刷、火藥和羅盤。他申明「這些機械發明對人類事務的力量和影響遠超過所有的帝國、宗教和星辰。」培根與他人攜手開創了科學方法，加快發明的速度，之後的社會一直處在變動中，概念的種子前仆後繼，打破了社會的平衡。

時鐘等看似簡單的發明卻有深遠的社會意義。時鐘把連續的時間流分割成可以測量的單位，有了鐘面後，時鐘變成了暴君，主宰我們的生活。電腦科學家希利斯相信，時鐘的機件是科學的材料，所有和文化有關的產物也由此衍生。他說：「我們用時鐘的機械構造來比喻自然法則自我管理的運行（電腦的機械裝置按著預先設定的規則運作，也是時鐘的直系後代）。若能把太陽系想像成發條的自動運作，就無法避免把這些普遍的原理套用到自然的其他層面上，由此展開科學的過程。」

工業革命期間，發明家改變了人類的日常生活習慣。新鮮的發明和便宜的燃料給人類豐足的食物、朝九晚五的生活和煙囪。科技在這個階段又黑又髒，常造成破壞，建築和運作的規模通常會大到缺乏人性。僵硬冷酷、無法彎曲的原鋼、磚頭和玻璃讓這場科技入侵扮演和人類（或許有些其他的生物也包括在內）敵對的外星人。自然的資源直接提供養分給外星人，背後拖著邪惡的陰影。工業時代最糟糕的副產品包括黑煙、黑色的河水、在磨坊裡染成黑色的短命工人，和我們珍惜的自我概念相去甚遠，我們寧可相信與我們敵對的就是外星人，或者更糟糕的東西。冷硬的物質占據了世界，很容易在我們心中留下惡名，即使是必要之惡。當科技出現在人類由來已久的生活習慣中，我們會加以切割，當成傳染病來看待。我們張開雙臂擁抱科技產品，卻充滿罪惡感。一個世紀前，如果認為科技注定要來到，會受人譏嘲。當時的人對科技的力量存疑。兩次世界大戰後，人類發明物的殺傷力全盤釋出，科技留下了根深蒂固的臭名，等於騙人的魔鬼。

經過一代又一代的科技演變，我們精益求精，科技的冷硬已不復見。我們能夠看穿科技有形的偽裝，了解科技的本質是一種行動。雖然外型仍在，但核心卻是更柔軟的東西。研發全世界第一台電腦的天才人物諾伊曼在一九四九年發覺，電腦會教我們科技是什麼：「展望未來，不論是近期，還是很久以後，科技會持續把強度、物質和能量方面的問題轉換成結構、組織、資訊和控制方面的問題。」科技再也不只是名詞，而是一股力量，一道蓬勃的潮流，把我們往前推，或者與我們互相抗衡。科技是動詞，不是名詞。

第三章　第七界的歷史

回溯到舊石器時代，我們可以觀察到在人類工具最初的發展階段，科技體只有最簡單的狀態。但由於科技的歷史早於人類，靈長類或更早的動物就已經開始使用科技，我們必須超越人類的起源，了解科技發展的真正本質。科技並不只是人類的發明，也是源自生活的結果。

如果詳細列出到目前為止在地球上發現的生物種類，可以分成六大類。一個種類就是一個生物界，在這六大界中，所有的物種都享有共同的生化藍圖。其中三界包括微小的單細胞生物。其他三個則是我們常看到的生物王國：菌類（菇類和黴菌）、植物和動物。

六大生物界中的所有物種，也就是地球上現今所有的生物，小至海藻大至斑馬，在演化上一律平等。雖然形體的複雜和發展程度不一，現存所有的物種從祖先演化到現在的模樣，都花了同樣長久的時間：四十億年。每天都要面對試煉，綿延了數億代皆能適應。

許多生物都學會了建造結構，這些結構讓生物突破了生理的限制。白蟻窩高達兩公尺的堅硬土堆運作起來就像昆蟲多了外部的器官。窩裡的溫度穩定，破損的地方隨時補強。乾燥的泥土似乎也有生命。再用珊瑚當例子，樹狀的石頭組織就像一棟棟公寓，住滿了幾乎看不見的動物。珊瑚的組織和其中的動物有如一體，一起成長，一起呼吸。內部鋪滿蜜蠟的蜂窩和用細枝蓋成的鳥巢也有同樣的功效。因此鳥巢或蜂窩雖非自然生長，但我們最好能把它們當成造出來的動物身體。巢穴是動物的科技，讓動物突破了形體。

科技體就是人類向外延伸的成果。麥克魯漢和眾多學者都注意到，衣物是另一層皮膚，車輪是多出來的腳，相機和望遠鏡讓我們多了幾雙眼睛。基因建造出身體，科技產物把身體向外推，真不錯。如此一來，我們可以把科技當成身體的延伸。在工業時代，很容易用這種方法看待世界。蒸汽挖土機、火車頭、電視，以及機械工手中的控制桿和齒輪，都是妙不可言的戰甲，讓人類擁有超人的力量。但是細究這個比擬，就能看出動物與人類不盡相同之處：動物添加的裝束是基因的產物，繼承了本身構造的基本藍圖；人類則不然，外殼的藍圖來自人類的頭腦，可能在不自由主的情況下創造出我們的祖先從未製造過或甚至從未想像過的東西。如果科技是人類的延伸，這種延伸並非出自基因，而是來自人心。因此，科技是想法延伸出來的形體。

科技體是想法組成的生物，演化的過程也模仿有基因的生物，差異非常細微。兩種生物有很多相同的特性：兩個系統的演化都由簡而繁，從籠統到具體，從單調到多樣化，從個人主義到共生主義，從浪費能源到高效率，也從緩慢的變化轉成更強的演化能力。隨著時間流動，科技物種不斷變化，模式非常類似物種演化的譜系。但科技來自於想法，而不是基因。

想法不光一個，總是成群結隊出現，附屬的想法、隨之出現的見解、輔助的概念、基礎的假設、副作用和合乎邏輯的結果緊密相連，後續可能發生的事情一連串出現。想法一個接一個冒出來。心裡有個想法，表示一定會思緒紛亂。

新的想法和新的發明多半是由各種沒有條理的想法融合而成。時鐘的設計創新後，激發出功效更高的風車，設計用來釀造啤酒的火爐其實對鐵工業很有用，發明了製造管風琴的機械裝置後，居然可以運用在紡織機上，而紡織機的構造最後變成了電腦軟體。不相干的零件通常演化到了最後，會變成緊密整合的系統。大多數的引擎必須分別裝設會產生熱能的活塞和冷卻用的散熱器。但聰明的風冷式引擎把兩個想法合而為一。引擎中的活塞，也能同時發揮散熱器的功效，驅散活塞產生的熱氣。經濟學家亞瑟在《技術的本質》一書中提到：「在科技中，組合式演化最早開始，也很常見。科技產品的許多零件也為其他產品所用，所以當零件『脫離』本體的科技產品，用在其他地方並有所改善，發展就自動邁進了一大步。」

這樣的結合就像動物交配，成品是舊有科技的遺傳家譜。就跟達爾文的演化論一樣，改善一些小地方，報酬就是更多的複製品，因此創新會以穩定的速度傳播給所有的人。一方面融合舊有的想法，一方面將不成形的念頭孵化。科技產品構成的生態系統中滿是交錯支援的同盟，此外也會構成演化的分系。把科技體當成會演化的生物，才能真正了解其精髓。

生命的故事可以有好幾種排列的方法，其中一個方法是記載生物學的里程碑。列出生命最偉大的一百萬年內的章節，排在最前面的應該是當生物從海裡移居到陸地上，或者當生物長出脊椎或生出眼睛的時候。其他的里程碑包括開花植物出現、恐龍滅種、哺乳類崛起。這些都是人類歷史上很重要的轉折點，也是祖先傳說中值得稱道的成就。

但是，既然生命是自行產生的資訊系統，在觀察有四十億年歷史的生命時，為了得到更多啟發，最好能標記出生命形式的資訊組織主要出現了什麼轉變。比方說，哺乳類動物跟海綿有很多不一樣的地方，主要在於生物中的資訊流動多了好幾層。觀察生命階段時，我們需要找出生命結構在演化過程中主要發生哪些變遷。生物學家史密斯和薩茲馬瑞用的方法就是這樣，他們最近發現生命的歷史中有八個生物資訊的門檻。

兩位科學家歸納出的生物組織中的主要變遷如下：

單一的複製分子 → 複製分子產生互動的群體

複製分子 → 複製分子串成染色體

RNA（核糖核酸）酵素的染色體 → DNA蛋白質

無核細胞 → 有核細胞

無性生殖（複製）→ 有性生殖

單細胞生物 → 多細胞生物

個體 → 群體和超級個體

靈長類社群 → 使用語言的社群

在史密斯和薩茲馬瑞的階系中，每個級別都表示複雜度大幅提升。性別的產生可說是生物資訊的重組歷程中最重大的一步。特徵的重組能夠經過控制（從配對的雙方身上各取一些特徵），而不是完全隨興變異，也不像複製一般一定要完全一樣，性別讓演化能力達到顛峰。有性生殖讓動物基因演化的速度超越對手。接下來，大自然創造出多細胞生物，再接下來，多細胞生物的群體出現，都符合達爾文主張的生存優勢。但更重要的是，這些創新提供了舞台，讓生物資訊的片段能夠用更新、更容易組織的方式進行排列。

在自然演化的同時，科學和科技也在演化。科技的主要變遷也從組織中的一個級別連接到另外一個。不需要把鐵、蒸氣或電力等重大發明記載入冊，因此，我們要記載新的科技如何改造資訊的結構。把字母（一連串的符號，跟DNA有異曲同工之妙）轉換成書本、索引、圖書館（可比擬成細胞和生物）中組織完善的知識，就是一個最好的例子。

比照史密斯和薩茲馬瑞的理論，我按照資訊組織的級別排列科技的主要變遷。在每個階段，處理資訊和知識的級別都是第一次出現。

科技體的重大變遷包括：

靈長類動物的溝通 → 語言
口耳相傳 → 書寫／數學符號
手寫 → 印刷
書本上的知識 → 科學方法
手工製造 → 大量生產
工業文化 → 無處不在的全球溝通

對人類，或對全世界來說，影響最深重的科技變遷就是第一項，語言的出現。有了語言後，知識才能存放在記憶中，不需要靠個人回想。有語言的文化能累積故事和口傳的智慧，傳播給未來的子孫。即使尚無生育機會便死去，個人學到的東西仍能記下來。從體系的角度而言，人類適應和傳達學識的速度因為語言變得更快了，超越遺傳的速度。

語言和數學的書寫系統發明後，人類的學問更有結構性。要表明想法，加以檢索和傳播，都簡單得多。書寫讓有組織的資訊可以滲入日常生活的各個層面。靠著有組織的資訊，貿易、製作曆法和訂定法律的速度都比以前更快。

把組織過的資訊印刷出來，識字的人也跟著增加。印刷術普及全球後，符號運算也更加盛行。圖書館、目錄、互相參照、字典、逐字索引如雨後春筍般冒出，瑣碎的看法也集結成愈來愈多出版品，資訊普遍的程度又往上提升了，到了今日，我們甚至不會注意到一睜開眼睛看到的都是印刷物。

印刷術之後出現的科學方法更加細緻，能處理人類產量爆炸的資訊。一開始透過同儕審查的信件往來，後來則透過期刊，科學提供的方法能提取可靠的資訊，經過測試後連接到其他經過測試、互相聯結的資訊，知識庫不斷膨脹。

全新編排好的資訊就是我們口中的科學，能夠用來重新排列事物組織的結構。科學誕生出製造物品的新素材和新流程，以及新的工具和新的看法。把科學方法用在工藝上，我們發明了大量生產的方法，零件可以互相替換，還有組裝線、高效率和專門技術。所有這些資訊組織的形式讓生活水準升高到不可思議的地步，而我們現在卻已經習慣了這樣的標準。

最後，知識組織最後一次的變遷就在眼前。我們為所有製造的東西引入次序和設計。能進行少量計算和溝通的微型晶片，用途也愈來愈廣泛。用過即丟的物品加上了條碼，就算是其中最微小的也在我們的集體意識中占了一小塊位置。資訊的流動無孔不入，擴展到所有製造出來的物品和人類都納入其中，在一個廣大的網路上，分散到全球，便是規模最偉大的知識分布（期待後續還會繼續擴張）。

科技體中逐漸擴展的軌道所遵循的軌跡也跟生物中的軌跡一樣。在生命和科技體中，一個內部連結愈來愈緊密的層級，會逐漸在其上編織出一層新的組織。值得注意的是，科技體中最重大變遷的起始點，正好是生物界最重大變遷的結束，也就是靈長類動物開始使用語言。

語言的發明是自然世界中最後一次重要的轉折，也是人工世界中初次出現演變。在社交動物（比方說我們）創造出的東西裡，最複雜的就是言語、想法和概念，不論用於什麼樣的科技，這些東西也奠定了最簡單的基礎。因此，語言為兩次重大變遷的結果搭起橋梁，連續不斷結合在一起，自然演化因而流入了科技演化。探究深奧的歷史，重要變遷的完整過程如下：

單一的複製分子 → 複製分子產生互動的群體
複製分子 → 複製分子串成染色體
RNA酵素的染色體 → DNA蛋白質
無核細胞 → 有核細胞
無性生殖（複製）→ 有性生殖
單細胞生物 → 多細胞生物
個體 → 群體和超級個體
靈長類社群 → 使用語言的社群
口耳相傳 → 書寫／數學符號
手寫 → 印刷

書本上的知識 → 科學方法

手工製造 → 大量生產

工業文化 → 無處不在的全球溝通

規模不斷擴張，一層一層往上，看來是個歷史久遠的故事。我們可以把科技體當成和六大生物界同時開始、更往前一步重新經過組織的資訊。如此一來，科技體就是生物的第七界。四十億年前開始的程序被科技體延伸了。現代人的演化家系很久以前就從動物界的前輩分支出來，科技體也一樣，現在從人類這種動物的心智中分支出來。從共同的根源，發展出新品種的槌子、車輪、螺釘、精煉金屬和馴化後的農作物，以及像量子電腦、基因工程、噴射機和網際網路等精選的品種。

科技體和六大生物界有幾個很重要的差異。和其他六大生物界的成員相比，這些新品種在地球上生存的時間最短。地球上最古老的生物刺果松見證了科技整個家族和階級的起伏興亡。我們製造出來的東西，壽命甚至不及生物界最短的物種年限。很多數位科技產品的壽命比不上一隻蜉蝣，更不用跟物種相提並論。

但是，大自然無法預先規畫，不會貯藏創新以供日後使用。如果自然中的變化無法**立即**提供生存優勢，要延續下去的成本就很高，因此過了一段時間便消失了。但是有時候，在某個問題出現時可以提供優勢的特質在第二個問題突然爆發時也能提供優勢。比方說，小型的冷血恐龍演化出羽毛，可以保暖。之後，原本生在四肢上用來保暖的那些羽毛，在短暫飛行時也證明了很好用。從保暖的這個新方法出現後，事前並未規畫的翅膀和鳥兒也出現了。這些新事物並未得到注意，突然提早出現，在生物學中稱為「離應」。我們不知道自然界中的離應多常見，但在科技體中則是例行公事。科技體就等於離應，因為隨時可以跨越來源借用創新的事物，或者跨越時間改變用途。

艾垂奇和古爾德共同創立了一個理論，認為演化會被打斷，也會逐步上升。艾垂奇的專業領域是三葉蟲歷史，或跟現代的球潮蟲長得很像的古代節肢動物。他的興趣是收集短號，一種很像喇叭的樂器。有一次，艾垂奇把專業的分類法運用在他收集的五百支短號上，年份最久遠的是一八二五年。他選了十七個在樂器上可看到差異的特徵，比方說號角的形狀、閥門的配置、管子的長度和直徑，就跟區分三葉蟲的分類方法類似。他用類似分析古代節肢動物的技巧來對應短號的演進，發現短號和生物的家系型態有許多異曲同工之處。比方說，短號的演進呈現階梯式的發展，跟三葉蟲很像。但樂器的演化也很有特色。多細胞生物的演化和科技體的演化最關鍵的差異在於，生物界的特徵混合時，多半在時間中呈現「垂直」的樣子。父代把新事物向下（垂直）傳遞給子代。另一方面，在科技體中，混合的過程多半在時間中橫向發生，甚至連「滅絕」的物種和非父代的家系也一樣。艾垂奇發現科技體中的演化型態不是會讓我們聯想到家系圖的反覆分支，而是許多途徑組成了向外擴展又不斷回歸原處的網路，常常循原路回到「無效」的想法，以及重新挖掘出「遺落」的特徵。換句話說：早期的特徵（離應）預期之後會有採納這些特徵的家系。兩者的型態也能明顯區別，因此艾垂奇認為我們可以用這種型態來判斷演化的家系描繪的是自然產生還是人為的族群。

科技體和生物演化還有一個差異，慢慢增加的轉換是生物學中的規則。重大的變革不多，經過長時間小步前進，所有的東西都進步了，每一步對當下的生物都一定有效益。相反地，科技能夠向前跳，突然躍進，略過慢慢增加的步驟。艾垂奇指出：「比目魚的祖先原本眼睛對稱長在頭部的兩側，後來慢慢移到同一側，但電晶體『演化』自真空管的方法絕對和比目魚不一樣。」比目魚承受了數億年的漸進變化，但電晶體經過幾十次實驗，就從古老的真空管中蹦出來。

但自然和人為演化之間最強烈的差異則是科技的物種不像生物的物種，幾乎永遠不會滅絕。原本以為過去已經絕跡的科技產品，細查之下一定能在地球上的某個角落找到仍在製造的人。在現代的都會世界中，或許很難找到某項技術或工藝品，但在發展中的鄉村國家卻很常見。舉例來說，緬甸到處看得到牛車，非洲各地幾乎都能看到編織籃子的人，玻利維亞依然盛行手工紡織。原本以為早已死亡的科技產品在現代社會中，或許仍受到愛好這項傳統的小團體擁戴，有可能只是用來進行某項儀式。想想看阿米希人的傳統生活方式，或現代的部落社會，還有熱愛黑膠唱片的收藏家。通常，舊有的科技產品被淘汰了，可能非常少見或淪為二流，但仍有人偶爾拿出來用。例子很多，在這裡先提一

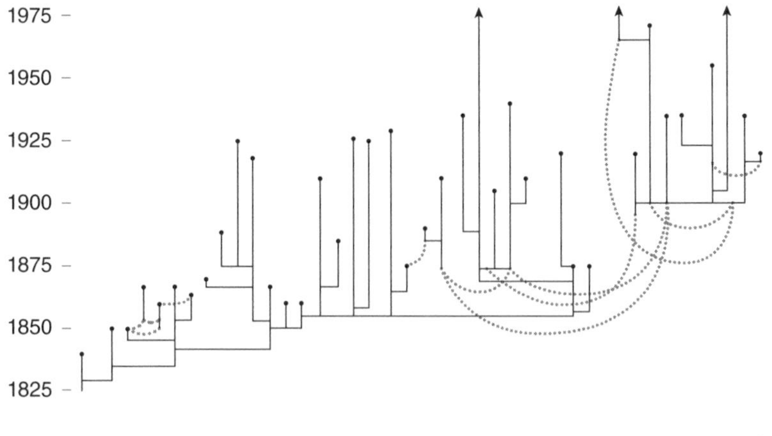

短號的演化家系。某些分支如何採納更早的型號或非毗連的分支（虛線），可以從每種樂器的設計傳統上看出來，跟生物的演化不一樣。

個，在我們所謂的原子時代，一直到了一九六二年，波士頓街頭有許多小型企業還在使用由架在空中的驅動軸提供蒸氣動力的機械。這類型的過時科技產品一點也不罕見。

在世界各地遊歷時，我非常訝異，古老的科技產品居然如此堅韌，在缺乏動力和現代資源的地方通常成為居民首要的選擇。在我看來，似乎所有的科技產品都從未消失。

一名頗受尊重的科技歷史學家聽了我的結論，想都不想就開始質疑：「想想看，蒸氣動力交通工具現

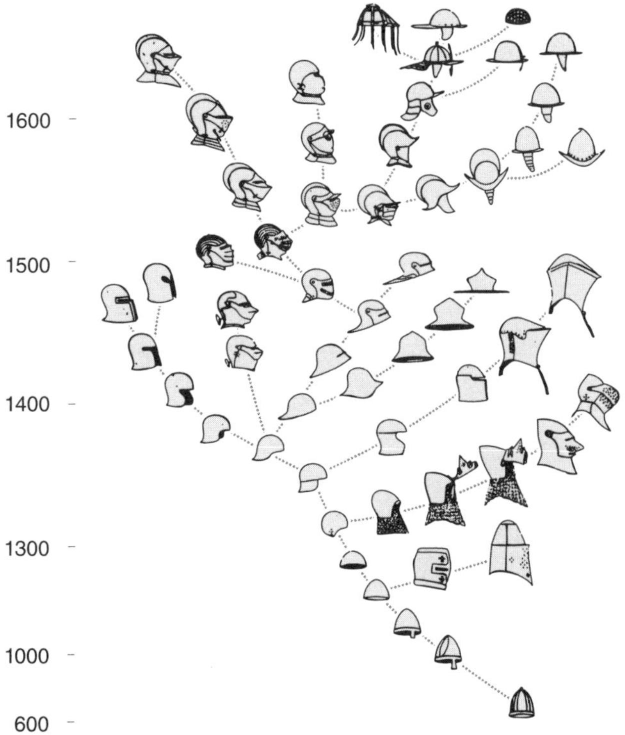

千年來的頭盔演化。美國動物學家和中世紀盔甲專家鼎恩畫了這張概略的「家譜」，描繪自西元六百年以來中世紀歐洲的頭盔演化。

在早就停產了。」嗯，在 Google 搜尋引擎上按幾下，馬上找到仍在為史丹利蒸汽動力汽車製造**全新**零件的人。閃亮的銅製氣門和活塞，你想要什麼都買得到。只要有錢，你可以組裝一部全新的蒸汽動力汽車。當然還有成千上萬的玩家在拼裝蒸汽動力汽車，喜歡開舊車上路的也為數不少。蒸氣動力雖然不常見，卻是科技產品中保存良好的一種。

我決定要研究一下，住在都會區（比方說舊金山）的後現代都市居民能找到多少種古老的科技產品。一百年前沒有電力，沒有內燃機，高速公路不多，除非透過郵局，否則少有機會和遠方的人互通消息。但透過郵政網路，想要什麼產品，幾乎都可以從蒙哥馬利華德發行的目錄訂購。我手上有一本翻印的目錄，褪色的新聞紙彷彿埋葬了古老的文明。然而，很快就能發現，這本郵購目錄上列出的數千種商品目前仍在販售中，很令人驚訝吧。雖然風格不一樣，基本的科技、功能和形式仍保持不變。皮靴配了小玩意兒，也還是皮靴。

我給自己訂了一項挑戰，以一八九四到九五年間蒙哥馬利華德目錄上某一頁為樣本，要找到上面所有的產品。翻過了六百頁後，我選了算是典型的一頁，上面全是農具。跟其他頁上的爐具、燈具、時鐘、筆和槌子比起來，這些過時的工具現在應該更難找到。農耕工具看起來就像某些恐龍？誰需要手動的玉米芯去殼機或調漆機？我根本不知道是什麼。如果我能買得到農業時代這些老舊的工具，那就表示消失的科技產品其實不多。

要在 eBay 拍賣網站找古董，當然不費吹灰之力。我要試驗能否找到全新製造出來的相同設備，才能證明這些物種仍能存活。

結果讓我大吃一驚。幾個小時內，這本百歲目錄上列出的所有產品都找到了。每項古老的工具都有新的化身，也能在網路上買到。沒有一項絕種。

我還沒一一研究為什麼這些產品能夠存活，但我猜大多數的工具都經歷了類似的情節。農地仍在耕作，過時的工具都被收起來，一切採取自動化，但大多數人仍用最原始的手動工具，原因很簡單，因為這些工具堪用。只要後院種出來的番茄比田裡的好吃，原始的鋤頭就不會被拋棄。顯而易見的是，親手收成的作物即使量大，仍能令人愉悅。我想，避開了使用燃料的機械，阿米希人和回歸土地的人發現使用其中某些工具仍有長處，所以會繼續購買。

但是，或許一八九五年還不夠久遠。來看看最古老的科技產品吧：火石刀或石斧。結果你還是能買到全新的火石刀，手工剝製，細心地裝上鹿角製的把手，再用

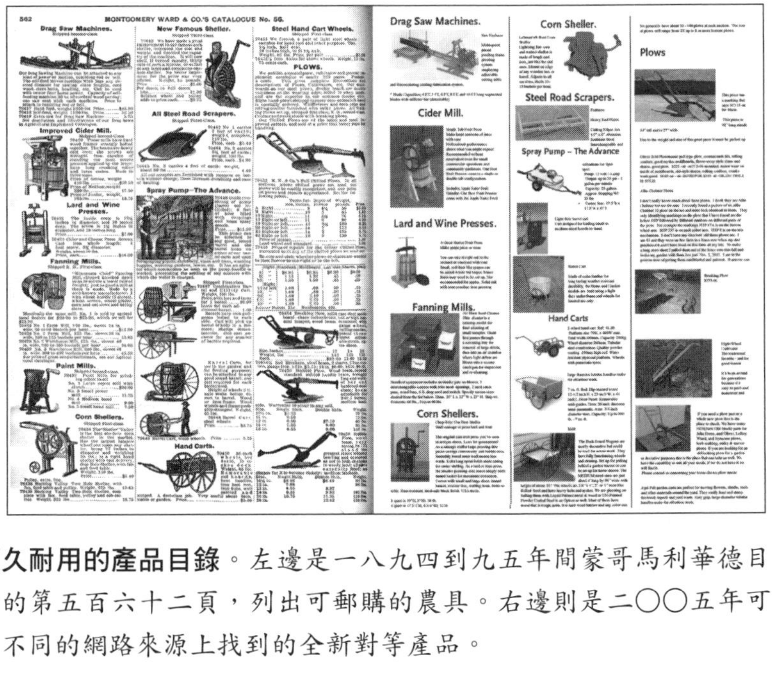

經久耐用的產品目錄。左邊是一八九四到九五年間蒙哥馬利華德目錄上的第五百六十二頁，列出可郵購的農具。右邊則是二〇〇五年可以在不同的網路來源上找到的全新對等產品。

皮繩紮緊。不論從什麼角度，都能看出三萬年前造出來的火石刀使用一模一樣的科技。花五十塊美金就能買到，販售的網站不只一個。在新幾內亞的高原地帶，一九六〇年代前，部落成員會製作自用的石斧。現在他們仍用同樣的方法製作石斧，不過是賣給遊客，也是石斧迷研究的對象。源起石器時代的知識鏈長久不斷，讓這項科技留存下來。今日，光在美國境內，就有五千名業餘人士用手工敲製箭頭。他們利用周末的時間聚會，在火石打製社團中交換心得，把箭頭賣給代理紀念品的人。專業考古學家惠特克也是火石打製的愛好者，研究這些業餘人士後，他估計每年製造出來的全新矛頭和箭頭數以百萬計。這些全新的箭頭和真正的古董簡直難分軒輊，連惠特克這樣的專家都分不出來。

從地球表面消失的科技產品有少數幾項。希臘兵法的訣竅已經失傳了好幾千年，但很有可能在研究人員的努力下能夠找回。印加人使用繩結的會計系統叫做 *quipu*，實際的用法早已為人遺忘。我們有一些古董樣品，但不知道真正的用法是什麼。或許這是唯一的例外。不久以前，科幻小說作家史特林和卡德里匯整出「宣告死亡的媒體」清單，強調流行玩意稍縱即逝的本質。最近消失的發明包括 Commodore 64 電腦和雅達利電腦，這長長名單上更古老的物種還有幻燈片投影機和電傳簧風琴。事實上，名單上的東西大多數都還沒消失，只是很少見。有人在地下室維修一些最古老的媒體科技產品，瘋狂的業餘愛好者也會投入心力。比較接近現代的科技產品很多仍在生產線上，但是用了不同的品牌名稱和配置。舉例來說，初次在早期電腦中出現的科技產品，目前可能會在你的手錶或玩具裡。

除了極少數例外，科技產品不會走到生命的終點。因此科技和生物物種不一樣，後者經過了長久的時間，必定會滅亡。科技以想法為基礎，透過文化記憶。如果遺忘了，也有機會復活，也可以記錄下來（記錄的方法也愈來愈好），不會遭受忽略。科技永存不朽，是第七個生物界最耐久的優勢。

第四章　反熵崛起

從同樣的中心再次訴說科技體的起源。每次重新敘述，都闡明了更深層的影響。在第一次的解釋（第二章）中，科技源自現代人的心智，但很快就超越了人腦。第二次複述（第三章）則透露除了人類心智外，還有其他驅動科技體的力量：生物界整體的外推和凝聚。本章則是第三個版本，圓周又向外擴大了，超越了心智和生物，要納入宇宙。

科技體的根源可以回溯到原子的一生。原子穿過日常科技用品（例如手電筒的電池）的旅途很短暫，有如曇花一現，跟其漫長的生命完全無法比擬。

時間出現之初，也是大多數氫原子誕生的時候，它們就跟時間本身一樣古老。氫原子產自大爆炸的火焰，形成均勻的暖霧後散發到宇宙中。之後，每一個原子都走上了孤獨的旅程。氫原子在茫茫的太空深處飄蕩，彼此距離數百公里，就和周圍的真空一樣死氣沉沉。沒有變化，時間就沒有意義，在占了宇宙百分之九十九點九九的廣大空間中，變化微乎其微。

過了數十億年，銀河逐漸凝結，散發出的重力流或許會掃到氫原子。在幾乎感覺不到時間和變化的情況下，氫原子朝著固定的方向慢慢地飄向其他東西。再過十億年，氫原子撞到有生以來第一次碰到的物質。再過幾百萬年，又撞到另外一些。不久之後會碰到同類，也就是另一顆氫原子。藉著溫和的吸引力，兩顆原子一起漂流，過了千千萬萬年後，碰到了氧原子。怪事突然發生了。就在熱氣乍現的瞬間，氫氧原子凝結成水分子；也有可能被吸入某行星的大氣層循環中。氫氧原子結合後，就陷入無窮無盡的變化循環。水分子迅速上升，再變成雨水落入池塘，裡面早有許多分子碰來撞去，非常擁擠。在無數水分子的包圍下，氫原子一而再再而三進入同樣的循環，重複了幾百萬年，從擁擠的池塘又回到遼闊的雲層中，然後倒轉方向。有一天，幸運之神降臨了，水分子被池塘中異常活躍的碳鏈俘虜。前面的軌道再度加速。氫原子在簡單的迴圈中旋轉，促使碳鏈前進。在太空中那昏茫茫的深處，絕對享受不到這樣的速度、移動和變化。碳鏈被另一條鏈占據後，經過多次重組，最後氫原子進入了細胞，和其他分子的關係與連結不斷重新排列。現在，變化的腳步幾乎沒有停下來的時候，持續跟其他分子互動。

人體內的氫原子每隔七年就會完全更新。隨著年齡增長，人體其實和宇宙一樣，都是由古老的原子匯成的河流。我們體內的碳來自恆星的塵埃。雙手、皮膚、眼睛、心臟中的物質大多在數十億年前就已經被製造出來。我們看似年輕，實際上則老得多。

對人體內常見的氫原子而言，要說有什麼值得誇耀的時刻，應該就是它從一個細胞奔往另一個細胞的那幾年。一百四十億年來，氫原子一直處於死氣沉沉的困乏狀態，然後在生命的水系中來了一場短暫狂野的旅行，行星死亡時，再回到太空中孤立無援的狀態。相對於長時間的死寂狀態，這場旅行的時間用一眨眼來比喻都太長了。從原子的角度來看，每種生命有機體都像一場龍捲風，可以把氫原子捲入瘋狂的混沌與秩序中，享受一百四十億年以來僅此一次的放縱。

細胞的旅程快速而瘋狂，但能量流過科技的速度還要更快。事實上，就這點而言，我們目前所知的永續結構皆無法超越科技的活躍度，科技也能給原子更狂野的旅程。今日的終極旅程為何？電腦晶片是宇宙間永續能量最強的東西。

再用更精確的說法來解釋：在宇宙間所有能長久存在的東西中，不論是行星還是恆星，不論是雛菊還是汽車，不論是大腦還是眼睛，能夠引領最高功率密度的東西（以每秒流過一克物質的最高能量來看），就在筆記型電腦的核心裡。怎麼可能？和飄過太空中朦朧氣體雲的溫和功率相比，恆星的功率密度非常龐大。但值得注意的是，和草本植物中高度密集的能量流動與活動一比，太陽的功率密度便黯然失色。太陽表面雖然活動頻繁，但質量很大，也經歷了一百億年，因此就整個系統來說，每秒流過每克太陽物質的能量比不上一克向日葵每秒吸收的太陽能量。

核彈爆炸時的功率密度遠超過太陽，因為能量流動突然失控，無法長久延續。一百萬噸的核彈會釋放出10^{17}爾格，非常強大。但爆炸的壽命只有10^{-6}秒那麼短的時間。所以，如果「分期攤還」核爆，把釋放能量一微秒的時間延續成整整一秒，功率密度就會降成每秒每克僅有10^{11}爾格，就跟筆記型電腦晶片的強度差不多。從能量的角度來看，或許該把英特爾出品的 Pentium 晶片當成一場非常緩慢的核爆。

發生在核彈爆炸的瞬間燃滅也同樣會出現在火焰、化學炸彈、超新星和其他種類的爆炸上，可說是用高到不可置信但無法長久維持的能量密度消耗自身能量。如太陽般閃亮的恆星數十億年來不斷分裂，才能維持燦爛。但是，恆星裂變的能量流動速率其實比綠色植物中維持不變的通量來得低！草本植物中的能量轉換不是一陣火光乍現，而是製造出整齊有條理的綠色葉片、黃褐色的莖和飽滿的種子，種子成熟時帶有資訊，可以複製出完美的翻版。動物體內穩定的能量流動還更好，我們自己就能實際感受到能量的波動。上下擺動、左右波動、前後移動，偶爾還會散發出溫暖。

流過科技的能量更強。用每公克每秒的焦耳數（或爾格）衡量，高科技的小玩意長時間凝聚能量的能力無物能比。下圖是由物理學家伽森匯編的功率密度圖，橫軸最右邊最出色的就是電腦晶片。每秒每公克在電腦晶片微小通道中傳導的能量勝過動物、火山和太陽，在已知的宇宙中，傳導能量活躍度最高的應該就是這種高科技產品。

現在我們要再講一次科技體的故事，這次的主題是不斷擴張的宇宙活動。在創世之初，宇宙被原封不動地塞到一個很小的空間裡。整個宇宙開始的時候比最小的原子中最小的粒子裡最小的那一小點還要小。這小點中的溫度、亮度和密度都是一致的。在這小到不能再小的點中所有部分的溫度都一樣。事實上，也就是說絕對不容許一絲差異，完全沒有活動。

但從創世初始，這個小點就開始擴張，我們不明白是怎樣的過程。每一個新的點都飛

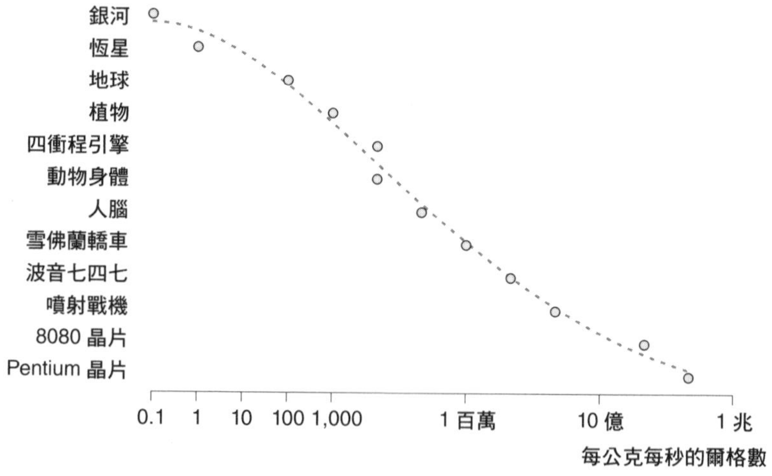

功率密度梯度。複雜的大型系統按照能量流動密度高低來排列，在系統存在的時間內，測量每秒流過系統每一公克的能量有多少。

離其他新出現的點。當宇宙膨脹到跟你的頭差不多大的時候，就有冷卻的機會。在最開始的三秒內，宇宙還沒膨脹到人頭這麼大時，它是扎實的固體，沒有可以喘息的空隙，滿到連光線都無法移動。甚至，連目前我們所知的現實中運作的四種基本作用力（重力、電磁力、強作用力及弱作用力），在如此均勻的宇宙中，都被壓縮成合而為一的力量。在那開始的階段有一股整體的能量，在宇宙擴張時分開成四種截然不同的力量。

創造之初那10^{-15}秒的時間內，宇宙間只有一樣東西，這麼說絕對不誇張，這是一股掌管一切、超級凝聚的力量，這股唯一的力量擴展開來，冷卻成數千個化身。宇宙的歷史便由此從單一變得多元。

在宇宙擴張時，創造出虛無。空間變大後，溫度也下降了。有了空間，能量才能冷卻變成物質，物質才能減緩速度，光線才能散發，重力和其他力量才能展現。

能量只是冷卻所需的位能，有了差異才能冷卻。能量只能從多流向少，所以沒有差距，就無法流動。很有意思的是，宇宙擴張的速度超過物質本身冷卻和凝聚的速度，表示有助於冷卻的位能持續增加。宇宙擴張的速度愈快，冷卻位能愈高，在宇宙範圍內的位能差也愈大。等宇宙過了千秋萬載，不斷擴張的差異（介於持續擴張的虛無和大爆炸餘留的熱度之間）成為進化、生命和智慧的動力，也為科技加速提供燃料。

能量就像受重力引導的水，一直往下滲透到最冷的層級，直到消除了所有的差別。在大爆炸過後的一千年內，宇宙中的溫度差異很小，因此很快就達到平衡狀態。要不是宇宙不斷擴張，一切都會平淡無奇。但宇宙的擴張帶來了起伏。宇宙朝著四面八方擴張，點與點之間的距離愈來愈遠，空間的底部空蕩蕩，勉強稱得上是個地下室，能讓能量流下。宇宙擴大的速度愈快，構造出的地下室愈大。

在地下室的底部便是最終的狀態，所謂的「熱寂」。這是一種完全靜止的狀態，沒有差異，所以沒有活動，也沒有位能。想像看不到光線，聽不到聲音，不論朝著什麼方向看起來都一樣。所有的差別，包括這個跟那個之間的基本差別，都已經消耗殆盡。這單調的境地叫做最大**熵**。熵是一個簡單的科學名稱，表示荒蕪、混亂和失序。在人類所知的範圍內，宇宙間唯一沒有已知例外的物理法則如下：所有的創造都朝著這個宇宙的地下室前進。宇宙間萬事萬物都平穩地滑下斜坡，朝著至高無上的平等狀態前進，也就是廢熱和最大熵。

我們在身邊隨處都會看到這道斜坡。因為熵的緣故，快速前進的東西慢下來，秩序崩解成混亂，要有差異或特色才能保持獨特。每一種差異，不論是速度、結果或行為，都迅速彼此同化，因為一有行動，能量就往下滑。宇宙內的差異必須付出代價，要維護差異就必須違反原本的規則。

在熵的拉扯下要維護差異，就會創造出自然的奇觀。以老鷹為例，掠食動物濫用熵的程度達到了顛峰。老鷹在一年內會吃掉一百條鱒魚，鱒魚則吃掉一萬隻蚱蜢，蚱蜢吃了一百萬根草。因此，間接算來，一隻老鷹需要一百萬根草。但這一百萬根草堆起來，比老鷹重得多。因為熵，食物的無效率才會膨脹到這種程度。動物生命中的一舉一動都會浪費一點熱能（熵），意謂掠食動物能捕獲的能量少於獵物攝取的總能量，其中的差額在每次行動時都會倍增。只能靠著落在草地上的陽光賦予新的能量，不斷補充，生命的循環才得以延續。

令人驚異的是，這樣的濫用無法避免，出現的樣子也十分粗糙，而有機體卻能長期延續，不會迅速分解到冰冷的平衡狀態。宇宙中的生物、文明、社群、智力和演化本身等事物，會激發我們的興趣，看來十分美好，但它們在面對熵空洞的不變時，不知為何總能維持某種變化。扁蟲、銀河和數位相機都有同樣的熵，維持差異的狀態，遠離熱能的未分化作用。宇宙中那種困乏靜止的狀態是大多數原子的規範。雖然宇宙其餘的物質會滑落到冷凍的地下室裡，但有幾樣特別卓越的能抓住能量波，飛舞上升。

維持差異後往上流動，等於倒轉了熵。為了方便敘述，我稱之為**反熵**（exotropy），向外翻轉的意思。**反熵**就等於科技術語中的**負熵**。這個詞原本是哲學家麥可斯摩爾發明的，不過他的拼法少了一個字母（extropy）。我挪用他的術語，改動了一下拼字，來強調反熵和對立的熵之間的區別。我覺得**反熵**比**負熵**好，因為這是一個正面的術語，取代了「缺乏失序」這種雙重否定的說法。在本書中，反熵比單單減少混亂更令人振奮。可以把反熵想成獨立存在的力量，從一連串不太可能存在的實體向前猛衝。

反熵不是波動，不是粒子，也不是純粹的能量，更不是超自然的奇蹟。反熵很像資訊，是一股無形的流動。由於反熵的定義就是負熵，反轉失序，按照定義來說，就等於增加秩序。但秩序是什麼？對簡單的物理系統來說，熱力學的概念就夠了，但在真實世界中，有黃瓜、大腦、書本和自動駕駛的卡車，要測量反熵，我們沒有好方法。最貼切的說法可能是，反熵跟資訊很像，但不等同於資訊，這也表示反熵需要有組織。

我們無法確切從資訊的角度來定義反熵，因為我們並不明白資訊是什麼。事實上，**資訊**這個詞涵蓋了好幾種矛盾的概念，應該用不同的術語來表達。我們用**資訊**來表示「一堆片段」或「有意義的信號」。令人迷惑的是，當熵增加，片段也會增加，信號則會減少，所以某種資訊增加時另一種會減少。我們如果沒辦法清楚闡述，和其他的說法比起來，**資訊**這個詞更像是比喻。在這裡，我想用第二個意思（不過有時候沒辦法保持一致）：如果片段能帶來差異，資訊就是這些片段的信號。

資訊也是當下最流行的隱喻，這麼說會讓大家覺得更糊塗。我們在解讀生活環境中的神祕事物時，會用當下能察覺到最複雜的系統讓我們聯想到的比喻。曾有一度我們把自然描述成人體，時鐘發明後比喻成時鐘，工業時代時則比喻成機器。現在到了「數位時代」，我們會用電腦來比喻。要解釋人腦運作或演化前進的方式，我們用大型軟體程式處理資訊片段的模式打比方。歷史上這些比喻都沒有錯，只是不夠完整。資訊和電腦演算等最新的比喻方法也一樣。

但是，反熵代表愈來愈有秩序，不是用資訊比喻足以詮釋的。科學已經發展了數千年，我們也有數千種比喻。資訊和電腦演算絕對不是無形實體中最複雜的，而僅是到目前為止人類發現最複雜的事物。或許最後我們會發現，反熵跟量子動力學或重力或甚至量子重力有關。但在此時此刻（以結構而言），要了解反熵的本質，在我們所知的範圍內，資訊或許是比較好的比擬方式。

從宇宙的角度來說，資訊是人類世界中的主導力量。大爆炸結束後，宇宙剛開始，能量是一切的主宰。那時宇宙中只有放射線。宇宙是一團火球。慢慢地，空間擴大，溫度下降，物質取代了能量。物質是一團一團的，分布也不平均，但物質結晶後產生了重力，開始塑造出太空的樣子。隨著生命出現，資訊的影響力上升了。我們所謂的生命是一種資訊過程，數十億年前掌控了地球的大氣層。現在另一種資訊過程，也就是科技體又要再度攻占地球。從地球的角度來看，宇宙中反熵的崛起就像下一頁的圖表。

反熵數十億年來不斷升高，拋出了穩定的分子、太陽系、行星大氣層、生命、心智和科技體，可說是緩慢累積有秩序的資訊。或者也可以說，慢慢將累積下來的資訊理出秩序。

舉個極端的例子，會看得更清楚。實驗室的架子上放了四瓶核苷酸，而你的染色體中也排了四種核苷酸，兩者之間的差異在於這些原子在你的複製DNA螺旋鏈中得到了額外的結構或排序。同樣的原子，但是更有秩序。這些核苷酸原子在細胞宿主演化時又會得到另一層結構。在生物演化的過程中，原子攜帶的資訊編碼經過操縱、處理和重新排列。除了基因資訊外，原子現在也會傳達適合的資訊。新事物若能留存，就會給原子秩序。過了一段時間，同樣的原子就能晉升到更有秩序的層級。單細胞的宿主有可能結合另一個細胞，變成多細胞，除了細胞的資訊架構外，還需要更大型生物的資訊架構。聚合成組織和器官、得到性別、創造出社交群體……這些演化上更進一步的轉換會呈

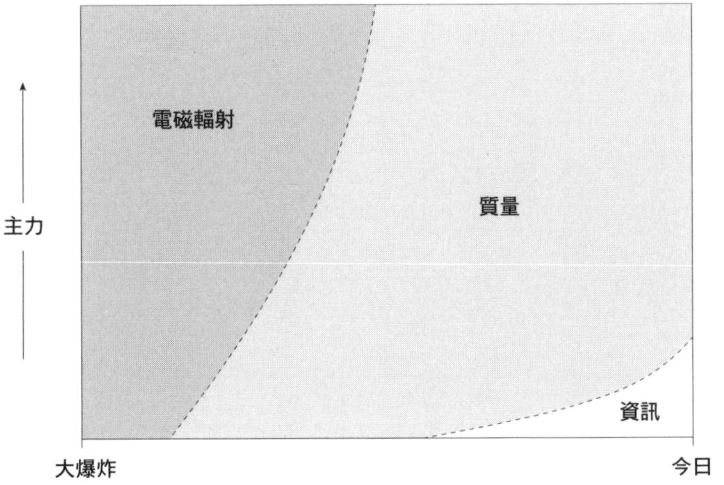

宇宙的主力。自大爆炸以來，宇宙中最靠近我們、相對來說最主要的力量換了好幾次。在歷時圖上標出時間，隨著時間過去，時間的單位以倍數成長。在這張圖上，時間剛開始的時候，幾奈米秒所占的水平距離就跟現代的十億年一樣長。

倍數增長，讓流過同樣原子的資訊更具結構性。

四十億年來，演化已經在基因庫中累積了豐富的知識。四十億年可以讓我們學到很多。今日地球上有三千萬獨特的物種，每種都帶有綿延不斷的資訊，可以往回追溯到最初的第一顆細胞。那條DNA在每一代都學到新的東西，把辛苦得來的知識加入編碼。遺傳學家木村資生估計，自從五億年前寒武紀大爆發以來，每條遺傳譜系（例如鸚鵡或小袋鼠）累積的基因資訊總量有一千萬位元組。現在，把每種生物擁有的獨特資訊乘以世界上的生物總數，你會得到一個天文數字。想像數位儲存的諾亞方舟，必須攜帶地球上所有生物的基因重量（種子、卵子、孢子、精子）。有一項研究估計，地球上的單細胞細菌有10^{30}種。如酵母般典型的細菌每一代會產生一次單點突變，也就是說，每種存活的生物都有一點獨特的資訊。光算細菌的話（約占生物量的百分之五十），今日的生物圈包含10^{30}位元的基因資訊，等於10^{29}位元組，或一萬堯它位元組。這些數字都很大。

那還只是生物學上的資訊。科技體中充斥著自身的大量資訊，反映出八千年來蘊含其中的人類知識。用現在的數位儲存量來估計，科技體總共包含四百八十七個百萬兆位元組（10^{20}）的資訊，比自然的總量少了好幾次方，但呈指數成長。科技每年會讓資訊擴展百分之六十六，大大壓過自然資源的成長速率。和附近的行星或在太空中飄蕩的無用物質相比，地球已被一層厚厚的知識和自我組織的資訊覆蓋。

科技體的宇宙故事還有另一個版本。反熵的長期軌道可以看成脫離了物質，提升到非物質的境界。在宇宙初生時，物理法則是唯一的統治者。化學、動能、扭力和靜電的規則，以及其他同類可反轉的物理力量都很重要。沒有其他的玩法。物質世界有許多限制無法突破，只生出簡單到極點的物理形式，例如石頭、冰塊、氣體雲。但是在宇宙擴張時，位能也對應增加，把新的無形向量帶到地球上：資訊、反熵和自我組織。這些有可能出現的新組織（跟活細胞一樣），不會牴觸化學和物理的規則，而是隨之流動。生命和心智並非單單蘊藏在物質和能量的本質中，卻是因為限制而浮現出來，超越了物質和能量。物理學家戴維斯說得好：「生命的祕密並不在於其化學基礎……生命能避開化學的規則，才能繁茂興旺。」

目前，我們的經濟正從物質導向的工業轉移到知識經濟，交易的貨物無質無形（例如軟體、設計和媒體產品），其實我們一直穩定地走向無形的境界，這只是最新的趨勢（有形的事物並未消失，只是現在無形的事物經濟價值比較高）。美國達拉斯聯邦準備銀行總裁費雪說：「來自世界各地的資料告訴我們，消費者收入增加後，花在貨品上的錢相對變少，反而花比較多錢買服務……。滿足了基本需求後，消費者想要醫療照護、交通運輸、資訊、消遣、娛樂、財務和法律顧問等等服務。」價值脫離實體（更高的價值，更少的質量），在科技體中已是穩定的趨勢。價值一美元的美國出口貨物（美國的產品中價值最高者）的平均重量在六年內就滑落到原本的一半。目前，美國出口貨物有百分之四十都是服務（無形資產），而不是製成品（原子）。沒有實體的設計、靈活度、創新和時髦玩意以穩定的速度取代了死板沉重的原子。實際上，我們的經濟基礎已經移向服務和想法，延續從大爆炸就開始的趨勢。

無實體化並非反熵向前推進的唯一方法。科技體能夠把資訊壓縮成高度精煉的結構，也表示非物質占了上風。舉例來說，科學（從牛頓開始）能夠將跟物體運動有關的大量證據變得更抽象，用很簡單的定律來取代，例如 $F = ma$。愛因斯坦也一樣，他把大量的經驗觀察縮減成簡單扼要的

$E=mc^2$。每一項科學理論和公式，不論是針對氣候、空氣動力學、螞蟻行為學、細胞分裂，還是山脈隆起，都是資訊壓縮後的結果。如此一來，圖書館放滿了經過同儕評審、前後參照索引、注釋、寫了謎樣等式的期刊文章，富含濃縮過的無實體事物。討論碳纖維科技的學術書籍壓縮了無形的知識，同樣地，碳纖維本身也是寶藏。除了碳，還蘊含其他的東西。哲學家海德格認為，科技是內在實相解除了隱藏，顯露出來。那內在實相是製成品非物質的本質。

科技體把硬體和有形的玩意推給我們，但科技體本身卻毫無實體、純屬非物質，正在伺機而動。的確，科技體是世界上最強大的力量。我們一向認為人腦在世界上具有無敵的地位（然而我們該記得這種說法從何而來），但科技體

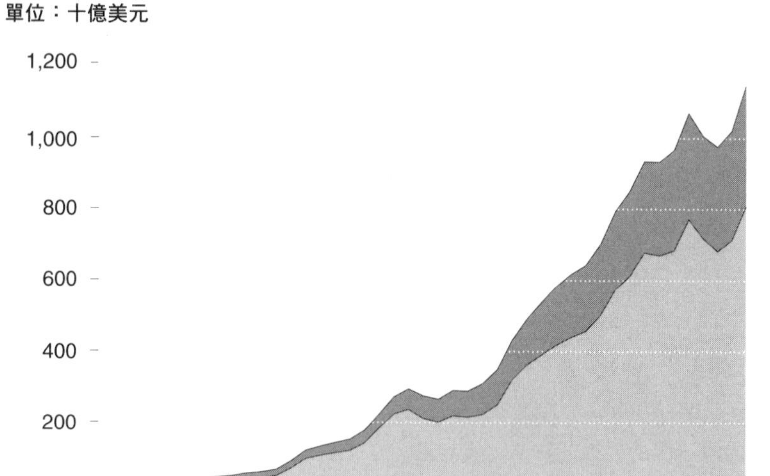

美國出口貨物失去實體。一九六〇到二〇〇四年間，美國每年出口的貨物和服務總量，單位為十億美元。

已經超越了充滿智慧的源頭。自我警惕只能稍微提升人類心智的力量；深思熟慮只會讓我們增加最低限度的智慧。然而，科技體的力量卻能靠著反射自身不斷變換的本質，無窮無盡地增加。新的科技簡化發明的過程，更棒的科技源源不絕地出現；但人腦並未經歷同樣的過程。科技的進展無邊無際，科技體無形的組織現在變成宇宙這個區域中最強大的力量。

科技出自人類的心智，但科技優勢終究來自其自我組織的源頭，這樣的自我組織也產生了銀河、行星、生命和萬物的心靈。從大爆炸以來，就畫出了一道不對稱的弧，之後也會延伸到更抽象、不具形體的形式上。這道弧依循著物質和能量遠古以來的規則，經歷緩慢而無法反轉的釋放過程。

第二部　規則

第五章　深層的進步

新奇的事物在現代的人類生活中比比皆是，讓我們忘了在古代新奇的東西有多麼少見。過去的變化多半會循環再生：砍伐森林開發田地，然後棄置農田；軍隊進駐，然後離開。洪水後必有旱災，王位不斷有人繼承，不論君王是善是惡。對大多數人來說，幾乎體驗不到真正的變化。可能要過了數個世紀，才能看到小小的轉變。

當變化爆發出來，古代人只想避開。如果歷史上的變化真能事先感知到方向，一定是愈來愈糟。過去曾有過黃金時代，年輕人敬重老人，鄰人夜不拾遺，人人敬畏上帝。在古代，大鬍子先知預告即將發生的事時，通常都是壞消息。未來會更好的想法一直到了近代才比較普遍。即使到了現在，要說全世界的人都能接受這樣的想法，還差得遠呢。文化進展通常被視為特殊的插曲，有可能隨時引退到過去的災難中。

要求隨著時間慢慢看到進步，必須對照現實，數十億人口不平等、某些區域的環境愈來愈惡化、各地的戰爭、種族屠殺和貧窮。有理性的人無法忽視人類發明和活動持續培育出的新禍害，為了治療舊問題所做的嘗試雖然用意良好，但產生出來的新問題也有可能帶來妨害。好的事物跟人物不斷遭到破壞，似乎停不下來。事實也是如此。

但好的東西也持續出現，從不止息。雖然醫生濫開抗生素，但抗生素的好處誰能否定？電力、布匹和無線電不也一樣？值得擁有的東西數也數不清。有些雖然也有不利的地方，但我們仰賴它們好的一面。為了補救目前察覺到的災難，我們創造出更多新的事物。

新的解決辦法出現後，有些反而比原本要解決的問題更糟糕，但我覺得平均來說過了一段時間以後，可以證明新的解決方法比新的問題更有價值。對科技認真抱持樂觀主義的人或許會辯說，大多數文化、社會和科技的變化屬於正面，無法辯駁；每年科技體中百分之六七十或八十的變化讓世界更美好。我不知道確切占多少百分比，但我認為最終的數字應該是正面的變化超過百分之五十，即使只高出一點點。猶太祭司撒羅米曾說過：「世界上善多於惡，但高出不多。」大家都沒料到，若能發揮複利的槓桿作用，「不多」其實就夠了，這正是科技體的原理。這個世界即使不是完美的烏托邦，也會繼續進步。人類的某些行為或許會帶來禍害，例如戰爭。很多產品一點用處也沒有。或許我們的所作所為有一半是垃圾。但是，如果創造出的正面事物能比破壞的多一兩個百分比（甚至只有零點一個百分比），就能看到進步。其中的差異有可能小到幾乎無法察覺，這或許就是為什麼並非所有人都能承認世界在進步。用社會上隨處可見的不完美來衡量，提升一個百分比似乎微不足道。但這細微、渺茫、薄弱的差異在文化的潛移默化下，就會出現進步。過了一段時間，幾個百分比的「好不了多少」就累積成文明。

但是，長期而言，每年真能有百分之一的改善嗎？我想，這個趨勢有五組證據。第一，一般人的壽命、教育、健康和財富長期下來都出現了提升。都可以衡量出來。一般來說，隨著歷史演進，人類壽命愈來愈長，也有更多管道來累積知識，擁有的工具和選擇也變多了。那是就平均而言。由於戰爭和衝突可能會在短期內讓某個地區的安樂程度消滅殆盡，幾十年內世界上某些區域的健康和財富指數便會上下起伏。然而，長期而言（我所謂的長期是幾百年或甚至幾千年）仍會穩定大幅度上揚。

我們在有生之年見證到的正面科技發展是一波明顯的浪潮，也是長期下來會看到進步的第二個指標。或許比其他的信號更明顯，這持續的浪潮每天都讓我們相信一切都在改善。裝置改善了，在變好的同時價格也降低了。回首凝視，透過窗戶望向過去，才發覺以前的窗戶沒有玻璃。以前也沒有機器織的布、冰箱、鋼鐵、照片，以及整個倉庫的貨物快要滿到走道上的大型超級市場。這樣的豐饒可以順著慢慢下降的曲線回溯到新石器時代。古代工藝品的精緻程度可能會讓我們吃驚，但就純粹的數量、多樣化和複雜度而言，和現代的發明一比就遜色了。證據很清楚：我們會汰舊換新。要在老式和新式的工具之間擇一，大多數人從過去到現在都一樣，會抓起新的。收集老舊工具的人只占極少數，eBay 雖然大，世界各地也有跳蚤市場，但跟新工具的市場比起來便相形見絀。但是，如果新東西不一定比較好，我們又一直想要新的，那我們不是一直被當成呆子，就真的是傻瓜。我們想要新玩意，很有可能是因為新的功能也比較好。當然，新的選擇也比較多。

一般的美國超市裡約有三萬項物品。每年光是在美國，如食品、肥皂和飲料等全新的商品就會推出兩萬種，希望能在擁擠的貨架上長久占有一席之地。現代產品大多帶有條碼。核發條碼前置碼的代理機構估計全世界使用的條碼總數至少有三千萬。地球上的製成品就算沒有幾億種，也有幾千萬種。

英國國王亨利八世於一五四七年去世時，宮廷司庫一一點算他的財產。他們在計算時特別謹慎，因為亨利八世的財富就等於英格蘭的財富。帳房算出家具、湯匙、絲織品、盔甲、武器、銀盤和當時國王慣有財物的總數。在最終的帳本裡，亨利八世的宮廷（英格蘭的國庫）包含一萬八千件物品。

我家是一棟不算小的美式房屋，裡面住了我跟妻子、三個小孩、小姨子跟兩個外甥女。一年夏天，我跟女兒婷婷點數了家裡所有的東西。我們帶了手握式計數器和筆記板，走過每一間房，翻遍了好幾年沒打開的廚房櫥櫃、臥房衣櫃和書桌抽屜。

我比較有興趣的是算算看家裡有幾種東西，而不是總數，所以我試著去算科技「類型」的數目。每一種我們只算一個當代表。特殊的著色（比方說黃色或藍色），或表面的裝飾不算新的種類。書籍我只算原型，比方說，一本平裝、一本精裝和特大開本的精裝圖片書冊等等。所有的CD算成一類，所有的錄影帶也算成一類，以此類推。基本上內容不構成分類的條件。用不同的材料製成的東西算不同的種類。陶盤算一類，玻璃盤算另一類。用同一種方法製成的東西算同一種。在食品儲藏室裡，所有的罐頭都算同一類。衣櫃的算法又不一樣。大多數的衣服都用同樣的科技製造出來，但布料不一樣。棉質牛仔褲和棉質襯衫算同一種，毛料長褲算另一種，合成纖維的上衣又算另一種。如果要用不同的技術才能做出一樣東西，我會把那東西算成獨立的一類科技產品。

翻遍所有的房間，除了車庫外都清點過了（車庫可能要獨立點算），我們算出來家裡總共有六千種東西。既然每一種都有好幾個樣品，例如書、CD、紙盤、湯匙、襪子等等，我估計家裡的物品總數（包括車庫裡的）應該接近一萬。

現代人家裡的東西跟國王的差不多，而且不需要花什麼心力積攢。但事實上，我們比亨利八世更富裕。在麥當勞，負責煎漢堡肉的人薪水最低，生活品質卻遠超過亨利八世或近代世界上最富有的人。雖然煎漢堡肉的人薪水可能只夠付房租，但卻能買到很多亨利八世買不到的東西。

亨利八世的財富便是英格蘭的國庫，買不到室內的抽水馬桶或空調設備，也沒辦法駕著車子舒舒服服地開上五百公里。現在，開計程車的就能有這些享受。近在一百年前，富豪洛克斐勒是全世界最有錢的人，卻沒有行動電話，現在印度孟買掃街的賤民可是人手一支。十九世紀上半，羅斯柴爾德的財富在全世界排名第一。雖有數百萬美元，卻買不到抗生素。羅斯柴爾德因膿瘡感染而身亡，但現在只要花三美元買一條新黴素就可以治好。雖然亨利八世擁有華服和無數的傭人，你現在要付錢給別人去過他的生活，卻沒有人願意，當時沒有抽水馬桶，房間黑暗通風，房子周圍的路都無法通行，和外界溝通的方法極少。在印尼的首府雅加達，住在骯髒宿舍房間裡的貧窮大學生可能還活得比亨利八世更舒服一點。

攝影師曼瑟最近安排了一次長征，到世界各地拍家庭的照片，家中全部的財物也要一起入鏡。走過包括尼泊爾、海地、德國、俄羅斯和祕魯在內的三十九個國家，曼瑟和他的攝影團隊把人家家裡所有的東西拖到街上或院子裡拍照，詳細列出名目，匯整成《物質世界》一書。幾乎所有人都以自家的財物為傲，笑嘻嘻地站在住所前，周圍是五彩繽紛的家具、器皿、衣服和小擺設。每家平均擁有的物品數量是一百二十七種。

對於這些形形色色的財產照片，我們有一點很確定，有一點不確定。可以確定的是，前幾個世紀住在這些地方的人所擁有的物品顯然不到一百二十七種。今天，就算住在最貧苦的國家，一家人的財物數量一定超過兩百年前最有錢的家族。在殖民地時代的美國，當屋主過世，官員通常會把他的資產列出細目。在那個時代過世的屋主，家裡通常有四十樣東西，多一點的話有五十樣，家裡全部的東西一般不超過七十五樣。

而我們不確定的是：要是拿出兩張照片，上面是兩家人跟他們的財物，一家人來自瓜地馬拉，他們的財產包括火罐、織布機和其他一點點東西，另一家人來自冰島，家裡的洗衣機有烘乾功能，還有鋼琴、三輛腳踏車、馬匹和其他上千樣物品。哪家人比較快樂？我們沒有答案，是那物質豐富者，還是身無長物者？

過去三十年間大家都認為，要是達到了生活的最低標準，有更多的錢，不一定能讓你更快樂。如果你的生活水準低於某個收入門檻，多賺點錢一定會改變情況，但之後就算錢變多，也買不到快樂。那是伊斯特林於一九七四年發表的研究結果，目前已經成為經典。然而，賓州大學華頓商學院的研究結果指出，富裕能帶來滿足，在世界各地皆然。收入愈高的人**感覺**愈快樂。高收入國家的國民平均而言都覺得比較滿足。

這項最新的研究結果也符合我們直覺的想法，我的解讀是，金錢能給人更多選擇，而不光是給你更多的東西（不過東西多，領土也會變大）。擁有更多器具和經驗，不會讓人覺得快樂。若能掌控自己的時間和工作，享受真正的悠閒，避開戰爭、貧窮和腐化造成的不確定，有機會追尋個人的自由，的確會讓我們更快樂，不過要變得更富有，才有機會體驗。

我曾周遊列國，包括最窮和最富有的地方、最老和最新的城市、最快速和最緩慢的文化，我觀察到一件事，只要有機會，走路的人就會買腳踏車，騎腳踏車的人會買機車，騎機車的人會升級成汽車，有車的人夢想能擁有飛機。世界各地的農人把牛犁換成曳引機，把瓜瓢做成的碗換成錫碗，把涼鞋換成皮鞋。大家都這樣。會走回頭路的人寥寥可數。出名的阿米希人或許算是例外，但細看之下不算例外，因為連他們的團體也不會完全退守，仍採用某些科技產品。

我們只能被科技拉著走，沒有回頭路，這種吸引力可比喻成神祕的女妖，迷惑無辜的人，讓他們買下不真正想要的東西，或者比喻成我們無法推翻的暴君。否則也可以說，科技提供某些我們非常想要的東西，間接帶來更高層的滿足感（很有可能這三種比方都對）。

科技的黑暗面無可避免。或許科技體有幾乎一半都是黑暗的。在我家上萬件閃亮的高科技產品背後，遠方有人挖掘危險的礦坑，取得稀有的元素，這些元素會放射出重金屬的微量毒素。要提供電腦的電力，必須構築巨大的水庫。砍伐原木做出我家的書櫃後，叢林裡只剩下樹樁，我家和辦公室裡所有的東西要包裝和行銷，需要有長長的車隊和道路。每個玩意都來自土壤、空氣和陽光，還有其他工具組成的網路。我們算出來的一萬種分類只是冰山浮在水面上的一角。或許幕後需要十萬種實質的新發明，才能把元素轉換成我們那一萬種東西。

就在科技體的根源逐漸顯露的同時，也收集了更多令其複雜流程曝光的攝影機鏡頭、溝通用的神經元和追蹤的技術。如果想要的話，我們有更多的方法去審視科技產品的實際代價。用於溝通和監視的這些系統是否讓厚顏無恥的消費主義速度慢了下來？很有可能。但科技體的可見度提高，愈來愈透明，實際的代價和得失並不會減緩科技體的進展。察覺到科技體的弱點，或許能減少無謂的能量消耗，精心選擇有意義的發展，使其演化過程昇華，加快改善的速度。

科技體長期下來一直持續些微的進步，第三項證據則屬於道德層面。相關的衡量方法不多，大家對事實的看法更加分歧。過了一段時間後，我們的法律、習俗和道德觀都慢慢擴展到人類同理心的範圍內。一般來說，人類一開始的認同主要來自家人。家族是「我們」的同義詞。有了這樣的宣告後，不在家族範圍內的人就是「其他人」。自古至今，大家都認為「我們」圈內和圈外的人要遵守不同的行為規則。「我們」的圈子慢慢地從家族內部擴大到部落，然後又從部落擴大到國家。這個圈子現在仍在繼續擴大，超越了國家，或許會涵蓋種族，也有可能很快就會跨越物種的界限。其他的靈長類動物也享有愈來愈多類似人類的權利。如果倫理道德的金科玉律是「己所不欲，勿施於人」，那麼我們也不斷在擴大「他人」的概念。這就是道德進展的證據。

第四項證據無法檢驗是否真的有進步，但提供了有力的佐證。生命花了四十億年走過極其遙遠的距離，從簡單到極點的生物發展成複雜到極點的社交動物，這方面已有不少的科學文獻，數目仍在增加。自四十億年前，進步就開始了，可以把文化的轉變當成進步的延續，我會在下一章闡述這一項很重要的對比。

證實進步的第五項論點則是急速都市化。一千年前，住在城市裡的人口比率很低；現在則增加到百分之五十。很多人移居到都市裡，為了「明天會更好」，因為城裡的選擇和機會比較多。每星期都有上百萬人從鄉村搬進都市，與其說這是空間的轉換，不如說是時間。移居的人其實向前躍進了幾百年，從中世紀的村莊進入二十一世紀不斷蔓生的都會區。大家都看到貧民區裡的生活有多令人苦惱，卻依然勇往直前。跟我們一樣充滿希望的人湧進都市，追求更高度的自由和更多的選擇。我們在都會區和近郊尋找住所，理由跟移居的人一樣，希望選擇變多後，能享受隨之而來的利益。

我們隨時都能選擇回歸初期的狀態。事實上，回到過去再簡單也不過。發展中國家的居民只要搭上巴士，就能回到村裡，靠著古老的傳統工具過活，選擇也不多，不過一定能填飽肚子。用類似的精神來做選擇，如果你相信新石器時代的人就已經達到存在的顛峰，那你去亞馬遜河流域找塊空地露營絕對沒問題。如果你心目中的黃金時期是一八九〇年代，就去跟阿米希人一起耕作吧。要重臨過去，機會多得不得了，但只有少數人真的願意住在過去。在世界各地，不論是歷史上什麼時代，不論是哪一種文化，都有數十億人成群結隊用最快的速度衝向「選擇多那麼一點點」的未來。他們移居城市，決定投進步一票。

都市是科技的產物，是人類製造出最宏大的科技產品。都市對世界帶來的衝擊遠超過都市人口占全球人口的比例。正如下圖所示，有史以來住在城市中的人口比例平均是一到兩個百分比。然而當我們提到「文化」時，心中所思幾乎都來自城市（**城市**跟**文明**在英文中有同樣的字源）。但最能表達現今科技體特徵的大規模都市化，也是最近才開始發展的現象。就跟大多數描繪科技體的圖表一樣，到了近兩百年才活動頻頻。然後人口暴漲，新發明劇增，資訊爆炸，自由度增加，都市變成主宰。

「進步」的所有承諾、悖論和得失都在都市裡看得到。事實上，我們可以檢驗都市的本質，審視科技進步的概念和真實性。都市或許是創新的引擎，但

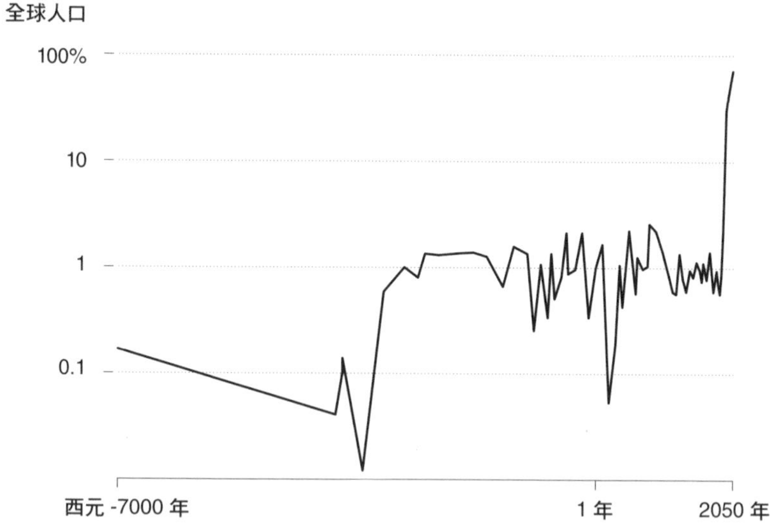

全球的都會人口。自西元前七千年到現在，全球居住在都會區的人口百分比，包括在二〇五〇年預計會達到的百分比。百分比標記在對數刻度上。

並非所有人都認為都市很美麗，尤其是現代的巨大都市，狂吞猛噬能源、物質和世人的注意力。都市就像吞食荒野的機器，很多人納悶自己會不會也被吃掉。都市比科技玩意更厲害，讓我們再度感受到科技體永恆的張力：我們接受最新的發明，是出於自己的意願，還是不得不接納？最近很多人搬進都市裡，是自己的選擇還是不得不遷移？我們是受到都市裡的機會吸引，還是因為絕望而違反自己的意願？如果不是被迫，為什麼有人願意選擇離開村莊的慰藉，蹲在都市貧民區腐臭漏水的小屋裡？

不過，每一座美麗的城市一開始時都是貧民區。剛開始的時候，會有人在特定季節過來紮營，通常只會搭起無拘無束的臨時住所。物質享受很少，髒亂卻很常見。獵人、偵察兵、商人、拓荒先鋒找到好地方過一兩夜，要是營地合乎眾人的心意，或許能成長為一座髒亂的村莊，也有可能變成不適合居住的要塞或淒涼的官方前哨，永久性建築物旁圍繞著臨時性小屋。如果村落的地點有利於成長，違章建築一圈圈蓋起來，直到村落亂糟糟地變成小鎮。小鎮愈來愈繁榮，就需要鎮民或宗教的中心，城市的邊緣也在毫無計畫、無人管理的混亂情況下持續擴大。不論是第幾世紀，不論在哪個國家，都市擁擠的邊緣總會讓已經定居的人吃驚，覺得受到困擾。對新移民永恆不變的鄙視，可追溯到第一座城市的興起，羅馬人抱怨城鎮邊緣廉價簡陋的房屋，「發出惡臭、潮濕、委靡。」羅馬士兵不時會去拆毀違章建築，但過了幾個星期又發現同樣的人回來了，或者找到新的地方安身立命。

巴比倫、倫敦和紐約都有擁擠的貧民區，不受歡迎的移民搭起簡陋的避難所，衛生條件不符合標準，還有不少人偷雞摸狗。歷史學家葛萊米克說中世紀的巴黎「都會景觀有一大塊由貧民區構成。」即使在一七八〇年代以前，巴黎正處於顛峰時期，也有將近百分之二十的居民「居無定所」，也就是說他們住在簡陋的木屋裡。當時的一位紳士對中世紀的法國都市也有類似的抱怨，他說：「好幾家人住在一棟房子裡。織布工一家人擠在一個房間裡，在火爐前互相依偎。」歷史上同樣的事情不斷出現。曼哈頓曾有兩萬人住在自己搭建的違章建築裡。光在布魯克林區的木板市（蓋房子用的材料都是從鋸木場偷來的木板，故有此名），一八八〇年代鼎盛時期的貧民區裡有一萬名居民。根據《紐約時報》一八五八年的報導，在紐約的貧民區裡，「十棟木屋裡有九棟只有一間房，面積不超過十二平方英尺，一家大小所有的需求都在這裡解決。」

舊金山也從違章建築起家。紐沃斯的《影子城市》令人耳目一新，他在書中提到一八五五年的調查估計：「〔舊金山〕百分之九十五的地主拿不出真正的合法契約，證明自己擁有那塊地。」到處都是違章建築，沼澤裡、沙丘裡、軍隊基地裡。一名目擊者說：「只要有塊空地，第二天就會看到上面搭了五六頂帳棚或小屋。」費城住了很多新移民，當地報紙稱為「暫住人口」（squatler）。最近期是一九四〇年，上海每五名市民中就有一人住在違章建築裡。上百萬的違章建築居民留在貧民區裡，持續改善生活，還沒傳承到下一代，他們的貧民區就變成二十一世紀最早出現的都市。

過程就是這樣，這就是科技運作的方法。器具一開始的時候只是粗劣的原型，然後進展到不太能運作的東西。貧民區裡隨意亂蓋的屋子過了一段時間也進化了，基本設施得到改善，臨時的服務最後都成真了。窮困混混住過的房子隔了幾代，變成有錢騙子的豪宅。都市會讓貧民區不斷繁殖，貧民區裡住了人，都市才會成長。現代都市裡的區域多半是成功留存下來的貧民區。今天充斥違章建築的城市明天會變成貴族的鄰里。在里約跟孟買都看得到類似的情況。

過去的貧民區和今日的貧民區都有同樣的命運。第一印象是又髒又擠。一千年前的貧民窟，和今日的貧民區一樣，住所隨意蓋起，外表破破爛爛。氣味讓人受不了，但經濟活動熱絡。貧民區裡一定找得到居民引以為傲的飯館和酒吧，大多數都有出租房間的公寓。居民有動物、新鮮的牛奶、雜貨店、理髮廳、醫生、草藥店、修理東西的攤販以及提供「保護」的肌肉男。充滿違章建築的都市永遠是座影子城市，沒有官方許可的平行世界，但仍是一座城市。

就跟所有的城市一樣，貧民區充滿效率，甚至比城裡的公家機構還要有效，因為一點東西都不會浪費。拾荒和回收的人都住在貧民區裡，從城裡其他地方清出破爛，組合成避難所，充實他們的經濟。貧民區就是都市的外皮，在都市成長時貧民區範圍也跟著擴大。城市本身便是偉大的科技發明，把能量和心智的流動集中起來，密度跟電腦晶片一樣。城市的範圍相對來說其實不大，在最小的空間內提供住所和工作，卻能產生出最多的想法和發明。

布蘭德在著作《全球紀律》的〈城市星球〉一章中提到：「城市創造出財富，向來便是如此。」他引述都會理論家佛羅里達的說法，後者宣稱全世界最大的四十個巨大城市，住了全球百分之十八的人口，「占全球經濟產出的三分之二，每十項新申請專利的發明中就占了快九項。」加拿大一位人口統計學家算出：「國民生產毛額有百分之八十到九十來自城市。」每座城市都有參差不齊、新發展的區域，還有違章建築和遊民區，通常生產力最強的市民就出現在這些地方。邁可戴維斯在《貧民窟星球》中指出：「在印度，街上遊民的傳統典型是貧窮的農夫，剛從鄉下出來，如寄生蟲一般乞討維生，但在孟買的研究顯示，幾乎所有的家庭（百分之九十七）都有至少一個人負擔生計，百分之七十的家庭已經在城裡至少住了六年。」住在貧民窟的人常在附近高租金的地區從事薪水微薄的服務工作；他們有錢卻住在違章建築區裡，因為這樣上班比較方便。由於他們很努力，進步也很快。聯合國的一項報告發現，在曼谷歷史悠久的貧民窟裡，一家平均有一點六台電視、一點五支手機和一台冰箱；三分之二的家庭有洗衣機和CD音響，一半的家庭有室內電話、影片播放器和摩托車。在里約的貧民區裡，進駐違章建築的第一代只有百分之五的人識字，但他們的下一代識字率則有百分之九十四。

那樣的成長必須付出代價。城市充滿活力，不斷變化，但城市的邊緣有可能令人感到不愉快。要進入貧民窟，你需要通過滿是糞便的小巷。人類的排泄物在人行道上發臭，排水溝裡流著尿液，到處是一堆一堆的垃圾。我曾多次造訪開發中國家內恣意蔓生的貧民窟，體驗過那樣的環境，一點也不好玩，必須每天忍耐惡臭的居民當然有更多怨言。為了彌補門外的髒污，違章建築室內的擺設常讓人大吃一驚，充滿了慰藉的力量。牆面貼滿回收材料，色彩豐富，小裝飾品堆積如山，創造出舒適的空間。當然，一間房裡能容納的人數看似不可能，但對很多人來說，貧民窟的住所比鄉下的小屋舒服多了。偷接的電力雖然不穩定，但總有電可以用。屋裡就一個水龍頭，還從很遠的地方接過來，但比老家的水井近多了。藥物很貴但是有效。學校裡也有會來上課的老師。

貧民區不是烏托邦。一下雨，貧民窟就滿地泥濘。要做什麼都得靠賄賂，實在令人氣餒。別人一眼就看得出違章建築的狀態不佳，也讓居民臉上無光。梅塔以孟買為主題的著作《極大之城》中提到：「磚造房屋旁有兩棵芒果樹，向東邊望去能看到小山丘，為什麼有人要離開這樣的老家來到這裡呢？」然後他自己回答：「所以，家裡的長子能在城北邊緣的米拉路買一層兩房的公寓，小兒子可以更上一層樓，搬到美國的紐澤西。忍耐一時不便，就能投資未來。」

然後梅塔又說：「對印度村莊裡的年輕人來說，孟買的呼喚不只讓他們想到金錢，更讓他們想到自由。」激進份子拉姆達斯曾說過城市的魔力有種積合效應，布蘭德重述如下：「在村莊裡，女人只能順從丈夫和親戚、搗碎小米和唱歌。如果搬到城裡，可以找工作或創業，讓小孩都能上學。」大家一度認為沙烏地阿拉伯的貝都因人是地球上最自由的民族，隨心所欲地在阿拉伯半島南部沙漠的空白之地中漫遊，躺在滿天星星下，不受任何人支配。但海灣國家的貧民窟迅速擴大時，他們很快放棄了游牧生活，匆忙搬進外觀單調的水泥公寓裡。美國《國家地理雜誌》的韋伯斯特報導，貝都因人把駱駝和山羊留在村裡老家的畜舍裡，因為牧人生活的慷慨大方和吸引力仍未完全磨滅。貝都因人感受到城市的魅力，並非走投無路，按他們的說法：「我們隨時可以去沙漠裡體驗以前的生活方式。但這種〔新的〕生活方式比以前更好。以前小孩沒辦法看醫生，也不能上學。」一位八十歲的貝都因酋長的結論比我的好太多了：「孩子的未來有更多選擇。」

很多人不需要移居到城市裡。但來自村莊或沙漠和灌木叢林的移民有好幾百萬。如果你問他們為何而來，答案幾乎都一樣，不論是貝都因人，還是住在孟買貧民窟裡的人。他們為機會而來。他們可以留在老家，就跟阿米希人的選擇一樣。年輕男女能留在村莊裡，跟父母一樣享受農業和小鎮工藝令人滿足的節奏。乾旱和洪水永遠不會消失。大地令人無法置信地美麗，家人和社區的全力支援，也會永遠存在。同樣的工具仍然可以用。同樣的傳統仍帶來不變的美好結果。按著季節勞動的強烈滿足感受、充足的空閒、牢固的家庭親情、令人安心的恆久不變、帶來獎賞的勞力付出，永遠牽動我們的心。在一樣的條件下，誰願意離開希臘小島、喜瑪拉雅山中的村莊或中國南方蒼翠繁茂的庭園？

但並非每個人都有同樣的選擇。世界上愈來愈多人有電視和收音機，也會進城看電影，他們知道有哪些可能性。城市的自由度讓他們的村莊看起來宛若監牢。所以他們一廂情願，選擇奔向城市。

有些人爭辯說，他們別無選擇。來到貧民窟的人被迫移居到都市裡，因為在村裡耕種無法養家活口。他們並非自願離開家鄉。賣咖啡維生數代後，他們發現全球市場出現變化，咖啡的價格一落千丈，他們只得回頭去種植作物以求自給自足，或者搭上巴士離開。也有可能開採煤礦等科技發展污染了他們的農地，導致地下水位降低，迫使他們離開家園。此外，技術進步了，我們發明了曳引機和冷藏設備，開拓了產業道路，不論農地多遠都沒問題，需要的農耕人手也變少了，即使在已開發國家也一樣。森林遭到大量砍伐，因為住所和其他建築物需要原木，或清理出新的農地，提供食物給都市居民，也迫使原住民離開野外的家園，放棄自己的傳統。

的確，若是來到亞馬遜河流域，或婆羅洲和巴布亞新幾內亞的叢林，看到部落原住民揮舞鏈鋸，砍伐自己的森林，真的很令人煩擾。森林裡的家被連根拔起，你不得不住到營地，然後搬到小鎮，最後落足城市。一旦進入營地，你淡忘了狩獵採集的技能，唯一願意付你薪水的工作，就是去砍伐鄰居的森林，雖然感覺很奇怪，但也只能接受。把人跡未至的林地砍伐乾淨，就文化的角度來說實在太荒唐，有好幾個原因，很重要的一點是部落成員因棲息地被毀，從此無家可歸。離鄉背井一兩代後，他們可能會失去重要的求生技能，就算家園能夠重建，他們的後代也無法回歸。離開家鄉就等於不由自主地踏上不歸路。同樣地，北美的白皮膚移民以卑劣的方法對待原住民，強迫他們移居，接納他們原本沒有迫切需求的新科技。

然而，技術上來說，不需要把林地砍伐乾淨。毀滅棲息地的做法很糟糕，是很愚蠢的低階科技，但並不是大規模移居的主要因素。過去六十年來，有二十五億人如飛蛾撲火般遷進城市，比起來森林砍伐的推動力不算什麼。現在跟過去都一樣，每十年就有數億人大規模遷徙到城裡，因為到城市定居的人願意忍耐不便和髒亂，住在貧民窟裡，為了得到更多的機會和自由。窮人搬到城裡的原因跟富人追求科技化的未來一樣，想有更多的可能性，更高程度的自由。

伊斯特布魯克在著作《進步的弔詭》中寫道：「如果你坐下來，用鉛筆和方格紙畫下第二次世界大戰結束後美洲和歐洲的趨勢，你畫的線條應該都會往上走。」科茲威爾收集了可擺滿畫廊的圖表，描述許多（即使不是大多數）科技領域急速上升的趨勢。所有科技進步的圖表都從低點開始，幾百年前出現了小幅度的變化，然後在過去一百年內向上彎，在過去五十年內突然衝到頂點。

這些圖表抓住了我們的感覺，即使在人類短短的一生內，變化的速度也愈來愈快。和過去相比，新事物一眨眼就出現了，新變化出現的間隔似乎愈來愈短。在走向未來的同時，科技產品愈來愈精良、便宜、快速、輕巧、好用、普及，功能也更強。不光是科技而已。人類的壽命愈來愈長，嬰兒死亡率降低，甚至連平均的智力商數都年年升高。

如果以上都是事實，那很久以前是什麼樣子？很久以前，進步的證據不多，至少從我們現在的眼光來看。五百年前，科技產品不會每隔十八個月就功能加倍價格減半。水車的價錢不會每年降低。鐵鎚過了十年也沒有變得更好用。鐵製工具的強度沒有增加。玉米種子的產量按著季節氣候變化，不會每年逐漸增加。過了一年，你的牛軛跟本來一樣，不會升等成更好用的工具。你期待的壽命，或孩子的壽命，跟你的雙親差不多。戰爭、饑荒、暴風雨和詭異的事件來來去去，卻沒有固定的進展方向。簡單來說，那個時候有變化，可是沒有進步。

大家對人類進化都有一個錯誤的想法，認為歷史上的部落和早期現代人史前的家族都達到了高度平等的正義、自由和和諧，從那之後才開始走下坡。從這個觀點來看，人類製造工具（和武器）的傾向只帶來麻煩。每一種新發明都釋放出新的力量，把力量集中起來，僅交給某些人施行或加以腐化，因此，文明的歷史便是一長串權力的轉移。按照這種說法，人類的本質不會改變，不會讓步。倘若果真如此，想要改變人性，只會走向邪惡。依據這個看法，新的科技產品通常會腐蝕原本相當神聖的人性，唯有儘量減少科技產品，嚴格保衛道德，才能加以抑制。因此，我們對創造新事物的習性永遠不會鬆懈，正是一種人類才有的癮頭，也可說是自我毀滅的輕佻行為，我們必須想辦法對抗，不要屈服於科技的魔咒。

現實正好相反。人類的本質充滿可塑性。我們用心改變了價值觀、期望和對自我的定義。自人族出現以來，我們的本質早已改變，變化出現後，我們仍然繼續求新求變。人類發明了語言、書寫、法律和科學，所激發出的進步水準對現今而言非常基本，已經完全融合，讓我們天真地期待也能在過去看到同樣美好的事物。但我們所認同的「文明」或甚至「人性」其實在古代並不存在。早期的社群並不和平，而是戰禍連連。在部落社會中，成年人最常見的死亡原因是被公開宣布此人是女巫或邪靈。舉出這些迷信的控訴，並不需要合理的證據。部族中違法的人會在眾人暴行下死亡，這是常見的規範；我們心目中的公平只存在於最緊密的族群裡。兩性極度不平等，弱肉強食處處可見，在這種環境下的正義並非現代人所能接受。

但在最早的人類社群裡，這些價值觀都發揮了效力。早期的社會適應力強到令人無法置信，能迅速恢復原狀。他們創造出藝術、愛和意義。他們克服環境的困難，因為他們的社會規範非常成功（即使我們認為這些規範實在難以忍受）。如果早期的社會必須仰賴我們今日對正義、和諧、教育和平等的概念，就無法成功存活。但所有的社會都會不斷演化和調適，包括現代的原住民文化在內。他們的進步非常細微，但的確有進步。

約莫在十七世紀前，在所有的文化中，靜默無聲、緩緩增加的進步都要歸功於天神，或唯一的上帝。等到進步脫離了神學，歸因於人類，才能開始大幅度前進。環境衛生讓我們更健康，才能活更久。農耕工具提高食物產量，減少工作量。新器具讓居家環境更舒適，新的想法猶如天馬行空。發明的東西愈多，我們的生活愈舒適。充實知識後，我們能發現和製造更多的工具，這些工具又讓我們發現和學習更多的知識，工具和知識都讓我們活得更久更輕鬆，兩者環環相扣。知識、舒適度和選擇都不斷增長，幸福的感受也提升了，這就是進步。

進步的崛起正好對應到科技的興起。但科技的動力是什麼？人類文化有好幾千年的時間（或許不到數萬年）不斷學習，一代一代傳承知識，卻沒有進步。當然，偶爾會發現新事物，慢慢散播出去，或再度被發現，與其他事物無關，但在很久以前，即使過了好幾個世紀，仍衡量不到什麼明顯的進步。事實上，在一六五〇年，一名普通農夫過的日子可能跟西元前一六五〇年或三六五〇年的普通農夫幾乎沒有差別。在世界上的幾個流域，比方說埃及的尼羅河和中國的長江流域，以及在某些特定的時空，例如古典時代的希臘和文藝復興時代的義大利，公民的命運或許比歷史上一般人更優越，只有在朝代結束或氣候變化時才會走下坡。三百年前，普通人的生活標準不論在何時何地幾乎都差不多：總填不飽肚子、壽命短暫、選擇有限，而且極度仰賴傳統，只為了能將生命延續到下一代。

數千年來，這緩慢的生死循環慢慢前進，突然之間**砰**的一聲！複雜的工業科技出現了，一切都開始快速前進。這聲響從何處來？我們的進步從哪裡起源？

古代的世界有很多絕妙的發明，尤其是在城市裡。社會慢慢地累積了此類的奇妙事物，例如拱橋、溝渠、鋼刀、吊橋、水車、紙張、植物燃料等等。每一項創新的東西都經過反覆試驗和不斷摸索。一旦不經意地被發現，便很隨興地傳播出去。有些奇蹟可能要過了好幾百年，才會傳到另一個國家。科學工具出現後，就改變了這種近似隨興的改進方式。有系統記錄令人信服的證據，調查運作的原理，然後謹慎傳播經過證實的創新事物，科學很快變成世界首見的偉大創新工具。事實上，科學是一種很優秀的方法，能充實文化的內容。

一旦發明了科學，能快速發明更多的東西，就得到了強力的槓桿，能快速推動前進。這就是十七世紀在西方發生的情況。科學快速推動社會，加快學習速度。還不到十八世紀，科學就發動了工業革命，城市的擴展、壽命和識字率增加、發現的速度加快，都能讓我們看到進步。

但難題出現了。科學方法的必要原料都是概念性的，科技層次也相當低：記錄、分類及溝通書面證據和實驗時間的方法。為什麼發明的人不是希臘人或埃及人？來自今日的時空旅人可以回到那個時代，在古代的雅典或亞歷山大港輕鬆地奠定科學方法的基礎。但能造成流行嗎？

或許沒辦法。對個人而言，科學的成本非常高昂。如果主要目的是為了找到更好的工具，跟別人分享成果並沒有什麼效益。因此，科學的好處對個人來說並不明顯，也無法馬上看見。有閒人口到達一定的密度，願意分享，補齊不足的地方，科學才能欣欣向榮。在科學出現前的發明物，像是犁、磨坊、力量大且受人馴養的動物和其他技術，為大量人口持續製造豐沛的食物，生活才有閒暇。也就是說，有了興旺和人口，才有科學。

如果不受科學和科技的支配，當人口成長到馬爾薩斯人口論的限制，就會解體。但在科學的統治下，人口不斷成長，會造成正面的回饋循環，有更多人參與科學創新並購買相關的成果，激發出更多創新，人類能得到更好的營養補給和物資，人口因此繼續增加，不斷循環下去。

正如引擎能駕馭火焰，讓爆發出來的能量發揮效用，科學也能駕馭人口成長，把爆發出來的能量導向興旺。在人口增加時，也會看到進步，反之亦然。兩者的成長密不可分。

現代有不少例子，人口增加後生活水準降低，造成人民痛苦。目前非洲有些地方就是這樣。另一方面，歷史上很少看到人口減少後能推動長期繁榮的例子。人口減少幾乎一定會讓繁榮的程度降低。即使在黑死病造成人口大量滅絕時，一個地區的人少了百分之三十，生活水準也出現不規則的變化。歐洲和中國人口過多的許多農耕地區在競爭變少時反而變得興旺，但商人和上流社會的生活品質則大幅下降。生活標準大洗牌，但在這段期間並沒有真正的進步。瘟疫的證據告訴我們，人口需要成長，但還不足以帶來進步。

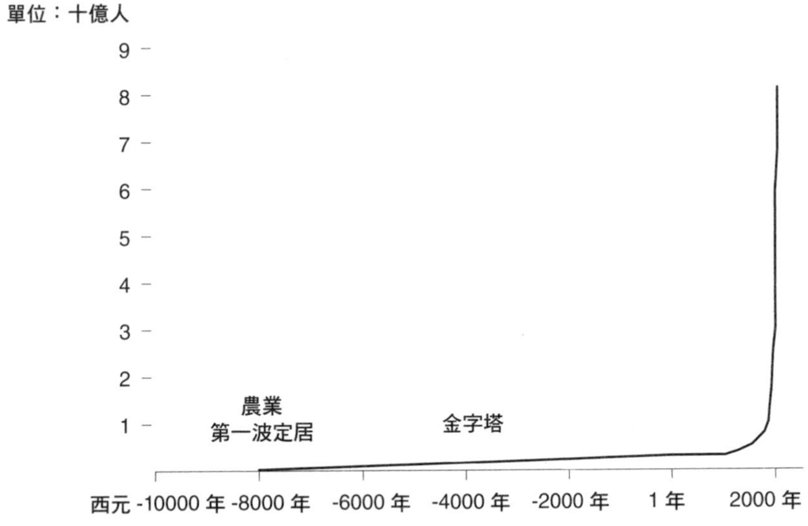

全球的文明人口。過去一萬兩千年來世界人口的典型圖表，包括未來三十年的短期推測數字。

進步的根基顯然深深扎根在科學和科技有結構的知識裡。但進步要開花結果，也需要人口大幅度成長。歷史學家佛格森相信，就全球的規模來看，進步的根基一定是不斷擴展的人口。根據這個理論，為了讓人口超越馬爾薩斯人口論的限制，就需要科學，但科學的動力終究得來自人口數目增加，然後才會帶來繁盛。在這樣的良性循環中，集合了更多的人類頭腦，發明出更多東西，進而買進更多發明的物品，包括工具、技術和方法，可維持更多人的生計。因此，人類才智增加，表示更有進步。經濟學家賽門稱人腦是「終極資源」。根據他的計算，人類心智是深層進步的首要來源。

不論人口成長是進步的主因，抑或只是其中一個因素，人口成長對進步有兩種助力。第一，一百萬人的頭腦合起來解決一個問題，總比一個人好，更有可能找到解決方法。第二種助力更重要，科學是集體行動，分享知識後所浮現的智慧通常還能超越一百萬人的集合。孤獨的科學天才只在神話中出現。科學是個人了解事物的方法，也是集體的知識。文化中的人口數目愈多，科學就愈先進。

經濟的原理也很類似。我們當前的經濟繁榮多半來自人口成長。過去幾百年來，美國人口持續增加，確保創新產品的市場也不斷擴大。同時，全球人口也在擴展，保障世界各地的經濟成長。數十億人口從自給自足的農業轉向商業，全球人口再也沒有遙不可及的族群，欲望也變強了。但試著想想看，如果全球市場或美國市場每年縮小，過去兩百年來財富仍出現同樣的成長，會是什麼情況。

如果人口成長時真的會帶動進步，我們就該擔心了。你或許看過聯合國提供、有關人口到達顛峰的官方圖表。此類圖表根據全球人口普查所能提供的最佳資訊。過去幾十年來，每次修訂地球上最高人口數時都要向下修正，但命運的走勢保持不變。聯合國提供的未來四十年典型圖表如下頁所示。

要了解科技進步的起源，這裡就有個問題了，因為圖表一定會停在二〇五〇年。正好是頂點的地方。不敢顯露高峰後會出現什麼。所以，人口到達頂點後，再來會是什麼樣子？是否會下滑、稍微起伏，還是再度上揚？為什麼總看不到後續的情況？大多數圖表不管這個問題，不去辯解為何省略了那一塊。這麼多年以來我們只看到曲線的一半，似乎大家都忘了另一半的存在。

在二〇五〇年人類數目到達高峰後的情況，我只找到一個來源提供可靠的推測數字，聯合國提出二三〇〇年世界人口可能出現的幾種情景，也就是往後三百年。

別忘了，全球生育率低於每名女性生育二．一個小孩的人口替換水準時，表示全球人口會緩慢下降，也就是人口負成長。聯合國的最高估計數字假設平均生育率留在一九九五年的水準，也就是每名女性生育二．三五個小孩。我們早就知道這個極端的數字已不復見。全球一百多個國

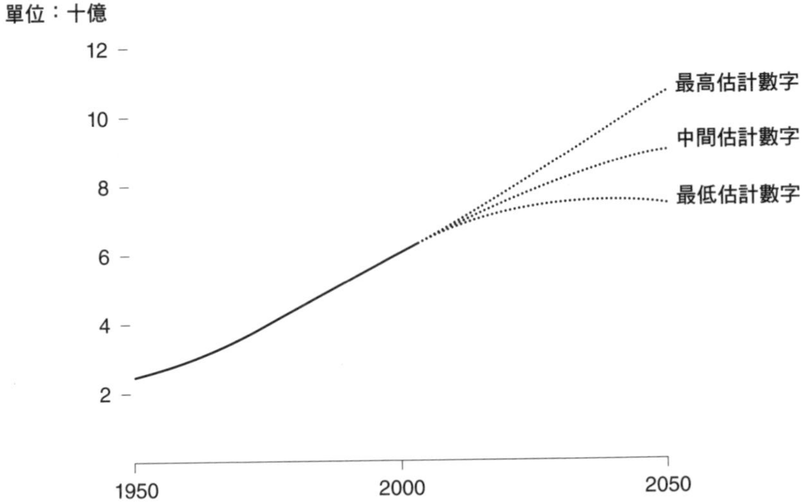

全球人口預測。聯合國推測二〇〇二到二〇五〇年間的全球人口數目，單位是十億，於二〇〇二年推算。

家中只有兩三個國家才有那麼高的生育率。中間估計數字則假設一百年內平均生育率會稍微低於二・一個小孩的人口替換水準，然後在接下來的兩百年內因為某些因素而回到人口替換水準。報告結果並未暗示為什麼在更加先進的世界上生育率會提高。最低估計數字則假設每名女性有一・八五個小孩。現在，歐洲的每個國家都低於二，日本則是一・三四。就連最低的估計數字都假設兩百年內的生育率會高過大多數已開發國家當前的數字。

出了什麼問題？國家的開發程度愈高，生育率就愈低。在所有現代化的國家，都可以看到這種急速下降的走勢，全球生育率降低的現象也就是所謂的「人口過渡」。問題是人口過渡沒有底線。在已開發國家，生育率持續降低。還會更低。歐洲（如下左圖）或日本都是很好的例

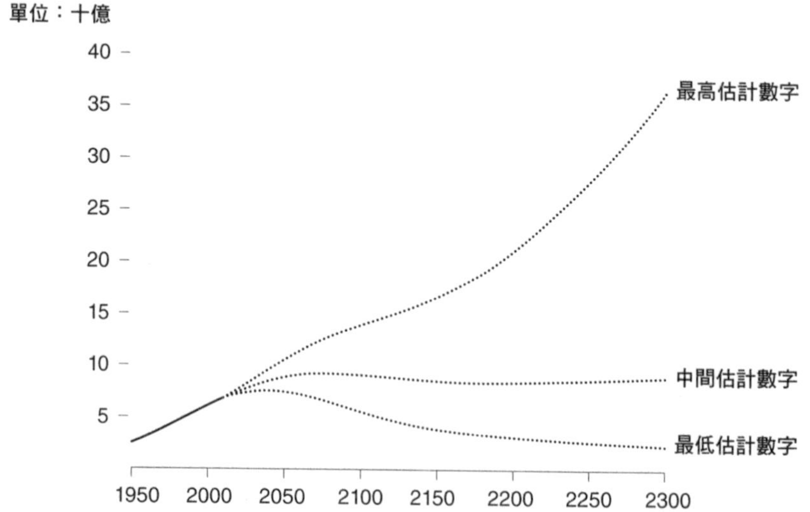

估計的長期全球人口數目。聯合國推測從二〇〇〇到二三〇〇之間的三百年內全球有多少人口，單位是十億。

子，生育率趨近於零（不是人口零**成長**，那早就過了，而是零人口）。事實上，大多數國家的生育率都在降低，開發中國家也不例外。世界上有接近半數的國家生育率已經降到人口替換水準之下。

換句話說，由於人口增加才能提高繁榮程度，生育率降低，人口也會減少。這或許是一種自我平衡的回饋機制，進步才不會呈倍數成長。或許這麼解釋是錯的。

聯合國的三百年推測看了很令人害怕，但這三百年推測的問題在於，情況看似可怕，卻不夠可怕。專家假設，即使在最糟糕的情況下，生育率也不會比歐洲或日本等地最低的生育率還要低。他們為什麼要如此假設？因為更低的生育率尚未出現。但是，我們所享有的繁榮以前也沒有出現過。到目前為止，所有的證據都讓人覺得社會愈興旺，女性平均想要的小孩數

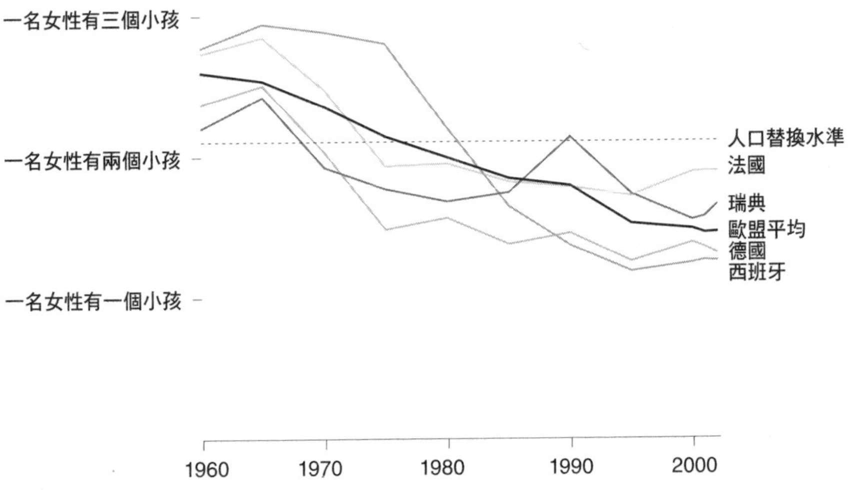

歐洲近期的生育率。虛線為人口替換水準，也就是人口群組可以自我替換的最低比率。

目就愈少。萬一全球生育率一直下降，最後低於人口替換水準（已開發國家，一名女性有二．一個小孩，開發中國家，一名女性有二．三個小孩），該怎麼辦？為了維護人口零成長，數目不要減少，必須達到人口替換水準。二．一個小孩的平均生育率表示有很高比例的女性必須要生三到五個小孩，才能抗衡沒有小孩和只有一個或兩個小孩的案例。要讓數十億受過教育、有工作的現代女性願意生三到五個小孩，必須有怎樣的一股反文化力量？你有幾個朋友生了四個小孩？還是三個？「少數幾個」對長期而言並無法扭轉趨勢。

別忘了，低於人口替換水準的全球生育率要是不斷延續（假設為一．九），最後一定會讓世界人口變成零，因為每年出生的嬰兒愈來愈少。但趨近於零還不用擔心。早在世界人口掉到零之前，阿米希人和摩門教徒就可以拯救人類，因為他們多產，家中食指浩繁。問題是，如果人口增加才能帶來繁盛，若要經過好幾個世紀，人口數目緩慢下降，深層的科技進步又會變成什麼樣子？

關於進步的本質，根據五個假設，可能有五種情況。

第一種

或許科技讓生育變得更容易，付出的代價也降低了，但很難想像科技有什麼方法能讓養育三個小孩變得更簡單。或許有人感受到社會的壓力，要生很多小孩來維繫人種或社會地位。有可能機器人保母出現後，一切都改變了，有兩個以上的小孩反而變成流行。我們想不出能用什麼方法維持現狀。但就算全球人口維持零成長，數目持續不變，我們不知道停止成長的人口能否繼續提升進步，因為我們沒有相關的經驗。

第二種

人腦數目或許會降低，但我們可以造出人工腦，數目甚至可高達幾十億。或許人工智能就是讓人類更加興旺的要素。跟人腦一樣，除了持續產生新想法，也要消耗這些想法，才能達到目的。由於人工智能並非天然（如果你想要人腦，就生個小孩吧），隨之而來的繁盛進步或許和今日大相逕庭。

第三種

與其仰賴人腦數目的增加，或許提升一般人的智慧，就能繼續進步。利用永久配戴的科技產品、基因改造或藥丸，或許就能增加個人的智慧，推動進步。或許我們更能集中注意力、減少睡眠時間、延長壽命，消耗、製造和創造的東西也跟著增加。人類數目雖然減少，但人腦力量更加強大，循環的速度也更快了。

第四種

或許我們都錯了。繁盛其實跟人數增加沒有關係。或許消耗並不會促成進步。人口慢慢減少，但壽命漸漸增加，我們只要找出如何提升生活品質、選擇和可能性。這樣的願景符合環保精神，但跟現在的系統完全背道而馳。如果來當我的聽眾或顧客的人年年減少，我的創造不再是為了吸引聽眾或顧客，而要有不同的理由。不會成長的經濟狀況很難想像是什麼樣子，但歷史上曾發生過更奇怪的事。

第五種

我們的人口急速下降，殘存的人因為絕望而拚命繁殖，反而變得興旺。世界人口不斷上上下下。

如果繁盛只能來自人類數目的成長，在即將到來的世紀，進步會反常地變成自身的驅動因素。如果進步並非來自人口增加，我們需要找出進步的起源，當人口減少時才能繼續繁盛。

訴說進步的興起時，故事版本中的動力來自人腦，但我還沒有提到很重要的一點——人類使用的能源也有同樣的向上曲線。過去兩百年來，進步的速度不斷加快，不需要懷疑，絕對是因為便宜充沛的能量急速增加的關係。在工業時代的開端，突然出現了大幅度的進步，正是因為人類發現了如何運用火力來取代（或補強）動物的力量。二十世紀有三條上揚的曲線：人口數目、技術進步和能源製造，你不得不相信，人和機器都要吃油。三條曲線完全相符。

利用便宜的能源是科技體中的重大突破。但是，發現了高效能源如果就是關鍵的見解，那麼中國就該是第一個工業化的國家，因為中國人起碼比歐洲人早五百年發現他們豐沛的煤礦可以燃燒提供動力。便宜的能源好處說也說不完，但能源儲備還不夠。中國缺乏解放能源的鑰匙。

假設人類生在一個沒有化石燃料的星球上。情況會是怎麼樣？光靠燃燒木頭，文明能有長足的進步嗎？有可能。或許高效能的木頭和煤炭科技超越人類當前擁有的能源，也能滋養人口，增加到足夠的密度來發明科學，然後，只靠著燃燒木頭的力量，繼續發明出太陽能源板或核武器，或任何高科技產物。另一方面，要是沒有科學，漂浮在石油海洋上的科技也不會有進步。

人類智慧增加後，能源使用跟著升高，才會看到進步。地球上到處都有豐沛便宜的燃料，激發了工業革命，也讓目前的科技進步不斷加速，但首先科技體需要科學來解開煤炭和石油的轉化力量。在共同演化的舞曲中，人類的智慧控制了便宜的能源，驅策出更多的科技發明，又消耗更多便宜的能源。在自我強化的巡迴中，三條上升的曲線出現了，分別代表人口、能源使用和科技進步，也正是科技體的三條線。

科技進步的上升曲線有很多既深刻又廣泛的證據。資料填滿了一冊又一冊。好幾百篇學術文章記錄了全面的實質進展，都是我們在意的主題。測量出來的結果如果畫成軌道，通常都指著同一個方向：往上。這些結果累積的價值在十年前讓賽門說出以下這段非常有名的預言：

> 這些是我最重要的長期預言，條件是沒有全球性的戰爭或政治紛擾：一、人類的壽命會比現在更長，早夭的人數會減少。二、世界各地家庭的收入會增加，生活水準也比現在更高。三、天然資源的價格會比現在更低。四、相對於其他經濟資產的總值來說，農地的經濟資產重要性繼續降低。這四項預言都相當可靠，因為在歷史上更早的時候，曾有人提出一模一樣的預言，最後都證實沒錯。

他的理由很值得重述：他把籌碼放在歷史的影響力上，這股力量的軌道已經持續了好多個世紀。但是，專家提出了三個反對進步概念的論點。第一，我們認為有結果可以測量，事實上全是幻想。根據這個推論，我們衡量錯了對象。抱持懷疑論的人看到人類健康大幅惡化，人類也失去了精神，其他東西的墮落更不用提了。但要反對進步的實相，就必須面對一項簡單的事實：一九〇〇年，美國人出生時的預期壽命為四十七．三歲，到了一九九四年，已經變成七十五．七歲。如果這不是進步的例子，那要怎麼解釋？至少在這個層面上的進步不是虛幻。

第二個反對意見則爭辯，進步只有一半是真的。也就是說，物質的確進步了，但沒有什麼意義。只有無形的東西才算真正的進步，比方說有意義的快樂。有沒有意義很難衡量，因此也很難達到最佳的狀態。到目前為止，能夠量化的事物長期下來都愈來愈好。

第三個論點則是現在最常見的。這個論點斷定物質進步並不虛幻，但是產生的成本太高。批評進步概念的人在風光的時候，也同意其實人類生活比從前更好了，但同時毀滅或消耗天然資源的速度卻太快了。

我們應該重視這個論點。真的有進步，但進步的結果也的確在我們眼前。沒錯，科技導致環境遭到嚴重的破壞。但科技並非破壞的根源。現代的科技產品並不一定會造成這麼大的損害。現存的科技若真的造成損害，我們可以製造出更好的科技產品。

科學書籍作家瑞德利說：「照現在的方法走下去，很難留存任何東西。但我們不會這麼走下去。不可能的。我們一定會改變做法，也一直改進使用能源和資源等事物的效率。拿餵飽全世界的土地面積打個比方。如果我們照著祖先的做法，繼續打獵採集，大概需要八十五個地球才能餵飽六十億人。如果我們還留著早期農民遊墾的做法，就需要一整個地球，包括所有的海洋在內。如果我們延續一九五〇年代的有機農業，不大量使用肥料，就需要地球百分之八十二的陸地面積來栽培作物，但我們現在耕種的土地面積只占百分之三十八。」

我們不會照現在的樣子走下去。面對明天的問題時，我們用的是明天的工具，而不是今天的。這就是所謂的進步。

明天仍會有其他的問題，因為進步不等於理想國。進步主義很容易跟理想國主義混淆，因為除了在理想國，還有哪裡能看到永續提升的進步？很可惜的是，這是混淆了方向和目的。未來不可能是完美無瑕的科技寶地；未來是一塊不斷擴充可能性的領土，目標並非遙不可及，而且我們已經上路了。

我比較喜歡生物學家莫里斯的說法：「進步並不是樂觀到無藥可救的人帶來的有害副產品，但是確實存在。」進步是真的。物質世界重新排列後，能源流動，無形的智慧擴展，才有可能進步。雖然進步要由人類帶著向前，但在很久以前生物演化時，重新排列就已經開始了。

第六章　命中注定

第七個生物界，也就是科技體，正在擴展茁壯，自我組織的進步推動了萬代的生物演化，現在愈加快速。我們可以把科技體視為「經由演化而加速」。因此，為了看到科技體未來的方向，我們需要辨別演化本身的趨勢以及推動演化朝著那個方向前進的因素。

我在本章提出充分的理由，證明生物演化的過程並非如當代教科書中的正統說法，只是宇宙間隨機的漂移。演化及衍生出來的科技體應該朝著固有的方向，由物質和能量的本質塑造出來。隨著這個走向，生命的藍圖中必然會出現某些東西。這些趨勢一點不神祕，也織入了科技的結構，表示科技體的某些層面必然會出現。

要遵循這個軌跡，我們必須從頭開始，也就是生命的起源。正如會自行組裝的機器人，我們稱為生命的機制在四十億年前慢慢開始自行組合。從那時候看似不可能的自我發明開始，生命演化出數億種看似不可能的生物。但不可能的程度究竟有多高？

達爾文擬定物競天擇的理論時，眼睛讓他發愁了。他發現要解釋眼睛怎麼一點一點地演化很難，因為視網膜、水晶體和瞳孔如此精細地搭配成完美的整體，分開來的話一點用處也沒有。那時批評達爾文演化理論的人特別提出眼睛是項奇蹟。但奇蹟就出現那麼一次，幾乎已是不變的道理。在地球上的生物歷程中，如照相機般的眼睛雖然看似奇蹟，但演化了不只一次，反而高達六次，達爾文和批評他的人都很不欣賞這一點。「生物照相機」值得注意的光學架構也在某些章魚、蝸牛、海洋環節動物、水母和蜘蛛身上出現。這六種生物家族彼此沒有關聯，只在遠古時代共有看不見的祖先，所以每個家族都自行演化出眼睛的奇蹟。六種表現形式都是驚人的成就；畢竟，人類努力了好幾千年的時間，不斷拼拼湊湊，才成功造出第一個照相機鏡頭。

但是，六次獨立自行組裝的照相機眼睛等於極度不可能，有點像連擲六百萬次硬幣，結果都是人頭，對嗎？抑或，多次的發明表示眼睛自然會吸引演化，就像山谷底部水井中的水？其他類型的眼睛還有八種，演化次數都不只一次。生物學家道金斯推測：「在動物界，眼睛獨立演化的次數介於四十到六十之間。」因此他聲稱：「就我們所知在地球上的範圍內，生物似乎都急欲演化出眼睛。我們可以很有自信地預測，（演化）反覆運行的統計抽樣累積到最高點的時候，一定和眼睛有關。而且不光是眼睛，還包括昆蟲、蝦子或三葉蟲的複眼，以及人類或烏賊的照相機眼睛……生出眼睛的方法就那麼多種，我們在已知的生物界中找到了所有的方法。」

某些形式（自然的狀態）是不是演化必然的趨勢？這個問題和科技體的關係非常密切，因為，如果演化容易傾向通用的解決方法，那麼科技既然是演化加速後的延伸，也有一樣的傾向。近幾十年來，科學研究發現複雜適應系統（演化就是一個例子），在其他的因素都一樣的時候很容易定型成少數幾種循環的型態。在系統中並非到處都能看到這些型態，所以出現的結構雖是「意外」，也同時符合複雜適應系統整體的規定。既然同樣的結構會一而再再而三莫名其妙地出現，就像浴缸排水時水分子立刻形成的漩渦，也可以把這些結構視為無可避免。

生物學家困惑難解，辦公桌最下面的抽屜歸檔了愈來愈多地球上生物重複出現的現象。他們不知道該拿這些希奇古怪的案例怎麼辦。但少數幾名科學家相信，不斷重複出現的新事物是生物學上的「漩渦」，或者說是演化中複雜的互動產生的類似型態。地球上估計有三千萬個物種共存，每小時進行的實驗有好幾百萬種。生物不斷繁殖，彼此爭鬥或消滅，或者互相改變。經過徹底重組後，生物體系中距離非常遙遠的分支如果有類似的特質，仍會透過演化繼續聚合在一起。會趨向於重複出現的形式，叫做**趨同演化**。分類學上的家系愈分散，趨同的現象愈令人印象深刻。

舊世界的靈長類能分辨顏色，和新世界的猴子遠親比起來，嗅覺就比較差。新世界的蜘蛛猴、狐猴和狨猴嗅覺都很敏銳，但都是色盲。除了吼猴和舊世界的靈長類一樣，看得到三原色，嗅覺很弱，其他新世界的猴子都一樣。吼猴和舊世界的靈長類在很久很久以前有共同的祖先，所以吼猴獨立演化出全彩視覺。檢驗了全彩視覺的基因後，生化學家發現吼猴和舊世界的靈長類使用調整成同樣波長的受體，在三個關鍵位置含有一模一樣的胺基酸。除此之外，吼猴和猿猴的嗅覺變差，都是因為同樣的嗅覺基因受到抑制，用同樣的次序關閉，細節毫無二致。遺傳學家凱洛說：「相似的力量聚合在一起時，就會出現相似的結果。演化反覆出現的現象非常值得注意。」

演化一再出現的概念受到強烈的爭議。但既然趨同在生物學上非常重要，在科技體也一樣不可忽略，最好能在大自然中尋找進一步的證據。根據個人衡量「獨立」概念的方法，獨立、趨同演化的明顯例子有好幾百個，而且繼續增加。名單中一定有鳥類、蝙蝠和翼手龍（恐龍時代的爬蟲類）翅膀三次的演化。這三種動物最遠的共同祖先並沒有翅膀，表示各個家系獨立演化出翅膀。雖然分類上非常遙遠，這三種動物的翅膀形式上卻非常類似：皮膚包覆著骨骼明顯的前肢。行進時透過回音定位則有四個案例：蝙蝠、海豚和兩種住在洞穴中的鳥類（南美洲的油鴟和亞洲的金絲燕）。人類和鳥類都會用雙足行進。冰魚的防凍化合物演化了兩次，一次在北極，一次在南極。蜂鳥和天蛾都演化成能在花上盤旋，用細管吸吮花蜜。溫血動物的演化不僅一次。雙眼視覺在相距遙遠的分類中演化了很多次。苔蘚蟲門是珊瑚的一種，四億年來發展出特殊的螺旋狀集群，共有六次。螞蟻、蜜蜂、囓齒類和哺乳類演化出社會合作。植物界七個相距甚遠的地區演化出食蟲物種，捕食昆蟲攝取氮。分類遙遠的多肉植物演化了數次，噴氣推進演化了兩次。許多種類不同的魚兒、軟體動物和水母都獨立演化出有浮力的鰾。骨骼上覆蓋繃緊的薄膜，構成可飛行的翅膀，在昆蟲界的案例不只一個。雖然人類的技術已經演化出固定翼和旋轉翼飛機，但我們尚未製造出能飛上天的拍翼式飛機。此外，固定翼滑翔動植物（飛鼠、飛魚）和旋轉翼滑翔動植物（各式各樣的種子）也演化了很多次。事實上，三種類似囓齒類的滑翔動物也展現出趨同：飛鼠以及來自澳洲的鼠袋鼯和蜜袋鼯。

由於地殼構造在地質時代時獨自漂移，澳洲大陸變成平行演化的實驗室。澳洲很多有袋動物的演化可以對照到舊世界的胎盤哺乳類，就連過去也不例外。已經絕種的袋劍虎和劍齒虎都有長長的犬齒。袋獅的爪子可以伸縮，跟貓科動物一樣。

恐龍是我們最具代表性的遠親，獨立演化出好幾項新種類，並且對照到我們共同的脊椎動物遠祖。除了翼手龍和蝙蝠之間的平行演化發展，還有流線型的魚龍，可以對照到海豚，另一組則是滄龍和鯨魚。三角龍演化出的喙狀嘴很像鸚鵡，以及章魚和烏賊。鱗腳蜥外型似蛇，就跟後來爬蟲類的蛇一樣沒有腳。

家系之間的分類愈相近，共通的趨同性愈高，但比較不明顯。青蛙和變色龍各自演化出迅速彈出的「叉舌」，能捕捉離自己有一段距離的獵物。菇類的三大門分別演化出的物種會製造深色、密實、生在地下、宛若松露的果實，光在北美洲，就有超過七十五屬的菇類，包括「松露」在內，有很多獨立演化的種類。

某些生物學家認為趨同的出現只是少見的巧合，就像碰到跟你同天出生、名字相同的人。很怪，那又怎樣？只要有足夠的物種和足夠的時間，你一定能找到兩個形態上有交集的物種。但同源的特質實際上才是生物學的規則。同源多半不明顯，出現在相關的物種之間。親屬自然有共同的特質，沒有關係的物種共有的特質比較少，所以不相關的同源比較有意義，也比較容易令人注意。不論如何，生命使用的方法大多數會為超過一種的生物所用，也會跨越不同屬。如果某個特質在自然界**並未**由其他物種重複使用，那才少見。道金斯向博物學家麥葛文挑戰，要他指出只演化一次的生物「革新」，麥葛文只找到了幾個，例如會在有需要的時候混合兩種化學物質好向敵人噴出毒氣的放屁甲蟲，或用氣泡呼吸的水蜘蛛。同時出現的獨立發明似乎是大自然的規則。下一章我會辯證，同時出現的獨立發明似乎也是科技體中的規則。在自然演化和科技演化的兩個領域中，趨同會創造出必然性。必然性比重複性的爭議度更高，因此需要更多證據。

再回到不斷重複演化的眼睛。視網膜上有一層非常特別的蛋白質，負責接收光線的微妙工作。這種蛋白質叫做視紫質，進入眼睛後的光線帶來光子能量，會被視紫質轉化成向外的電信號，傳送到視神經。視紫質是一種古老的分子，除了出現在照相機眼睛的視網膜上，也出現在低等蟲子最原始、沒有水晶體的視覺器官上。在動物界隨處可見，而且結構都一樣，因為視紫質的功效太好了。同樣的分子或許數十億年來都沒有改變。另外幾種功能類似的光觸發分子（隱花色素），不像視紫質這麼有效強健，因此可以說視紫質就是視覺出現二十億年後的最佳分子。但令人驚訝的是，視紫質也是趨同演化的例子，因為在很久很久以前，視紫質在兩個截然不同的生物界中演化了兩次，一次是古生菌，另一次是真細菌。

我們應該很震驚。蛋白質的數目有如天文數字。每一種蛋白質由二十種基本符號（胺基酸）中的一種組合組成，平均的長度是一百個符號。（事實上，很多蛋白質都還要更長，但在這裡用一百來計算就夠了。）演化有可能產生（或發現）的蛋白質總數是100^{20}或10^{39}。也就是說，蛋白質的總數可能超越宇宙中的星星。不過我們可以說得簡單一點。因為在一百萬種胺基酸的組合中，只有一種能組成發揮效用的蛋白質，我們可以大幅降低蛋白質的數量，達成共識，有可能發揮效用的蛋白質也許跟宇宙中的星星差不多。發現特殊的蛋白質就等於在浩瀚的宇宙中找到某顆恆星。

依此類推，演化連續跳了好多下，才找到新的蛋白質（新的恆星）。從一種蛋白質跳到「鄰近」有關係的蛋白質，然後再跳到下一種新的蛋白質，最後跳到相隔很遠的獨特蛋白質，離出發點非常遙遠，正如你從一顆星跳到另一顆星，最後到達非常遙遠的太陽。但是，人類的宇宙如此遼闊，隨意跳了一百下以後，你會跳到遙遠的恆星上，經由同樣的隨意過程，永遠無法再度找到同一顆星。就統計學來說不可能。不過那就是視紫質和演化的關係。在宇宙間所有的蛋白質中，演化過程找到了視紫質兩次，而且這種蛋白質過了數十億年都沒有進化。

「命中兩次」幾乎不可能，但在生命中卻不斷重複。進化論學家麥基寫了一篇標題為〈趨同演化〉的論文，提到：「魚龍或鼠海豚形態的演化絕非微不足道。一群住在陸地上的四足動物，有四條腿和尾巴，能夠拋下肢體，把尾巴變回像魚一樣，應該聽起來很驚人才對。如果有可能發生，可能性也很低，對不對？卻發生了兩次，分別是爬蟲類和哺乳類，兩種關係遙遠的動物。我們必須回到兩三億年前的石炭紀才能找到共同的祖先，因此兩種動物的基因遺傳大大不同。但是，魚龍和鼠海豚都各自重新演化出魚鰭。」

那麼，是什麼因素讓演化回到未必會發生的軌道上？如果同樣的蛋白質（或「偶發」的形式）演化了兩次，演化的每一步顯然並非隨機踏出。這兩條平行的旅途最原始的引導便是共有的環境。古生菌視紫質和真細菌視紫質，魚龍和海豚，都漂浮在同樣的海洋裡，適應環境後得到同樣的優勢。就視紫質的例子來說，由於前驅分子周圍漂浮的分子基本上一模一樣，在選擇的壓力下，每一次跳躍都自然而然會朝著同樣的方向。事實上，在環境中找到適合的條件通常會被解釋成趨同演化發生的原因。在不同的大陸上，乾旱的沙漠通常會生出耳朵很大、尾巴很長、跳躍前進的嚙齒動物，因為氣候和地勢塑造出類似的壓力和優勢。

好，接下來，世界上有環境類似的沙漠，但為什麼不是每個沙漠都有跳鼠？為什麼有的沙漠嚙齒動物長得不像跳鼠？正統的答案說，演化是偶然性非常高的過程，隨機事件和純粹的運氣會改變路線，就算在平行的環境中，也很少有機會找到同樣的型態解答。演化中的偶然事件和運氣無法遏止，趨同會出現也實在是奇蹟。根據生物分子可能組合出的形式數目，以及隨機突變和刪除所能塑造出來的形式，不同的來源要出現明顯的趨同應該少到每次出現就像奇蹟發生。

但孤立且明顯的趨同演化發生了一百次或甚至一千次以後，應該還有其他的因素。有其他的力量推動演化的自我組織，讓解答不斷重現。除了物競天擇，演化過程背後還有另外一股動力，才能一而再再而三到達遠得超乎想像的目的地。這股力量並非超自然，而是一股基本的動力，其核心就跟演化本身一樣單純。在科技和文化中注入趨同現象的也是這股力量。

演化有兩股壓力，因此會趨向某些重複發生、無可避免的形式：

一、幾何學和物理學法則的負面限制，讓生命的可能性無法超出某個範圍。

二、有關聯的基因和代謝途徑自我組織出的複雜度產生的正面限制，帶來少數幾種不斷重複的新可能性。

這兩種動力朝著特定的方向推動演化。兩種動力在科技體中都持續運作，隨著科技體的進展，塑造出無可避免的結果。我會輪流討論這兩種影響力，從化學和物理讓生命成形的方法開始，再延伸到科技體中人腦發明出來的東西。

植物和動物的多樣性令人目眩神迷。昆蟲有小到像蝨子，也有跟鞋子差不多大的天牛。紅杉可以長到一百公尺那麼高，迷你的高山植物可以裝進裁縫的頂針裡。巨大的藍鯨尺寸跟船隻一樣，侏儒變色龍小到不超過三公分。但物種的大小並非隨心所欲。令人驚訝的是，動植物的尺寸會遵循固定的比例尺，是由水分的物理學支配。細胞壁的強度由水的表面張力決定，固定的表面張力進而按著所有動植物主體的寬度規定高度的上限。這些物理力量除了在地球上展現出來，在宇宙的每個角落都能看得到，因此我們可以預料，水生動植物不論在何時何地演化，都會採用這套通用的比例尺（按著當地的重力調整）。

生物的新陳代謝同樣地受到限制。小型動物生長快速，也活不久。大型動物的生長比較緩慢。動物生命的速度也就是細胞燃燒能量的速率、肌肉抽動的速度、懷孕或成熟所需的時間，和動物的壽命及大小成正比。代謝率和心率兩者也和生物的質量成正比。這些限制衍生自物理學和幾何學的基本規則，能儘量縮小能量面（肺的表面積、細胞的表面積、循環耐力等等），就更占優勢。老鼠的心臟和肺活動速率和大象比起來快多了，但老鼠跟大象一生的心跳和呼吸次數都一樣。可以打個比方說，哺乳類動物一輩子能有十五億下心跳，愛怎麼用就怎麼用。小老鼠快速向前衝，就像把大象的生命向前快轉。

在生物學上，大家都知道哺乳類動物有這種不變的代謝速率，但最近研究人員發覺，類似的法則也掌管所有的植物、細菌，甚至生態系統。把生長在低溫水域的海藻加以稀釋，可以比擬成溫血動物的心臟減緩跳動的速度。流過植物或生態系統每公斤所需的能量（能量密度）等於新陳代謝。從動物需要的睡眠時數，以及孵卵所需的時間，到

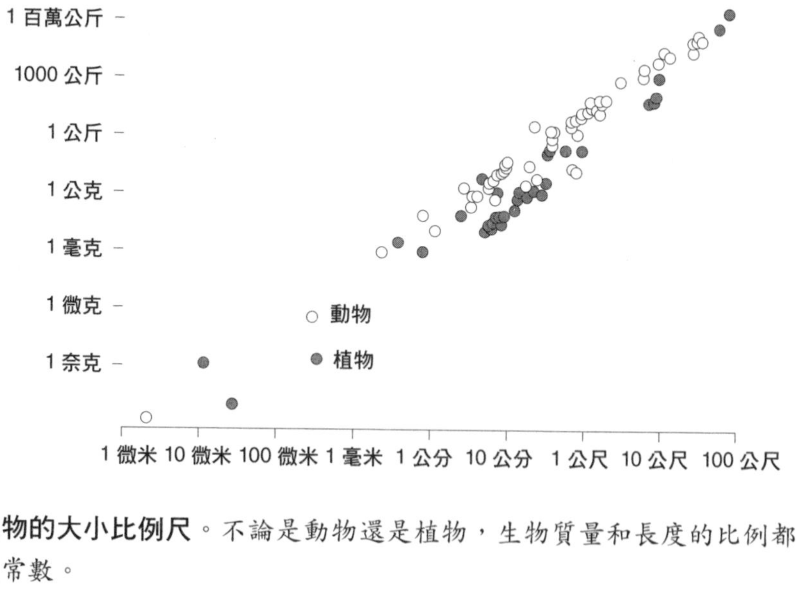

生物的大小比例尺。不論是動物還是植物，生物質量和長度的比例都是常數。

森林按著DNA中的突變速率來累積木頭的質量，這許許多多生命過程似乎都遵循普遍的新陳代謝比例定律。發現這個定律的研究人員奇洛里和韋斯特指出：「我們發現，雖然生物的多樣性高到難以置信，不論是番茄，還是變形蟲和鮭魚，只要你更正了尺寸和溫度，〔代謝〕速率和次數大多非常接近，很值得注意。」他們宣稱：「代謝速率是基本的生命速率。」「宇宙時鐘」負責計算能量，也就是所有類型的生物前進的速度。只要有生命，就要跟著時鐘轉。

生物世界中還有其他的物理常數。幾乎在所有的生物分科中都能看到雙邊對稱（左右兩側互為鏡像）。這種基本的對稱似乎在很多層次上都帶來了適應優勢，比方說更佳的平衡感、審慎的重複（每種東西都有兩個），以及將遺傳密碼有效壓縮（僅複製第一側）。其他的幾何形式，例如植物用來傳輸營養的管子，或是動物的腸子或下肢，就很簡單地符合物理學定律。有些重複出現的設計，例如樹木和珊瑚向上展開的枝幹，或花瓣上打轉的螺旋圖案，都以生長的數學計算為基礎。永恆的數學讓這些現象重複出現。地球上所有的生命都以蛋白質為基礎，這些蛋白質在細胞內摺疊和打開的方法決定生物的特質和行為。生化學家但頓和馬歇爾聲明：「蛋白質化學最近的進展指出，至少有一組生物形式（基本的蛋白質摺疊）由物理定律決定，類似讓水晶和原子出現的那些定律。它們看起來就像不變的理想形式。」若沒有蛋白質這種分子，就沒有生物多樣性，蛋白質最終仍由一組重複發生的固定法則掌管。

如果我們用一張很大的試算表，列出地球上所有生物的生理特質，我們會發現很多空白的欄位，理論上「有可能存在」生命，但實際上卻沒有。這些欄位的生物遵守生物學和物理學的定律，但是還未誕生。這種「有可能存在」的生命形式可能包括屬哺乳類的蛇（不可能嗎？）、會飛的蜘蛛或陸生烏賊。事實上，如果我們把目前的動植物放著不管，或許過了夠久的時間，地球上就會演化出這樣的生物。幻想的生物絕對有可能出現，因為生物會聚合在一起，重新使用（但也會重複混合）生物圈中不斷重複出現的型態。

藝術家和科幻作家喜歡想像其他的行星上住滿了生物，他們想要跳脫地球的限制去思考，但他們想像的生物仍有不少留存了在地球上找到的形式。有些人會說這是因為他們缺乏想像力；但地球上海洋最深處出現的古怪生物仍常常讓我們大吃一驚，出現在其他行星上的生物一定也充滿驚奇。有些人（包括我在內）則同意我們應該會覺得詫異，但既然「有可能存在」，在廣大的想像空間中，生物中原子排列的方法無窮無盡，我們在其他行星上找到的生物也只能填滿「有可能存在」的一個小角落。我們看到其他行星上的生物會覺得驚訝，因為那些生物或許把我們熟悉的形式用不同的方法展現。因研究眼睛視網膜色素而得到諾貝爾獎的生物學家華德告訴美國太空總署說：「我會跟學生說：在這裡學習生物化學，你就能通過大角星上的考試。」

在DNA的結構中，無限的物理限制最為明顯。DNA分子非常特別，沒有其他的分子可以比擬。學生都知道，DNA是獨特的雙螺旋鏈，可以輕鬆扣上拉開，當然也能自我複製。但DNA也可以自行排成平平的一片或連鎖的圓圈，甚至還能排成八面體。單這麼一個柔軟度絕佳的分子可以變成動態的模子，刻出數量驚人的蛋白質組合，負責表現組織和肌肉的生理特徵，再經過彼此互動，產生出非常複雜的廣大生態系統。從這個無所不能的準晶體開始，生命令人讚嘆的多樣化向前奔躍，展現出人意料之外的形體。在那細微、古老的螺旋上稍做變化，就會產生三十公尺高、四處溜達的蜥腳類動物，非常壯觀，也有可能是泛出燦爛光輝的綠色蜻蜓，脆弱而珍貴，還有白色蘭花花瓣凝結出的完美無瑕，當然別忘了人腦的錯綜複雜。一切都來自如此微小的準晶體。

如果我們承認演化背後沒有超自然的力量，那麼所有這些結構還有其他，就某種意義來說一定不會超出DNA結構的範圍。不然還能從哪兒來？所有橡樹家系和未來橡樹物種的詳細資料都用某種方法存在原始橡實的DNA中。所以，如果我們承認演化背後沒有超自然的力量，那麼人類的頭腦（皆來自同一個最原始的細胞），一定也用隱晦的方法存在DNA裡。如果人類頭腦是這樣，那科技體呢？科技體的太空站、鐵氟龍和網際網路也分解在基因圖譜中，之後因著連續不斷的遺傳工作才突然出現，就像數十億年後一棵橡樹終於出現了，對嗎？

光看這個分子當然看不到聚寶盆裡裝了什麼；想在DNA的螺旋梯裡找到長頸鹿，只是白費工夫。但我們可以尋找替代的「橡實」分子，以便再展開一次，看看除了DNA外還有什麼東西能產生類似的多樣性、可靠度和演化能力。有些科學家在實驗室裡設計「人工」DNA或建造類似DNA的分子，或者設計完全原創的生化結構，想找出能取代DNA的東西。發明DNA的替代物，的確有好幾個實用的理由（比方說，創造出能在太空中運作的細胞），但到目前為止還找不到像DNA這麼卓越、這麼多用途的替代品。

在尋找替代的DNA分子時，第一個顯而易見的方法是在螺旋結構中代入稍微經過修改的鹼基對（想想DNA螺旋梯中不同的梯級）。詹姆士和艾靈頓在《生物圈的生命起源和演化》中寫道：「實驗時用不同的鹼基對組合，表示目前的嘌呤和嘧啶（最具權威的鹼基對類型）組合在很多方面來說都是最理想的……已經在實驗中檢驗過的非天然的核酸類似物經過證實，大部分無法自我複製。」

當然，一開始讓人覺得不可能、難以置信、不真實的科學發現多如牛毛。對於自我組織的生物，要推斷有哪些替代物，可能會讓我們特別躊躇，因為到目前為止，能作為佐證的樣本尺寸在地球上就剛好只有一個。

但不論在宇宙的哪個角落，化學就是化學。碳是生命的中心，因為碳非常合群，含有很多能結合其他元素的掛勾。和氧的關係特別和善。碳很容易氧化，變成動物的燃料，也很容易被植物中的葉綠素非氧化（還原）。當然，碳也會形成超級分子中長鏈的基礎，這些超級分子彼此之間的差異也令人難以置信。碳的姊妹元素是矽，要產生不是以碳為基礎的生命形式，矽是最有可能的替代候選。矽也很容易和各種元素結合，產生不同的結果，在地球上的存量也比碳多。科幻小說作家在想像其他的生命形式時，常用矽當作出發點。但在真實生活中，矽有幾項重大的缺點：無法和氫連成鏈狀，限制衍生物的尺寸。矽分子之間的連結在水中會變得不穩定。矽氧化時，會排出礦物質的沉澱物，而不是氣體的二氧化碳，很難消散。矽基生物會呼出一顆顆的砂礫。基本上，矽產生的生物沒有水分。沒有液體基質的話，很難想像複雜的分子如何到處傳輸以產生互動。或許矽基生物會住在高溫的世界裡，矽酸鹽也會融化。或許基質是非常冰冷的液態氨。但冷凍的氨不像冰塊會漂浮起來，隔離未冷凍的液體，反而會下沉，讓海洋整個凍住。這些擔憂並非空穴來風，而是在實驗如何產生碳基生物時出現的根據。到目前為止，所有的證據都指出DNA是「完美的」分子。

因為，就算更聰明的人類能夠發明出新的生命系統，找到能自行創造的生命系統則是更進階的想法。很有可能，我們能在實驗室中合成強健的生命系統，能夠在野外存活下來，但無法自行組織出真正的生命。如果不需要自行孕育下一代，就可以大躍進，製造出森羅萬象的複雜系統，但這些系統無法演化。（事實上，這是心智的「工作」：產生出來的物種複雜度無法透過演化過程自然創造出來。）機器人和人工智慧不需要從充滿金屬的岩石中組織出自己的結構，因為它們來自人類的創造，並非自然誕生。

然而，DNA不需要自我組織。這種充滿力量的生命核心到目前為止最值得注意的便是能夠把自己拼湊起來。最基本的碳基原料如甲烷或甲醛，在太空中就能取得，在行星上更為豐足。我們試過用無生命的現象（閃電、發熱、溫水池、碰撞、結凍／解凍）來提供刺激，把這些像樂高積木的基礎材料組織成構成RNA和DNA的八種醣體，但每一種方法產生的醣體都無法維持一定的量。我們知道製造核糖這種醣體的方法（RNA中的R），但所有的方法都很複雜，在實驗室中重製就很困難，更不用說在野外存活了（到目前為止的情況是這樣）。那還只是八種必要前驅分子中的一種。我們還沒找到必要的條件（這些條件很有可能會彼此牴觸）來培育出數十種其他不固定的化合物，來達成自我繁殖的目標。

既然人類已經存在，我們便明白我們能找到這些特殊的方法；至少這條路人類已經走過一次。但不大可能出現的路線同時發生且平行進展，會非常困難，也表示可能只有一個分子能順利通過這個迷宮，自行聚合成形，誕生後自行複製，然後從種子釋放出我們在地球上看到如此多采多姿的豐饒生命，令人頭暈目眩、興奮讚嘆。找到一個能夠自我複製**並且**產生出更大更複雜的生物群還不夠。或許的確有幾個驚人的化學細胞核能做得到。但是，真正的挑戰在於找到一個分子，除了能完成上述的工作，還能把自己製造出來。

到目前為止，沒有其他的競爭者能展現那樣的魔法。這就是為什麼莫里斯稱DNA是「宇宙間最奇怪的分子」。生化學家佩斯說，可能有以這個最值得注意的分子為基礎的「宇宙生化學」。根據他的觀察：「很有可能在某處，生命最基本的材料都跟人類的相似，大體上相同，只有細節上有差別。因此二十種常見的胺基酸是我們能想像到最基本的碳結構，能帶來生命中的官能基。」套句華德的話：如果你對外星人有興趣，就研究DNA吧。

DNA獨一無二的力量還有另一個線索（應該可以說在整個宇宙中都是獨一無二的）。兩名分子生物學家傅利蘭和赫斯特用計算方法，在模擬的化學世界中產生出隨機的遺傳密碼系統（等同於DNA，但不含DNA）。由於所有可能的遺傳密碼組合出來的總數，遠遠超過宇宙所能提供的計算時間，研究人員取樣出一個子集合，把焦點放在他們歸類成化學上有可能產生的系統。他們估計有可能的樣本總共有兩億七千萬個，然後探索了大約一百萬個，按著系統在模擬世界中能減少錯誤的能力來分級（良好的遺傳密碼能正確繁殖，不會有錯誤）。在電腦上執行一百萬次後，遺傳密碼測量出來的效率落入典型的鐘形曲線。在遙遠的一邊是地球的DNA。在一百萬種有可能的遺傳密碼中，我們目前的DNA組合是「有可能出現的密碼中最棒的一種」，他們做出這樣的結論，儘管不完美，至少也是「百萬中選一」。

葉綠素是另一種奇怪的分子。分布在植物中，但並非最理想。陽光的光譜在黃色頻率處達到最高峰，但葉綠素卻在紅色／藍色的地方最高。華德指出，葉綠素的「三重能力組合」（高度感光性、能夠把捕獲的能量儲存起來並轉給其他分子、能夠傳輸氫來減少二氧化碳），對吸收陽光的植物來說，是演化中不可或缺的分子，「儘管葉綠素的吸收光譜不夠好。」華德也觀察到這一點缺失能夠證明，要把光線轉化成糖，沒有其他更好的碳基分子，要是有的話，經過數十億年的演化應該早就出現了，不是嗎？

我說視紫質已經達到最佳狀態，趨同現象才會出現，又說葉綠素不夠完美，似乎是自相矛盾。我不認為效率等級是最重要的。在兩種情況下，缺乏替代品就是必然性最有力的證據。拿葉綠素來說，即使不完美，數十億年後仍未出現替代品，拿視紫質來說，雖然有幾個不重要的競爭對手，同樣的分子在除此之外空無一物的廣大領域中被我們發現了兩次。一再證明演化會回歸至能找到出路的少數幾項解決方案。

毫無疑問地，總有一天，實驗室中聰穎的研究人員會發明取代生物DNA的系統，讓源源不絕的新生命傾瀉而出。大幅加快速度後，這種合成的生命系統或許會演化出形形色色的新生物，其中有些可能有知覺。然而，這種非主流的生命系統（基礎可能是矽、奈米碳管或核爆中的氣體）也有自己的必然性，從原始種子中深埋的限制向外流動。可能無法演化出所有的生物，但能產生我們的生命無法製造出的許多種生物類型。有些科幻小說作家戲謔地推測，DNA本身可能就是這種設計出來的分子。畢竟DNA已經用很聰明的方法達到最佳狀態，但起源仍是難解的謎題。或許數十億年來，比人類更優秀的智慧生物穿著白袍在實驗室裡製作出DNA，然後漫無目標地射到宇宙中，在空無一物的行星上用天然的方法播種，有這種可能吧？在廣泛育苗後，冒出許多小芽，我們只是其中一種。這種人工園藝或許能解答很多問題，但無法磨滅DNA獨一無二的性質。也無法消除DNA為地球演化所鋪設的管道。

生命發端後，物理學、化學和幾何學的限制就一直掌管著生命，甚至延續到科技體中。生化學家但頓和馬歇爾宣稱：「在多樣的生命之下是一組有限的自然形式，會在宇宙各處有碳基生物的地方一再出現。」演化無法獨立製作出所有可能出現的蛋白質、所有能夠感光的分子、所有的附加物、所有的運動方式、所有的形狀。生命並非朝每個方向發展都無邊無際，反而在很多方向上因著物質的天性而受到限制。

我認為，同樣的限制也適用於科技。科技跟生命一樣，立基於同樣的物理學和化學，更重要的是，科技體這加速發展的第七個生物界也受限於好些引導生物演化的同樣限制。科技體無法製造出所有想像得到的發明物或想法，反而在許多方向上無法突破物質和能量的限制。但演化的負面限制只是故事的前半部。

第二股推動演化走上偉大旅程的重要力量則是正面的限制，把演化的創新導往某些方向。接在上述列出的物理定律限制後面，自我組織的反熵會操控演化，沿著軌道前進。這些內在的慣性雖然在生物演化中非常重要，但在科技演化中更不可忽略。事實上，在科技體中，自行產生的正面限制不只是故事的後半部，而是最重要的主角。

然而，引導生物演化的內在限制雖然存在，卻和現代生物學的正統想法毫不相干。定向演化的概念即使具備多采多姿的歷史，卻因為牽連到超自然生命本質的信念而受到污染。雖然已經跟超自然脫離了關係，定向演化的想法現在則和「無可避免」的想法關聯，現代科學家有許多人無法忍受這樣的概念，不論用哪一種表現形式。

就目前的證據而言，我想提出生物演化內和方向有關的最佳案例。故事很複雜，要了解生物學，還有要看清科技的未來，一定要明白這個故事。因為，如果我能證明自然演化內有一個方向，那麼大家就更容易明白我的論點，也就是科技體延伸了這個方向。在鑽研推動生命演化的力量時，這段長篇大論的解釋事實上也是平行的論點，來說明科技中的同一種演化。

在故事的後半部，我要先提醒大家，最近才領會的反熵力量並非演化唯一的動力來源。演化有好幾股動力，包括我剛才描述過的物理限制。但在目前正統的科學演化理論中，變化主要只有一個來源：隨機變異。在大自然未開發的領域中，存活下來、能繼續繁殖的生物，自然會從遺傳的隨機變異中被選擇出來；因此，在演化中只能沒有方向地隨機前進。花了三十年的時間研究複雜適應系統後，最重要的觀察結果提供了相反的看法：**供給物競天擇的變異並非永遠出自隨機**。研究顯示「隨機」突變通常不公正，變異反而受到幾何學和物理學的掌控；最重要的是，自我組織重複出現的型態原有的可能性通常會決定變異的型態（就跟前面說的漩渦一樣）。

非隨機變異的概念曾有一度被視為異端邪說，但隨著愈來愈多的生物學家使用電腦模型，變異並非隨機的概念變成某些理論家的科學共識。基因存在於所有的染色體中其自我調節的網路偏好某幾種複合物。生物學家卡波瑞爾說：「有些突變可能很有用，很有可能會出現，因此可以視為原本就編碼在基因圖譜中。」細胞中的代謝途徑可以自動催化進入網路，流進自身喜好的循環。傳統的看法因此被推翻了。舊有的看法認為內部（突變的來源）創造出變化，而外部（環境的適應來源）選擇或指定方向。當內部指定方向時，會導向重複出現的形式。早期的古生物學家史考特說，演化的複雜度創造出「遺傳的通道，可用於偏好的變化。」

一般的教科書則指出，演化是一股強大的力量，由一種近乎數學的機制推動：遺傳的隨機突變，能適應的才能生存，也稱為物競天擇。修改過的看法出現後，也納入其他的力量。新的看法認為，演化的創造引擎有**三個**立足點：適應的（經典的因素），加上偶然的和必然的。（這三股力量在科技體中又出現了。）我們可以稱之為演化的三個向量。

適應的向量是正統的力量，也是教科書理論告訴我們的。正如達爾文推測，最能適應環境的生物就能存活下來，繁殖後代。因此，在變化多端的環境中，不論新的生存策略從何而來，都要經過一段時間的挑選，也會讓某個物種變得非常適應環境。在演化的所有等級上，適應力都是最基本的。

演化三力中的第二個向量則是運氣，也就是偶發性。演化中有許多事件都歸因於難以捉摸的運氣，而不是適者生存。物種形成的細節大多是偶發事件的結果，有些不可能出現的觸發因素讓物種走上偶然的道路。帝王斑蝶翅膀上的斑點並非完全為了適應，有的可能就是意外。這些隨機出現的事物最後可能會讓完全出乎意料之外的設計出現。這些後續的設計或許複雜度或精緻度都比之前的略遜。換句話說，我們今日在演化中看到的許多形式都出自過去隨機的偶發事件，並未按照漸進的順序。如果我們倒轉生物歷史的錄影帶，再按一次播放，播出來的內容會跟前面不一樣。（為了讓年輕的讀者能夠明白，「倒轉錄影帶」就像「重撥電話號碼」、「用膠卷拍攝電影」或「用曲柄啟動引擎」，都是老掉牙的說法了，這些科技早就已經變成歷史。在這裡，「倒轉錄影帶」表示從同一個起點重新播放一段內容。）

古爾德在他充滿潛力的著作《奇妙的生命》中引進了這個比喻，「將生命倒帶」，簡練地展示出偶發事件在演化中無所不在。他的論點根據在加拿大伯吉斯頁岩中發現前寒武紀生物留下的一組隱密化石。年輕的研究生莫里斯花了數年時間做沉悶的工作，在顯微鏡下切割微小的化石。密集研究十多年後，莫里斯宣布伯吉斯頁岩是個寶庫，藏有之前人類不認識的動植物，比目前的生命形式還要多樣化。但五億三千萬年前，不幸的災難事件大量毀滅這些古代生物變化繁多的原型，能夠繼續演化的基本生物類型相對而言非常稀少，因此現代的世界還不如那時候多變。比較優秀的設計隨機遭到消除。

這次偶發事件讓古代更多樣化的生物大量滅絕，古爾德認為為偶發的規則提供了有力的論點，這個論點也牴觸定向演化的想法。尤其，他相信伯吉斯頁岩的證據證明了人類心智必然會出現，因為演化中所有的事物都無可避免。古爾德在書末做出結論：「生物學對人類本質、狀態和潛力最深刻的洞察就是用很簡單的一個句子，把偶發事件具體化：智人是實體，不是趨勢。」

「實體不是趨勢」這一句是今日演化理論的正統說法：演化中固有的偶發性和最高度的隨機性排除了朝著某個方向的趨勢。然而，後續的研究證明伯吉斯頁岩含有的生物多樣性並不如一開始大家相信的那麼多，推翻了古爾德的結論。莫里斯也改變了想法，不承認他之前的基本分類。原來，伯吉斯頁岩的生物有不少並不是怪異的新形式，而是怪異的古老形式，因此在宏觀演化中，偶發事件並非那麼盛行，漸進改變比較有可能。說來古怪，古爾德的書出版後帶來極大的影響，但過了幾年，莫里斯帶領其他古生物學家，擁護演化中趨同、定向和必然性的想法。一般人的後見之明是，伯吉斯頁岩證明了偶發性在演化中是一股明顯的力量，但不是唯一的力量。

演化的第三種力量則是結構的必然性，現代生物學的教條反對的就是這股力量。偶發事件或許可以當成「歷史上的」力量，也就是指事件來歷很重要的現象，而演化引擎的結構元素則可以視為「非歷史的」，因為相關的變化與歷史無關。重複一次，你會看到同樣的故事。演化的這個面向擴大了必然性。舉例來說，防禦的毒刺至少演化了十二次：蜘蛛、魟、刺蕁麻、蜈蚣、石頭魚、蜜蜂、海葵、雄性鴨嘴獸、水母、蠍子、雞心螺和蛇。毒刺一再出現，但來歷並不盡相同，而是出自同樣的生物母體，共同的結構並非來自外在的環境，而是自我組織複雜度內在的動量。這個向量是反熵的力量，在系統中出現的自我組織，就跟演化的生物一樣複雜。在前幾章我們說過，複雜系統會取得自身的慣性，創造出不斷重複的型態，變成系統的趨勢。這種自我順序出現後，會很自私地為了自身的利益來驅動系統，如此一來才能朝著前進的過程產生一個方向。這個向量把演化的混亂推向某些必然會發生的情況。

畫成圖表後，演化的三股力量或許會是下圖這個樣子。

在自然界不同的層次中，三種動力的比例也有變化，彼此均衡和抵銷，結合後產生了每一種生物的歷史。想要解開這三股糾纏在一起的力量，或許可以用一個比喻：物種的演化就像迂迴曲折的河流切開了地表。河流確切的「特殊之處」，也就是河岸和河底細微的輪廓剖面，來自適應性突變和偶發事件（永遠不會重複）這兩個向量，但在通過溪谷時，趨同和浮現的秩序蘊含的吸引力則決定河流普遍的「河流特質」（所有的河流都具備的特質）。

再舉例子來說明另一個偶發的微觀細節如何修飾出必然的宏觀原型，也就是演化中遵循同一條

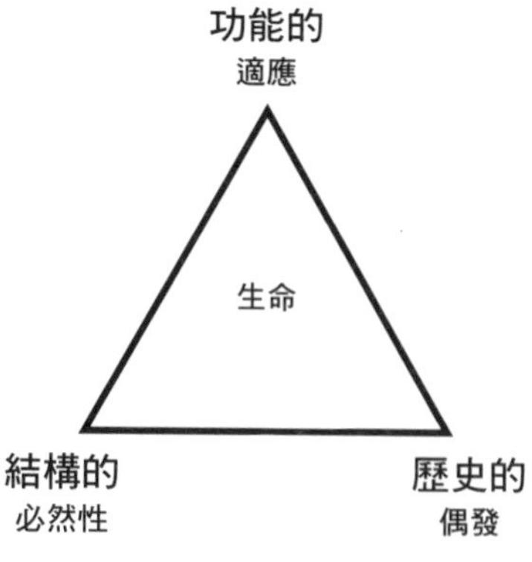

演化三向量。生物界的三種演化向量。粗體字表示向量運作的範圍，細體字表示結果。

型態路線的六種恐龍家系。過了一段時間後，六種不同的恐龍側邊的趾頭如出一轍都變小了（必然的），腳掌中最長的骨頭延長了，「趾頭」則縮短了。我們或許可以把這種型態叫做一種「恐龍特質」。由於在六種家系中都出現，這些原型結構並非完全隨機。真實生活中的古生物專家巴克是電影《侏儸紀公園》中的恐龍大師原型，他認為：「〔六種恐龍家系〕這種平行疊代和趨同的驚人案例……提供有力的論點，證明在化石紀錄中觀察到的長期變化是定向天擇的結果，並非基因隨機發生變化。」

回溯到一八九七年，當時對恐龍和哺乳類鑽研甚深的古生物學家奧斯本寫道：「研究過許多古老哺乳類家族的牙齒後，我深信基本的傾向會朝著某些方向變化，遺傳的影響早在數十萬年前就制定了牙齒的演化。」

在這裡一定要解釋一下何謂「早就制定」。在大多數情況下，生物的細節皆屬偶發。演化的河流只決定最粗略的外型。或許可以把最粗略的形式想成重要的原型，比方說四足動物、蛇的外型、眼球（球面照相機）、迴旋式消化道、卵囊、拍撲翼翅膀、分成很多節的身體、樹、蕈菌、指頭。這些都是普遍的外型，不特別屬於某種生物。生物學家古德溫提出：「生物所有主要的型態特徵，例如比較容易看見的心臟、腦、消化道、肢體、眼睛、葉片、花、根、樹幹、樹枝等等，都是型態生成原則浮現的結果。」如果把生命倒帶，這些型態也會再度出現。正如其他重複出現的原型，你的腦子或許察覺到了那些型態，但你卻沒注意。「噢，是個蚌殼。」你心裡這麼想，顏色、質地和物種等細節一一浮現在腦海中。「蚌殼」的外型，兩片連在一起的凹面半球，可以合起來，正是重複出現的原型，也就是早已制定的形式。

拉開我們的視角，回到數十億年前，似乎演化想要創造出特定的設計，正如道金斯所說生命要產生出眼球，因為這種發明不斷重複出現。演化看似混亂的攪動有個特定的方向，一再發現同樣的形式，一再提出同樣的解決方案。感覺生命有種規則，「想要」讓某些型態出現。甚至連物理世界似乎都朝著那個方向偏移。

有很多徵兆顯示，我們在宇宙中占的這一塊地方適合生物出現。我們的星球離太陽夠近，可以保持溫暖，又離得夠遠，不會被燒焦。離地球很近的大衛星讓地球的旋轉速度減緩，白天變得更長，長期下來保持轉速的穩定。地球和木星都繞著太陽轉，木星很容易吸引彗星。被吸引過來的彗星上的冰層有可能就是地球上海洋的來源。地核具有磁力，可以防禦宇宙射線。地球上有適當的重力，能夠吸住水分和氧氣。地殼很薄，因此板塊構造可以翻動。每一個變數似乎都落在不多也不少的「適居帶」裡。最近的研究指出，銀河中也有適居帶。太靠近銀河中心的話，行星會持續受到致命的宇宙輻射轟炸；太遠的話，當星塵凝結成行星主體時，行星上找不到生命需要的重元素。而我們的太陽系正好坐落在這個剛剛好的地方。要列出地球為何適合生命的原因，結果會一發不可收拾，涵蓋地球上生命所有的層面。全都非常完美！這本型錄馬上就跟騙人的「招聘」廣告一樣，經過特別策畫，只適合某個內定的人選。

某些適居帶因素可能只是巧合，但這些因素的數目眾多，根深蒂固，引述戴維斯的說法，暗示「大自然的定律是為了符合生命的利益。」從這個角度來看，「生命從濃霧中浮現，正如水晶從飽和溶液中浮現出來，最終的形式則由原子間的力量預先決定。」早期的生源論（研究生命的起源）先驅彭南貝魯馬相信，「原子和分子中固有的特質似乎會左右（生命）合成的方式。」理論生物學家考夫曼用電腦鉅細靡遺地模擬出生命起源以前的環境，他相信他的研究證明，有適當的條件時，生命就一定會出現。他說，地球上的人類「並非意外，而是符合期待。」一九七一年，數學家艾根寫道：「如果生命演化的根基是可以推論出來的物理準則，那麼我們必須把生命的演化看成必然的過程。」

得過諾貝爾獎的生化學家杜維有更進一步的看法。他相信生命是宇宙必然的結果。在著作《生物決定論》中，杜維提到：「生命是決定力的產物。在占優勢的情況下，生命必然會興起，在同樣的情況存在時，不論何時何地，生命同樣會出現……。生命和心智並不是怪異偶發事件的產物，而是物質自然的表現，寫入宇宙的結構中。」

如果生命的出現是無可避免的，魚類也一定會出現，對吧？魚類一定會出現，那人腦呢？既然有人腦，網際網路也該算在內吧？莫里斯推論：「數十億年前不可能的事，漸漸變得無可避免。」

要測試宇宙必然的結果，很簡單，把生命倒帶就好。古爾德說把生命倒帶是偉大的「做不到」實驗，但他錯了。生命的確可以倒帶。

有了新的定序和基因複製工具，就能重播演化的過程。選一種簡單的細菌（比方說大腸桿菌），挑出樣本，複製數十個同樣的副本。排定其中一個基因型的順序。再把其餘的副本放入同樣的培養槽，使用相同的設定和輸入。讓複製的細菌在同樣的環境中自由繁殖，繁衍四萬代。每一千代設一個里程碑，取出少許冷凍當作基準，排出演化後的基因圖譜順序。比較所有培養槽中同時演化出來的基因圖譜。取出冷凍的細菌樣本，放入同樣的培養槽，就可以隨時從頭開始演化的紀錄。

密西根州立大學的生物學家連斯基已經在他的實驗室中進行倒帶實驗。他發現，一般來說，重複演化過程好幾次後，會在表型（細菌的外部特徵）中產生類似的特質。基因型中的變化大致出現在同樣的地方，不過確切的編碼常出現差異。這表示粗略的型態趨於一致，細節則聽天由命。做倒帶實驗的科學家不只連斯基一人。其他人的平行演化實驗展現類似的結果：並不會每次都有新東西出現，你會看到某篇科學論文中說的：「多重演化路線聚合在類似的表型上。」正如遺傳學家凱洛的結論：「演化能夠重複結構和型態，以及個別的基因，的確會不斷重複……這種重複的過程推翻一般的概念，我們原本以為若能將生命的歷史倒帶和重播，所有的結果都會變得不一樣。」我們可以把生命倒帶，但在不變的環境中嘗試時，結果通常大同小異。

這些實驗的結果告訴我們演化中有一條軌道，這條長長的路讓某些不太可能出現的形式最後必然會發生。不太可能發生的必然性是一種矛盾，要再解釋一下。

生命的複雜度令人無法置信，掩蓋了生命獨一無二的特質。今日所有的生物都出自同一條從未中斷的路線，在最原始的細胞中，有個有效的分子，複製後產生了一切的生物。儘管生命如此多采多姿，但仍會不斷重複之前有效的方法，並且已經重複了無數次。和宇宙間物質及能量一切有可能的組合比起來，生命的解決方案少之又少。田野生物學家每天都會在地球上發現新的生物，因此我們有理由讚嘆大自然的創造力和豐富度。但和人腦能想像到的事物相比，地球上的生物多樣性只占了很小的角落。我們能想像到的宇宙充斥著比地球生物更多變、更有創造性的生態，等待發掘。但我們想像出來的生物大多不可能，因為生理上應該有很多矛盾之處。真正有可能存在的世界其實沒有一開始看起來那麼大。

物質、能量和資訊特殊的實際排列方式產生了巧妙的分子，例如視紫質、葉綠素、DNA或人類的心智，在全部可能「存在」的事物中，特殊的排列非常匱乏，就統計學而言未必會發生，幾乎到了不可能的程度。所有的生物（和人工製品）都用完全不可能的方法來排列組成的原子。然而，在繁殖自我組織和永不停息演化的長鏈中，這些形式變得很有可能出現，甚至必然會出現，因為只有少數幾種方法能讓這種不受限制的巧妙事物在真實的世界中確實發揮效用；因此，演化必須透過這些方法。如此一來，生命就是無可避免的不可能。生命大多數的原始形式和階段也是無可避免的不可能，或者也可以說不可能發生的必然事件。

這表示人類心智之類的東西也是演化中未必會出現的必然事物。把生命倒帶，演化仍會（在另一個星球上或平行時間中）產生出人類心智。古爾德聲稱「智人是實體，不是趨勢」時，他說的沒錯，但正好反了。如果我們再順一次他的句子，但把順序反過來，實在太棒了，我沒辦法想出更簡潔的說法來總結演化的信息：

智人是趨勢，不是實體。

人類是一個過程，向來便是如此，以後也不會改變。所有的生物都要經歷某種變化。而人類尤其變化多端，因為在所有（人類已知）的生物中，我們最不受限。我們正要開始一段演化的過程，就像過去的智人一樣。科技體源自人類，而人類也是科技體的後代，並透過加速的演化，我們就是演化注定的結果，再沒有別的解釋。發明家兼哲學家富勒曾說：「我似乎是個動詞。」

我們可以照樣造句：科技體是趨勢，不是實體。科技體和組成的科技與其說是偉大的製品，不如說是偉大的過程。終點還沒到，一切仍在變遷，唯一有意義的只有移動的方向。所以，如果科技體有方向，是哪一個方向呢？如果科技更重要的形式必然會出現，接下來還有什麼？

在接下來的章節我要告訴讀者科技體中固有的趨勢如何朝著重複出現的形式趨同，就跟生物演化一樣。某些發明物必然會出現。此外，這些自行產生的趨勢也創造出某種程度的自主權，就跟生物獲得的自主權一樣。最後，這種在科技系統中自然浮現的自主權也創造出一系列的「欲望」。遵循演化中長期的趨勢，我們可以告訴大家科技想要什麼。

第七章 趨同

二〇〇九年，世界各地的人慶祝達爾文的兩百歲冥誕，讚揚他的理論對人類科學和文化所帶來的衝擊。但在慶祝的同時，大家都忘了華萊士，約莫在同樣的時間，也就是距今一百五十年前，他也提出了相同的演化理論。華萊士跟達爾文都讀過馬爾薩斯有關人口成長的那本著作，之後很奇怪，也同時發現了物競天擇的理論。如果華萊士未提出同樣的理論，就不會鼓動達爾文出版他的發現。要是達爾文在他那場知名的海上旅程中過世（當時有不少人死在海上），或在倫敦苦讀時因病痛不斷而撒手人寰，華萊士就變成唯一一個發現物競天擇理論的天才，我們現在也會慶祝他的冥誕。華萊士住在南非，他是博物學家，也生過不少次重病。確實，他在讀馬爾薩斯的著作時，剛好染上了叢林熱，身體非常衰弱。要是這場在印尼染上的病讓可憐的華萊士屈服，達爾文也死了，從其他博物學家的筆記內容看來，其他人就算沒讀過馬爾薩斯的書，顯然也會推演出物競天擇的演化理論。有些人認為馬爾薩斯自己只差一步就要提出天擇論的想法。他們三個人寫出來的理論可能不一樣，也不會使用相同的論點或引述同樣的證據，但不論如何，我們今天還是會慶祝自然演化機制屆滿一百五十年。

看似古怪的巧合在技術發明和科學發現中都會重複很多次。一八七六年二月十四日，貝爾和格雷同一天申請電話的專利。看似不可能卻同時發生（格雷的申請比貝爾早三個小時），導致兩人彼此控訴商業間諜、抄襲、賄賂和欺騙。格雷的專利律師給了他很糟糕的意見，要他放棄自己的優先權，因為電話「不值得耗費心思。」但不論贏得專利的發明家奠定了「貝爾大媽」（全美最大電話公司的前身）還是「格雷大媽」的朝代，美國各地仍會鋪設電話線路，因為當貝爾取得主要專利時，除了格雷外，至少還有其他三個技術不怎麼樣的人幾年前就製造出可以打的電話。事實上早在十多年前，一八六〇年的時候，梅烏奇就為他的「德律籌風諾」（teletrofono）申請了專利，應用的原理跟貝爾和格雷一樣，但由於他的英文不好，沒有錢也沒有商業頭腦，無法在一八七四年更新專利。過了不久，那獨一無二的愛迪生也展露頭角，很難想像的是他居然會在電話專利賽中落敗，但第二年他就發明了電話用的麥克風。

《電的時代》一書作者班傑明在一九〇一年觀察到：「製造出來的新電氣裝置並不怎麼重要，卻有好幾個人要求享有發明家的榮譽。」深究歷史上不論哪個領域、何種類型的發現，你發覺想要拔得頭籌的人絕對不只一個。事實上，很有可能每樣新奇的東西都有**好幾個**專利。最早同時在一六一一年發現太陽黑子的人不只兩個，而是四個，包括伽利略在內。我們知道溫度計有六名不同的發明家，皮下注射針頭則有三個。在金納之前，已經有其他四名科學家，各自發現了牛痘的效力。腎上腺素被抽離出來的「第一次」重複了四次。三名天才發現（或發明）了小數。亨利、摩斯、柯克、惠斯頓和史坦海爾都發明了電報。法國人達蓋爾因為發明攝影而出名，但另外三個人（尼埃普斯、佛羅杭斯、塔爾博特）也各自經歷了同樣的過程。大家通常把對數的發明歸功於納皮爾和布里格斯這兩位數學家，但事實上有一個名叫布爾基的人比他們早了三年發明了對數。生在英國和美國的幾位發明家同時發明了打字機。一八四六年，同時有兩名科學家預測出太陽系的第八個行星，也就是海王星的存在。很多化學現象也同時由好幾個人同時發現，例如氧氣液化、鋁電解和碳的立體化學，各人發現的時間前後相差不到一個月。

哥倫比亞大學的社會學家歐格朋和湯瑪絲搜遍了科學家的傳記、通信紀錄和筆記本，盡全力收集一四二〇到一九〇一年間同時發現和發明的史蹟。他們提到：「傅爾頓、茹佛華、若姆西、史蒂芬斯、希明頓都宣稱他們『獨力』發明了蒸氣船。至少有六個人，德斐生、雅各比、利歷、戴文波特、佩奇、豪爾，宣稱獨力發現了鐵路電氣化的方式。說到鐵路和電力馬達，是否鐵路必然要電氣化？」一必然！又聽到這個詞了。在同一個時刻，同樣的發明到處顯現，表示科技的演化就跟生物演化一樣，會合在同樣的方法上。果真如此，那麼要是我們能將歷史倒帶後重播，每次從頭播放，相同順序的發明應該會按著相近的次序展示出來。科技必然會出現。最初的型態出現後，進一步表示這種科技發明有一定的方向或傾向。這種傾向並不完全取決於發明的人是誰。

的確，在科技的各個領域上，我們通常都會發現同時出現的相同發明，彼此之間並無關聯。如果這種趨同現象表示這些東西必然要發明，看起來發明家只是管道，讓一定要出現的發明物通過。我們會認為發明的人換成另一個也沒關係，不過也不是誰都可以。

這正是心理學家西蒙頓的發現。他看了歐格朋和湯瑪絲所列出一九〇〇年前同時出現的發明物，匯整了其他幾份類似的清單，排列出一千五百四十六種發明物同時出現的模式。西蒙頓標出兩個人的發明量，再與三個人或四個人、五個人、六個人的發明數目相對照。六個人同時發明某樣東西的數目當然比較低，但這些倍數之間確切的比例產生出一種統計學上稱為波松分布的模式。在DNA染色體上看到的突變，以及在一大群可能的媒介中會出現的稀有事件上，看到的就是這種模式。波松曲線告訴我們，「誰發現什麼」的系統基本上純屬隨機。

天才的分布一定不均衡。有些發明家（像是愛迪生、牛頓、凱爾文）就是比別人強。但如果天才受困於必然會發生的事，這些比人強的發明家如何才能變偉大？西蒙頓發現，科學家的聲望愈高（看他的傳記在百科全書裡占了多少頁），他同時參與的發明就愈多。凱爾文同時涉及的發明就有三十多項。偉大的發明家不只增加了「下一步」的平均數目，也會參與能帶來最強烈衝擊的步驟，這些步驟天生就是會吸引更多人參與的研究領域，因此能產生多重結果。如果發明跟樂透一樣，可說最偉大的發明家買的彩券最多。

西蒙頓找到的歷史案例告訴我們，重複的發明隨著時間推進愈來愈多，表示同時發現的案例愈來愈頻繁。數百年來，想法出現的速度愈來愈快，也加快了同時發現的速度。同時發生的程度也增加了。過了幾個世紀後，數人同時舉出一項新發明最早跟最晚的時間愈來愈近。以前新發明或新發現公布後，可能要等十年，最後一位提出發明的研究人員才會聽到消息，那早就是過去式了。

以前消息流通的速度不夠快，但同時性不只是過去才可能發生的事，到了現代仍常常出現。一九四八年，美國電話電報公司貝爾實驗室的科學家因發明電晶體而獲頒諾貝爾獎，但兩個月後，兩名德國物理學家在巴黎的西屋實驗室獨立發明出電晶體。二次世界大戰到了末期，諾伊曼發明了可編寫程式的二進位電腦，大家也把這項發明歸功於他，但幾年前（一九四一年）在德國，素斯就發展出原始的想法和真能發揮功用的穿孔紙帶閱讀器。如果要證實現代的平行性，素斯就是一個例子，他最早發展出來的二進位電腦過了好幾十年才在美國和英國受人注意。噴墨式印表機也被發明了兩次，一次在日本佳能的實驗室裡，一次在美國的惠普公司，一九七七年，兩家公司都申請了主要技術的專利，時間相差不到幾個月。人類學家克魯伯在著作中提到：「整個發明的歷史就是一連串無止境的平行實例。或許有人認為這些不斷起伏的情況只是善變的幸運事件無意義地呈現出來，但對某些人來說，從那驚鴻一瞥就能看到偉大、激發人心的必然性，全然超越了偶然出現的各種性格。」

二次世界大戰期間，核子反應爐的運作必須嚴格保密，因此創造出模範實驗室，回顧當時，科技的必然性也受到啟發。世界各地的核子科學家組成團隊，彼此之間沒有關聯，開始比賽，看誰能駕馭原子的能量。由於大家都知道核能量占有策略性的軍事優勢，這些團隊就像敵人般彼此隔絕，或者雖有同盟卻彼此不認識，或在同一個國家，卻被「有必要知悉」的保密規範隔絕。換句話說，有七個團隊同時寫下了發明的歷史。獨立團隊內密切合作的結果都被詳細記錄下來，通過了數個科技發展的階段。回顧當時，研究人員可以追溯到相同的發現同時出現。值得注意的是，物理學家沃特仔細查驗其中六個團隊如何各自發現製造核子彈的必要公式。這個問題叫做四因數公式，讓工程師能夠計算連鎖反應需要的臨界質量。在法國、德國和前蘇聯的團隊和在美國的三個團隊同時發現了公式。日本的團隊雖然接近了，但卻無法達成目標。這種高度的同時性（六個團隊同時發現同樣的東西）表示公式必然會在此時發現。

然而，沃特看過各個團隊最終呈現的公式後，他發現大家的方程式都不太一樣。來自不同國家的人會用不同的數學標記來表示，強調不同的因數，做出的假設和對結果的詮釋也不一樣，對整體的看法也給予不同的狀態。事實上，有四個團隊認為方程式只是理論，並未認真注意。只有兩個團隊把方程式跟實驗工作結合在一起，其中一個團隊成功造出了核子彈。

抽象形式的公式必然會出現。就算一組人沒找到，還有其他五組人能做到，這點無法反駁。但具體表達出公式則不一定必然，若透過意志來表達，則會造成明顯的差異。（美國成功應用了開發出來的共識，他們的政治命運跟其他無法利用發現結果的國家大相逕庭。）

發明（或發現）微積分的功績由牛頓和萊布尼茲共享，但事實上他們的計算方法不一樣，過了一段時間兩個人的方法才能協調。普利斯特利產生氧氣的方法跟謝勒的不一樣；使用不同的邏輯，他們揭露了相同的、必然會出現的下一個階段。兩名正確地推測出海王星存在的天文學家亞當斯和勒威耶，事實上計算出不同的行星軌道。那兩條軌道正好在一八四六年重疊了，所以他們才能用不同的方法找到相同的天體。

但這種軼事不只是統計上的巧合嗎？列出新發現的歷史記載中有好幾百萬項發明，難道我們不該期待只是其中幾種剛好同時出現嗎？問題在於，大多數同時發現的情況並未得到報導。社會學家莫頓說：「所有單獨的發現都差點就成為同時被好多人發現的案例。」他的意思是，當新聞報導第一個發現的案例時，很多有同樣發現可能性的案例就被人遺棄了。一九四九年，在數學家阿達瑪的筆記中，有人找到了這樣的典型紀錄：「問了一些特定的問題後，看到幾位作家開始走上同樣的路線，我決定放棄那個想法，去探索其他的東西。」或者，科學家會記錄他們的發現和發明，但可能因為太忙或不滿意結果，導致結果從未出版。只有偉人的筆記本才有人細細查看，所以，除非你是卡文迪西或高斯（兩人的筆記本都有好幾項未出版的發明），不然想法如果未經報導，永遠不算數。還有更多同時進行的研究屬於個人或企業機密，甚至是國家機密。由於害怕競爭，很多研究都不會進行宣傳，一直到了最近，許多重複發現和發明的案例仍無人知曉，因為出版使用的語言晦澀難解。少數幾項同時存在的發明用難以理解的技術語言描述，仍不為人知。有時候，某項發現太冷門，或體現不正確的想法，也會受到忽略。

此外，一旦揭露了發現，也變成眾所周知的事實，之後達成同樣結果的研究都只能用來證實第一項發現，不論研究時用了什麼方法。一個世紀前，傳播消息的方法不足，速度非常慢，在莫斯科或日本的研究人員可能要等好幾十年才能聽到英國人發明了什麼。今天，消息無法傳播則是因為資訊量太大了。發表的內容太多、太快、太廣泛，很容易錯過別人已經有了哪些成就。相同的事物一再出現，並非抄襲原始的發明，有時候過了數個世紀，也完全不知道之前同樣的東西已經發明出來。但是，由於無法證明兩者絕對沒有關係，這些不算新的新發明只能證實之前的發明，而無法證明必然性。

到目前為止，要證明同時的發明到處都是，最強烈的證據只是科學家自己的印象。大多數科學家要被別人搶先提出同樣的想法，一定覺得非常倒楣，痛苦不已。一九七四年，社會學家海格斯壯調查了一千七百一十八名美國的學術研究科學家，詢問他們的研究是否曾被別人預料到或搶先發表。他發現有百分之四十六的調查對象相信他們的研究工作曾有「一兩次」被人預料到，百分之十六的人宣稱他們被人搶先三次以上。另一位社會學家加斯頓調查了兩百零三位英國的高能物理學家，結果也很相近：百分之三十八宣稱曾被搶先一次，百分之二十六則超過一次。

科學學術成就的重心在於成就和恰當的表揚，但發明家不一樣，他們喜歡一頭向前衝，不會先有條理地研究過去。這意味著對專利局來說，重複發明會變成基準。發明家申請專利時，必須引述之前相關的發明。接受調查的發明家中，有三分之一的人宣稱，在進行自己的發明前，他們不知道已經有人主張過同樣的想法。到了準備申請要附上「習知技藝」時，才知道已經有足以匹敵的專利。更令人驚訝的是，有三分之一的人宣稱等到負責調查的人通知他們，才發覺自己的專利裡引述了之前已有的發明。（這絕對有可能，因為發明家的專利律師或專利局的審核人員都可以加入專利的引證。）專利法學者說，在專利法中「優先權的爭議大多涉及幾乎同時出現的發明。」布蘭迪斯大學的傑菲研究過這些幾乎同時出現的優先權爭議，結果顯示在百分之四十五的案例中，雙方都能證明在對方提出發明的六個月內，他們已經有了「可用的模型」，在百分之七十的案例中，時間差不到一年。傑菲說：「這些結果提供了一些佐證，證明同時或幾乎同時的發明是創新過程中常見的特質。」

這些同時發現的東西必然會發生。必要的科技網路成形後，為發現奠定根基，在科技的道路上，該踏出的下一步就正好出現了。要是這位發明家沒想出來，那位發明家一定會想到。但每一步都會按著恰當的順序踏出。

這並不表示，裝在完好無缺、牛奶白包裝盒中的 iPod 一定會出現。我們可以說，麥克風、雷射、電晶體、蒸氣渦輪和水車的發明，以及氧氣、DNA和布林邏輯的發現，在它們出現的時代，都必然會出現。然而，形式特殊的麥克風裡面裝的電路、雷射的特殊工程學、電晶體使用的特殊材料、蒸氣渦輪的大小、化學式的特殊符號，或者任何發明的細節，都一定會出現。的確，發明家的個性、手邊有的資源、所處的文化或社會、提供發現的經濟體，以及好運和機會的影響，都會讓細節出現許多變化。用鎢絲串在橢圓形的燈泡裡，發明出來的燈具必然會出現，但白熾燈泡就不一定了。

白熾燈泡籠統的概念可以從所有特定的細節中抽取出來，這些細節不一定一模一樣（例如伏特數、高度、燈泡的種類），卻依然帶來同樣的結果，也就是使用電力發光。這種籠統的概念很像生物學上的原型，而物種則像概念用特定的實體呈現出來。這種原型必須遵守科技體的軌道，而物種則是附帶的產物。

有人發明了白熾燈泡，然後白熾燈泡又再度被發明，被好幾個人發明，或「首度發明」，總共發明了好幾十次。佛里德爾、伊斯瑞和費因在著作《愛迪生的電燈：發明的傳記》中列出了二十三位發明家，他們比愛迪生更早發明白熾燈泡。或許該說愛迪生是最後一個「首次」發明電燈的人。二十三個燈泡（在發明家眼中都是原創的）體現「電燈泡」這個抽象想法的方式大相逕庭。不同的發明家用的燈絲形狀、電線材料、電力強度、基礎規畫全都不一樣；但所有的設計似乎都各自以同樣的原型設計為目標。我們可以把這些原始型態看成二十三次嘗試，描繪出必然會出現的一般燈泡。

許多科學家和發明家，還有很多不屬於科學領域的人，聽到科技進展無可避免的想法，都覺得很厭惡。他們覺得不舒服，因為這個說法和大眾根深蒂固的信念牴觸，一般人認為人類的選擇才是人性的關鍵，也是文明維繫的基礎。承認某樣東西的「必然性」，似乎是個藉口，降服於無形、無法觸及的非人類力量之下。這種荒謬的想法再繼續下去，我們可能會鬆懈，放棄責任，不為自己的命運負責。

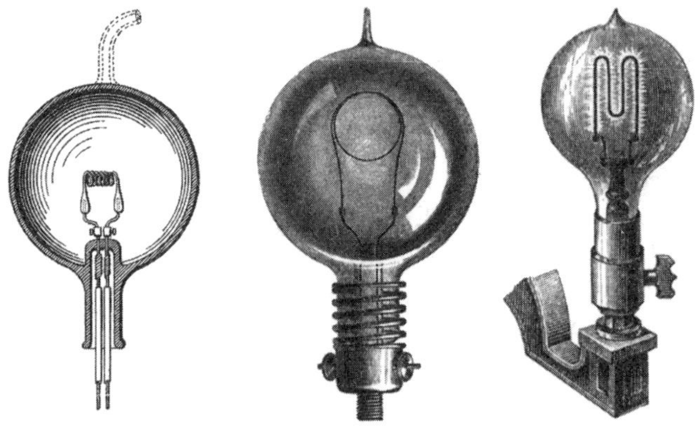

燈泡的種類。三種獨立發明的電燈泡：愛迪生、史旺和馬克沁的。

另一方面，如果科技真的無可避免，那麼選擇只是空想，我們應該摧毀所有的科技，才能解開魔咒。稍後我才會討論這幾項最重要的利害關係，但我要先告訴大家，關於最後這項信念，有件很奇怪的事。雖然很多人主張，相信科技宿命論的概念不對（或不道德），表現得卻不一樣。不論對必然性有什麼理性的想法，就我的經驗而言，**所有**的發明家和創造家都表現得很像他們的發明和發現馬上就要同時出現。我認識的每一位創造家、發明家和發現家都急著要搶在別人前面把自己的想法散播出去，或要比競爭對手更快申請到專利，幾近發狂，或者向前猛衝，要在類似的東西出現前完成自己的傑作。過去兩百年來，是否曾有一位發明家感覺到其他人絕對不會跟自己有同樣的想法（而事實也果真如此）？

米佛德是位多產博學的發明家，之前曾在微軟擔任競速研究的技術長，但他想在數位領域外的其他領域加快創新的速度，例如外科手術、冶金術或考古學，因為在這些領域中，創新並非第一優先。米佛德想到要成立一家創意工廠，命名為「高智發明」。米佛德雇用了非常聰穎的創意人員，跨越不同的學科，坐在辦公室裡編織出可以申請專利的想法。他們花一兩天的時間聚集在一起，天南地北什麼都可以說，每年可以產生一千個專利。二〇〇九年四月，葛拉威爾在《紐約客》雜誌簡略介紹了米佛德的公司，說明他們並不是請一群天才來發明偉大的新產品。一旦創意浮現在「空氣中」，就一定會有很多表現的方法。你只要找得到夠多創造力豐富的聰明人來抓住這些想法。當然，也需要很多專利律師幫你們那一大堆想法申請專利。葛拉威爾發現：「洞察的能力並非只能來自天才；天才只能很有效率地提供洞察力。」

葛拉威爾一直找不到機會問米佛德，從他的實驗室發明出來的東西有多少個是別人也想到的，所以我問了米佛德，他回答：「噢，我們知道的大概有百分之二十吧。我們的想法只有三分之一會申請專利。」

如果平行發明是標準，那麼米佛德創造專利工廠的優秀創意應該同時也有人想到。當然有。在高智發明成立前幾年，網路企業家沃克開辦了沃克數位實驗室。沃克因為發明了Priceline而聲名大噪，你可以在這個訂位系統上出價訂購飯店和航班。在發明實驗室中，沃克定下制度，來自不同學科的天才專家圍坐在一起，想出未來二十年內可以派上用場的東西（專利有效的期限是二十年）。他們篩選了好幾千個創意，精心挑選出最後可以申請專利的東西。如果他們自己或專利局發現創意已經有人「預見」（「搶先」的法律術語），他們放棄的創意有多少個？沃克說：「要看是什麼領域。如果像電子商務這種創新想法如雨後春筍的領域，又是一項『工具』，或許早被別人想到的可能性有百分之百。我們發現受到質疑的專利有三分之二會被專利局因『已有人預見』而拒絕。遊戲發明這一類的專利則有三分之一受到『習知技藝』或其他發明家的阻礙。但如果發明物是很複雜的系統，領域也很特殊，競爭對手就變少了。你看，大多數發明只是早晚的問題……不知道何時會出現，而不是有沒有可能出現。」

另一位博學多產的發明家希利斯則與人共同創立了「應用心靈」這家開創性的原型商店，也是一家創意工廠。從名字或許就能猜到，他們雇用聰明的人來發明東西。公司的標語是「大創意，小公司」。就跟米佛德的高智發明一樣，他們生出成千上萬跨越學科的創意：生物工程、玩具、電腦視覺、遊樂設施、軍事控制室、癌症診斷和地圖工具。有些創意變成專利後，不經修飾就賣出去了，有些則變成成品，例如真正的機器或可以操作的軟體。我問希利斯：「發現自己的創意早就被其他人想到，也有可能跟你同時或比你更晚想到，這樣的百分比又多高？」希利斯舉了一個比方來回答我的問題。他認為大家對同時性的偏見就像一個漏斗。他說：「同時想到同樣發明的人或許數以萬計。但只有不到十分之一的人會想像可以**如何**做出來。在這些想到做法的人中間，只有十分之一會細細思索實際的細節和明確的解決方案。當中又只有十分之一的人會真正化設計為實踐。最後，在幾萬個想到這個創意的人裡面，通常只有一個人會讓發明物在文化中留存下來。在我們的實驗室裡，我們的種種發現各自進展到不同的程度，比例總符合我們的期待。」換句話說，在概念階段，到處都會有人同時想到同樣的東西；你那出色的想法有好多好多共同構想人。但過了一個簡化的階段，構想人的數目就減少了。想讓概念成功上市，或許你必須獨力進行，但那時在好幾萬想到同樣創意的人之間，你已經登上了頂點。

通情達理的人看到這個金字塔，就知道某人發明燈泡的可能性高達百分之百，但愛迪生得到發明家榮譽的機率則是萬分之一。希利斯也指出另一種結果。在每個化想法為實際的階段，都會有新人加入。在後期負責做苦工的人或許不是一開始想到這個創意的人。由於簡化的幅度非常大，上面的數字指出第一個讓發明物永存的人不太可能也是第一個發想創意的人。

另一個詮釋表格的方法則是，你要明白一開始的想法都很抽象，隨著時間演進，會變得愈來愈具體。普遍的想法愈來愈具體，同時必然性也降低了，影響的條件更多，更能反應人類的意志。發明或發現的概念本質必然會出現。這種本質核心（例如椅子之所以為椅子）實際上用什麼方式顯現（材質是夾板，椅背是圓形），其中的細節根據發明家手邊有的資源，會有許多的變化。新的創意愈抽象，愈有可能普遍出現，以及同時有數萬人想到。經過每個階段，創意不斷地變得愈來愈具體，最後則受限於特定的有形形式，有同樣想法的人變少了，創意也愈來愈難預料。沒有人想得到第一個上市的燈泡或電晶體最終的設計是什麼樣子，不過相關的概念一定會出現。

那麼像愛因斯坦這樣偉大的天才呢？他不是證實了必然性的概念純屬虛假？愛因斯坦於一九〇五年向全世界宣布他對宇宙本質的看法，大眾都認為他創意十足，不同凡響，太先進了，獨特到要是他沒出生，或許到了今日或一個世紀後，仍沒有人能提出相對論。愛因斯坦是獨一無二的天才，這點想必無人能夠反駁。但一如往常，也有其他人在研究同樣的問題。勞倫茲這位研究光波的理論物理學家在一九〇五年七月提出了時空的數學結構，正好跟愛因斯坦同一年。一九〇四年，法國數學家龐加萊指出，在不同範圍內，觀察的人用的時鐘都會「標出所謂的當地時間」，以及「因著相對原則的需求，

發明家人數	階　段	任　務	實　例
一萬到十萬	想到有這個可能	發現有解決問題的機會	我們應該試試看用電來發光
一千	想到做法	腦中模擬解決方案的重要元素	密封燈泡內的白熱燈絲！
一百	具體的細節	選擇特定的解決方案	焊接鎢鋼、真空幫浦、焊接排氣口
十	可以用的裝置	證明你的解決方案能可靠運作	史旺、拉蒂莫、愛迪生、戴維的原型
一	授權採用	說服其他人採用你的解決方案	愛迪生的燈泡（和電力系統）

發明的倒金字塔。隨著時間過去，每一層的參與人數會慢慢減少。

觀察的人無法得知他是否靜止，還是純粹在運動中。」一九一一年贏得諾貝爾物理獎的韋恩向瑞典的委員會提議，一九一二年的諾貝爾獎應該同時頒給勞侖茲和愛因斯坦，彰顯他們對特殊相對論的研究。他告訴委員會：「雖然勞侖茲應該算是第一個發現相對論原則數學精神的人，但愛因斯坦成功地將其簡化成簡單的原則。因此兩位學者的功勞應該算是不相上下。」（兩人都不是一九一二年的得主。）艾薩克森為愛因斯坦的想法寫了一部輝煌的傳記：《愛因斯坦：他的人生，他的宇宙》，他卻說：「勞侖茲和龐加萊就算**讀了**愛因斯坦的論文，也無法像他一樣超越其他人。」艾薩克森非常讚賞愛因斯坦卓越的天分，因為他發現了別人不可能發現的相對論，但他承認：「其他人或許也會想得到，但可能至少比愛因斯坦晚十多年。」所以人類中最偉大的偶像天才或許能超越必然性十年以上的時間。對於其餘的人來說，無可避免的事情會按著時間表出現。

科技體的軌道在某些領域中比其他領域更加固定。根據資料顯示，西蒙頓說：「數學中的必然性比物理科學中更明顯，科技領域中的努力看起來則最堅定。」藝術發明的領域，例如由歌曲、書寫、媒體等等技術所產生的，則是與眾不同的創意發源處，似乎是必然性的最佳對照，但也無法完全避開命運的潮流。

好萊塢電影有種令人洩氣的習慣，總是要成對出現：兩部同時放映的電影，主題是小行星撞擊地球，帶來人類浩劫（《彗星撞地球》和《世界末日》），或者主角是螞蟻（《蟲蟲危機》和《小蟻雄兵》），或者個性堅毅的警察帶著不想上工的警犬（《衝鋒九號》和《福將與福星》）。這樣的相似，是因為同時發揮創造力，還是剽竊別人的創意？在製片廠和出版業有幾項不變的定律，其中一項就是當某部電影或小說很成功的時候，一定會有人提告，說創作的人偷走了他的創意。有時候真是剽竊，但通常則是兩名作者、兩位歌手或兩個導演同時想到了類似的題材。在圖書館工作的鄧恩寫了一部劇本《法蘭克的生活》，一九九二年在紐約市的小戲院上演。《法蘭克的生活》描述有個人沒發覺他的生活其實是電視上的實境節目。一九九八年《楚門的世界》上映後，鄧恩控告這部電影的製作人，他列出他的故事和電影劇本有一百四十九條類似的地方——在《楚門的世界》中，主角不知道他的生活是電視實境節目。然而，《楚門的世界》製作人宣稱他們的電影劇本在一九九一年就申請版權，也有日期紀錄，比《法蘭克的生活》上演還要早一年。所以，主角渾然不覺自己是電視節目的核心人物，不難相信這樣的電影一定會出現。

對於同時出現的電影主題這個問題，為《紐約客》雜誌撰稿的佛蘭德指出：「版權訴訟最令人眼花的地方在於製片廠常常想證明他們的故事總是衍生而來，不可能只從一個地方剽竊。」基本上製片廠主張：這部電影全由竊自不定場景、故事、主題、笑話中的陳腔濫調組成。佛蘭德也說：

你或許會認為人類的集體想像力能夠生出幾十種虛構的方式來追蹤龍捲風，但似乎事實上只有一種。凱斯勒因為《龍捲風》而控告克萊頓時，他很生氣，因為他寫了關於追捕龍捲風的劇本《追風的人》，裡面提到龍捲風的路徑上放了收集資料的裝置「多多二號」，就跟《龍捲風》電影中收集資料的「桃樂絲」一樣。不算巧合，被告指出：幾年前另外兩名作家寫了名為《龍捲風》的劇本，裡面的裝置就叫做「多多」。

一旦進入了文化的氛圍，場景、主題和雙關語或許有一次的必然性，但我們渴望碰到完全出乎意料之外的創作。我們常常認為，藝術作品必須純屬原創，而非經過制定。模式、前提和訊息都源自獨一無二的人類心靈，閃耀出無雙的光芒。假設獨特的頭腦寫出了獨創的故事，比方說像J．K．羅琳，創造出充滿想像力的《哈利波特》系列。一九九七年，羅琳推出《哈利波特》後贏得了亮眼的成績，也成功制止一位美國作家的訴訟，後者在十三年前出版了一系列兒童書籍，主角是一名失去雙親的少年巫師，名叫賴利波特，生長在全是麻瓜的環境裡。一九九〇年，蓋曼畫了一本漫畫書，書中的主角是位黑髮英國男孩，過十二歲生日時發現自己是巫師，一位有魔法的訪客送他一隻貓頭鷹。也別忘了一九九一年尤蘭寫的故事，主人翁亨利去年輕巫師的魔法學校上課，必須打倒邪惡的巫師。然後還有一九九四年出版的《十三號月台的祕密》，裡面的火車月台是通往地下魔法世界的門戶。羅琳堅持她從來沒看過這些書，她的理由也很充分，比方說，付梓的麻瓜書不多，也沒有人買，蓋曼的青少年漫畫書通常也不是單親媽媽會選擇的讀物，還有很多更好的理由讓我們承認這些創意會同時出現在不同的自然創作中。在藝文界，就跟科技一樣，隨時都會出現好幾種發明，但除非能讓你聲名大噪或賺很多錢，沒有人願意費心記下有哪些類似的地方。由於《哈利波特》讓羅琳變成富豪，我們發現，雖然聽起來很怪，但養貓頭鷹當寵物、上魔法學校、從火車站的月台進入異想世界的少年巫師故事在西方文化中必然會在這個時刻出現。

就跟科技領域一樣，當媒介準備好了，藝術形式抽象的核心就會在文化中成形。可能看起來不只一次。但特殊的創造形式將充斥著無可取代的結構和個性。如果羅琳沒寫出《哈利波特》，還是會有其他人寫出類似的故事，因為已經有很多人想出了同樣的元素。但除了羅琳外，再沒有人能寫出跟現在的《哈利波特》叢書一樣精細獨特的細節。像羅琳這樣具備特殊才華的個人並非必然會出現，無可避免的是完整的科技體不斷揭露的天才。

和生物革命一樣，宣稱某事某物必然會發生，很難找到證據。令人信服的證據需要反覆重來，而且每次都要提供同樣的結果。你必須讓懷疑的人看到，不論系統如何遭到擾亂，仍會產生一模一樣的結果。要斷言科技體大規模的軌道必然如此，意味著要證明如果我們能讓歷史重演，抽離出來的發明會一模一樣，再度出現，相對的次序也差不多。沒有可靠的時光機，找不到明白的證據，但我們確實有三種證據，明確指出科技的路一定要這麼走。

一、一直以來，人類已經領悟，大多數的發現或發明都由許多人獨力完成。

二、在古代，我們看到不同大陸上獨立的科技歷程會合成固定的順序。

三、在現代，我們看到進步的次序很難停止、偏移或改變。

關於第一點，現代已經有很清楚的紀錄，同時發現是科學和科技中的規範，在藝術界也常常看到。第二條關於古代的證據比較難產生，因為要追溯創意到書寫尚未發明的時代。我們必須仰賴考古紀錄中埋藏的工藝品提供的線索。有些線索讓我們聯想到，獨立的發現並行匯集成一致的發明順序。

快速的溝通網路包圍了整個地球，速度快得令人吃驚，而在這之前，各大陸上的文明進展都彼此不相干。地球上的大陸不穩定，浮在一大塊地殼上，彷彿巨大的島嶼。這樣的地理環境提供了測試平行狀態的實驗室。從五萬年前現代人出現開始，一直到西元一千年海上旅行和地上溝通躍起後，在四塊主要大陸（歐洲、非洲、亞洲和美洲）上發明和發現的順序都獨立前進。

在史前時代，新事物普及的速度可能是每年前進幾英里，過了好幾代才能穿山越嶺，過了幾百年才能傳遍全國。在中國誕生的發明可能要過一千年才會傳到歐洲，從沒機會到達美洲。數千年來，在非洲發現的東西會慢慢傳播到亞洲和歐洲。美洲大陸和澳洲和其他大陸間隔著漫漫汪洋，大帆船出現後才有機會穿越。進口到美洲的科技產品必須通過陸橋，但這道陸橋出現的時間相對來說不長，西元前兩萬年現身後，西元前一萬年就消失了。要遷徙到澳洲，也必須通過從地質學角度來看出現時間非常短暫的陸橋，三萬年前就關閉了，之後的流通微乎其微。創意主要只會在一個大陸上流傳。兩千年前，孕育偉大發現的搖籃，如埃及、希臘以及地中海東部附近的島嶼和沿岸國家，都正好在兩個大陸中間，因此在穿越點上，共有的邊界失去了意義。但是，鄰近區域之間的傳播速度雖然愈來愈快，在單一的大陸上，發明流通的速度依然很慢，也很少漂洋過海。

當時這種不得不孤立的情況讓我們有方法將科技倒帶。根據考古證據，吹箭筒被發明了兩次，一次在美洲，一次在東南亞的島嶼。除了這兩個偏遠的區域，似乎沒有其他地方的人會用吹箭。兩地相差甚遠，因此吹箭筒的誕生是個很好的例子，說明來自兩個獨立源頭的趨同發明。兩地雖有不同的文化，設計出來的吹箭筒卻如預期般十分相似，通常用兩片材料組合成中空的管子。基本上會用竹筒或蔗筒，再簡單也不過。值得注意的是撐住吹筒的架構幾乎一模一樣。美洲和亞洲兩地的部落都用纖維活塞墊著類似的箭，箭鏃都塗了能毒死動物卻不會污染肉品的毒藥，吹箭都裝在羽毛管裡，防止塗了毒藥的箭頭不小心刺穿皮膚，吹箭時擺出的特殊姿勢也很像。箭筒愈長，射出的軌道愈準確，但長箭筒在瞄準時比較容易晃動。因此美洲和亞洲兩地的獵人握住箭筒的姿勢，有些不自然，兩手靠近嘴巴，手肘張開，輕輕搖晃讓吹筒頭畫出小漩渦。每轉一圈，吹筒頭就會在這短暫的時間內涵蓋住目標。瞄準後，重點在於抓住吹箭的時機。這項發明出現了兩次，就像在兩個不同的世界找到了同樣的水晶。

史前時代的平行發展一再出現。考古證據顯示，西非的工匠開始煉鋼的時間比中國人早好幾百年。事實上，在四個大陸上都分別有人發現了青銅和鋼。美洲和亞洲的原住民各自馴養了反芻動物，例如駱馬和牛隻。考古學家洛威列出兩種文明共有的六十項文化創新，分別在古地中海區域和高海拔的安地斯山脈，相隔一萬兩千公里。他列出同時發明的東西包括彈弓、一束束蘆葦桿組成的船、有把手的圓形青銅鏡、尖頭鉛錘、算盤。在不同的社會之間，重複出現的發明變成了規範。人類學家戈德弗瑞和科爾結論：「在世界各地，文化革命都遵循類似的軌道。」

但是，在古代的世界，或許世界各地

吹箭文化同時出現。在亞馬遜河流域吹箭的姿勢（左圖）和婆羅洲的姿勢（右圖）。

文明的交流比高度發展的現代人所能想像的更為頻繁。史前時代的貿易就十分健全，但跨越大陸的貿易仍非常稀少。然而，雖然證據不多，幾種非主流的理論（叫做「殷商奧爾梅克假設」）主張中美洲的文明的確和中國建立起跨海貿易的關係。也有人推測曾經出現跨地域的文化交流，如馬雅人和西非，或者阿茲特克和埃及（叢林裡也有金字塔！），馬雅人跟維京人說不定也有聯繫。有些人認為西元一千四百年前，澳洲和南美，或者非洲和中國之間曾建立起深厚的長期關係，但大多數歷史學家不完全相信有這種可能。少數的藝術形式或許表面上看起來很相似，但除此之外，考古學或歷史上的紀錄並未觀察到古代世界的越洋交流曾長久持續。就算有幾艘船真的從中國或非洲漂洋過海，到達哥倫布發現美洲前的新世界，少數幾次登陸紀錄或許不足以激發這麼多同時的發明。住在澳洲南方的原住民用樹皮縫製綑紮成獨木舟，在美國阿岡昆，也有同樣用樹皮縫紮成的獨木舟，兩者不太可能有同樣的起源。比較有可能也是趨同發明的例子，各自出現在平行的軌道上。

看看不同大陸上的情況，我們會看見發明物按著熟悉的順序出現。值得注意的是，世界上的科技進展也遵循類似的次序。最早是石片，再來是控制火焰，然後又出現了切肉刀和使用砲彈的武器。接下來則有赭石顏料、人類的葬禮、釣魚設備、打光裝置、將石頭鑽洞、縫紉和迷你模型製作。順序挺一致。有火之後一定會出現刀尖，刀尖之後一定有葬禮，先出現拱形，然後才有焊接。這樣的順序多半來自「自然」的機制。在製作斧頭前，當然需要先精通刀身的做法。懂得縫紉後才有紡織品，因為布料一定要有線才能織出來。但還有很多東西出現的順序並不按照如此簡單的因果邏輯。我們現在發現到最早的石刻藝術一定比最早的縫紉技術先出現，但找不到明顯的原因，可是這樣的順序已經固定了。金屬加工不一定要等陶藝先出現，可是順序一定是這樣。

地理學家羅伯茲檢驗了四大陸上農作物和動物馴養的平行路徑。由於每個大陸上可能出現的生物原料都很不一樣（戴蒙在《槍炮、病菌與鋼鐵》中對這個主題有詳細的探討），只有幾種原生的作物或動物最早在馴養時會出現在不只一個大陸上。和早期的假設相反，農業和畜牧業並非一次發明後傳播到世界各地。反而是像羅伯茲所說：「生物考古學的整體證據指出，五百年前，馴養後的作物和動物少有散布到世界各地的機會。小麥、米和玉米三大穀類作物延伸出來的農作制度各有不同的起源。」目前大家都同意，農業（重複）發明了六次。這裡的「發明」是一系列的發明，不斷地馴養和製作工具。在不同的區域，這些發明和馴養的順序非常類似。比方說，在不同的大陸上，人類先馴養狗，再馴養駱駝，先耕種穀類，再耕種根莖類作物。

考古學家特隆選出史前時代五十三種不屬於農業的創新事物編成目錄，這些東西不只重複出現，而是在地球上分隔甚遠的三個區域出現了三次：非洲、歐亞大陸西部，以及東亞和澳洲。其中二十二項發明也由美洲居民發現過，表示這些新事物在四塊大陸上自發出現。這四個區域隔得夠遠，因此特隆有理由相信在各個大陸上的發明，都是獨立的平行發現。正如科技的不變定律，一項發明會為下一項打好根基，科技體中不論何處，都以看似已經預定好的順序演化。

在統計學家的協助下，我分析這五十三項發明物的四條順序彼此平行到了什麼樣的程度。我發現在三個區域內，和相同順序的關聯係數為〇・九三，在所有四個區域內，係數為〇・八五。按照外行人的說法，超過〇・五的係數就超越了隨機，而係數為一代表完全相符；係數〇・九三表示發現的順序幾乎一模一樣，〇・八五則表示有比較多的差異。雖然紀錄不完整，史前時代的日期也可能不準確，但順序中重疊的程度非常明顯。基本上，只要科技開始發展，發展的方向不論何時都大同小異。

為了確認這個方向，我和資料研究員麥金妮斯也列出在工業化以前的發明物最早在非洲、美洲、歐洲、亞洲和澳洲五個大陸上出現的日期，這些發明物包括織布機、日晷、拱頂和磁鐵。有些發明物出現時，各大陸上的交流旅行比史前時代更為頻繁，因此無法非常確定發明物是否獨立出現。我們發現八十三項新事物的歷史證據，發明的地點不限於某一個大陸。同樣地，進行比較時，在亞洲開展的科技產品順序跟美洲與歐洲非常類似，相似的程度也很高。

我們可以做出結論，在歷史時代和在史前時代一樣，世界各地起源不同的科技產物沿著同樣的發展途徑趨同。不論孕育的文化為何，統治的政治系統為何，提供自然資源的儲備從何而來，科技體只有一條普遍的發展途徑。科技進展的大規模草圖早已預先注定。

人類學家克魯伯警告我們：「發明由文化因素決定，但這個說法不應加上神祕的言外之意。舉例來說，這並不表示從一開始就注定活字印刷將於一四五〇年左右在德國發現，也不表示一八七六年美國人會發明電話。」意思只是說，當之前的科技產物準備好所有必要的條件時，下一項科技產品就能興起。社會學家莫頓研究過歷史上同時出現的發明物，他說：「作為先決條件的知識和工具累積到一定的程度，就必定會發現新的東西。」社會中已有的科技產品變得愈來愈複雜，創造出過度飽和的母體，充滿求新求變的潛力。當適合的想法播下種子，必然會出現的發明物出現在現實中，就如從水氣凝結出來的冰晶。但正如科學顯示出來的，雖然在夠冷的時候，水一定會變成冰晶，但每一朵雪花的形狀都不一樣。水凍成冰的過程早已注定，但預定的狀態個別表達出來時，卻有極大程度的餘地、自由和美感。每一朵雪花實際的型態都無法預料，但典型的六角形卻早已注定。對這麼簡單的分子來說，預期會變成的樣子卻有無限的變化。今日複雜到了極點的發明更是如此。白熾燈泡、電話、蒸汽機的外形早已清楚注定，但根據演化的條件，無法預料的表達型態卻可能有好幾百萬種變化。

自然界也差不了多少。物種的誕生仰賴其他已有的物種所組成的生態系統來提供基礎，並提供型態變化的動力。我們稱之為共同演化，因為物種和另一個物種之間有相互的影響。在科技體中，很多發現會等待其他科技物種先發明，提供適當的工具或平台。望遠鏡發明一年後，很多人就發現了木星的衛星。但設備本身並不等於發明的人。天文學家原本就期待空中有天體運行。但是，沒有人盼望找到細菌，所以等顯微鏡發明了兩百年後，雷文霍克才偵察到微生物。除了設備和工具外，有了恰當的信念、期待、詞彙、解釋、實際知識、資源、資金和賞識，才能發現新的東西。但以上的事物也要靠新的科技產品來提供動力。

發現或發明如果太早出現，就沒有價值，因為沒人能了解。在理想的情況下，新的事物只會從已知的東西踩出下一步，讓文化往前躍進。過度新潮、不符合常規或不切實際的發明一開始可能就會失敗（或許基本的原料尚未發明，也沒有必要的市場，大家也不了解），但之後等水到渠成，就能成功。一八六五年，孟德爾提出基因遺傳的理論，雖然正確，卻三十五年無人問津。沒有人讚賞他敏銳的洞察力，因為他的理論無法解釋當時的生物學家碰到的問題，他的解釋也沒有已知的機制當作根據，所以連喜歡嘗新的人都無法接觸到他的發現。幾十年後的科學界面對非常急迫的問題，只有孟德爾的發現能夠解答。當時他的理論只差一步了。在短短幾年內，三位科學家（德弗里斯、科倫斯、賽塞內格）分別重新發現了孟德爾幾十年來無人聞問、已被人遺忘的研究成果。克魯伯主張，如果你阻礙這三個人重新發現孟德爾的理論，再多等一年就不只三個人，而會有六位科學家踏出已經擺在那裡的下一步。

科技體固有的順序讓科技無法飛躍進展。缺乏所有科技架構的社會要是能一口氣跳到百分之百純淨、輕巧的數位科技，略過沉重、骯髒的工業時代，那就太好了。而在開發中國家，數十億的窮人要是能購買便宜的手機，不需要等候工業時代的室內電話，就讓我們有希望，其他的科技產品也能躍向未來。但仔細觀察中國、印度、巴西和非洲等地使用手機的狀況，看來世界各地手機數目激增的同時，銅製的室內電話線也同時在成長。有了手機之後，室內電話依然存在。哪裡有手機，哪裡就有銅線。手機讓新用戶需要更高頻寬的網路連線和更高品質的語音連線，而先決條件是要有銅線。手機、太陽能板以及其他跳過中間階段的科技產品並非略過了工業時代，而比較像是前躍加速產業界早該實現的目標。

或許我們看不到舊有的科技如何為新科技奠定了基礎。儘管在現代經濟的架構中，有一層不可或缺的電子，而日常生活中絕大部分都脫離不了工業：移動原子、重新安排原子、採集原子、燃燒原子、提煉原子、堆疊原子。手機、網頁、太陽能板都要仰賴重工業，而農業則是工業的基礎。

我們的腦子也一樣。大腦活動多半花在簡單的過程上，例如走路，我們可能根本沒知覺。相反地，我們只會察覺到一層很稀疏、剛開始演化的認知，這層認知必須根據和依賴舊有流程能可靠地運作。如果不會算數，就不可能會微積分。同樣地，沒有銅線，就沒有手機。沒有工業，就沒有數位架構。比方說，最近有項很引人注目的活動，想把衣索比亞每家醫院都電腦化，卻遭到中斷，因為醫院的電力供應不夠穩定。根據世界銀行的研究，在開發中國家引進最先進的科技，通常有了百分之五的突破後就停滯不前。等到舊有的基礎科技跟上腳步，才能繼續散播。低收入的國家十分明智，仍快速吸收工業技術。道路、供水系統、機場、機械工廠、電力系統、發電廠等基礎架構需要大量的預算，才能讓高科技的東西發揮效用。《經濟學人》提出了一篇科技飛躍的報告，結論指出：「無法採用舊有科技產品的國家碰到新科技時，處境相當不利。」

如果我們想要在環境跟地球類似、無人居住的星球上建立殖民地，是否表示我們必須重現歷史，從削尖的木棍、狼煙和泥磚建築物開始，然後經歷過所有的年代呢？我們是否會利用最先進的科技，放棄從頭開始建立社會呢？

我想我們會試試看，但不會有結果。如果我們要在火星建立文明，推土機跟收音機一樣有價值。人類的大腦主要用在較低階的功能上，科技體中也同樣充斥著工業製程，只是資訊比以前更多了。不論何時，高科技的去量產化都只是虛幻。雖然科技體的確在進步，用更少的原子達成更多的目標，資訊科技並非抽象的虛擬世界。原子依然很重要。在科技體進步的同時，也在物質中嵌入資訊，就跟DNA分子的原子中嵌入資訊和順序的方法一樣。位元和原子天衣無縫地融合後，就是最先進的高科技。產業界變得更聰明，而不是拋棄工業，只留下資訊。

科技產物跟生物一樣，需要一系列發展，才能到達特定階段。在所有的文明和社會中，不論人類天分如何，發明物都遵循一致的發展順序。就算想要，也無法真正略過某些階段。但當奠定基礎的科技物種織成支持的網路，發明物應運而生，急迫到很多人會同時發明同樣的東西。發明的進展在很多地方都像物理學和化學指定的形式，按著複雜規則決定的順序前進。或許這可以稱為科技的規則。

第八章　聆聽科技的聲音

一九五〇年代剛開始時，很多人都想到同一件事：一切進步得這麼快、這麼規律，或許該有一種進步的模式。或許我們可以繪製出從過去到當下為止的科技進展，然後推斷後面的曲線，看看未來會發生什麼事。美國空軍首先有系統地採取行動。他們需要長期的計畫表，列出應該提供資金的機型，但航空學的變化速度快過其他的科技領域。他們顯然想要造出速度最快的飛機，但既然要花數十年的時間來設計和取得許可，然後才能造出新型的飛機，將軍認為比較審慎的做法是先了解他們要把資金花在哪些未來的科技上。

因此，一九五三年，美國空軍科學研究辦公室規畫出最快速飛行工具的歷史。萊特兄弟一九〇三年第一次飛行時達到每小時六點八公里，兩年後跳到每小時六十公里。飛行速度的紀錄每年都會增加一點，一九四七年，波依德上校駕駛洛克希德流星式戰鬥機飛出每小時超過一千公里的最高速度。一九五三年，這個紀錄被打破了四次，最後由 F-100 超級軍刀式戰鬥機以每小時一千兩百一十五公里的速度創下新紀錄。進步的速度很快。而且最終的目標都指向太空。《長釘》的作者布羅德瑞克指出，美國空軍：

在圖表上標出了速度的曲線和變化曲線。他們看到了反常的狀況，簡直不敢相信自己的眼晴。曲線指出他們的機器能達到軌道速度……只要不到四年的時間。再過一會兒，他們的載重就能脫離地球的直接重力。曲線迂迴隱晦地暗示，衛星幾乎可以馬上升空，如果想要的話，只要願意花錢研究和設計，很快就能到達月球。

別忘了，一九五三年的時候，未來旅行需要的科技尚未出現。沒有人知道如何才能達到那麼快的速度，同時保證人身安全。就連最樂觀、最忠誠的幻想家也認為到了眾所周知的「西元兩千年」，人類才有希望登陸月球。只有一條畫在紙上的曲線告訴他們，這個目標能更快達成。不過曲線最後證明沒錯，只是政治上不正確。一九五七年，前蘇聯（不是美國！）如期發射了史潑尼克衛星。十二年後，美國的火箭呼嘯著衝上了月球。布羅德瑞克指出，人類到達月球的時間「幾乎比科幻大師克

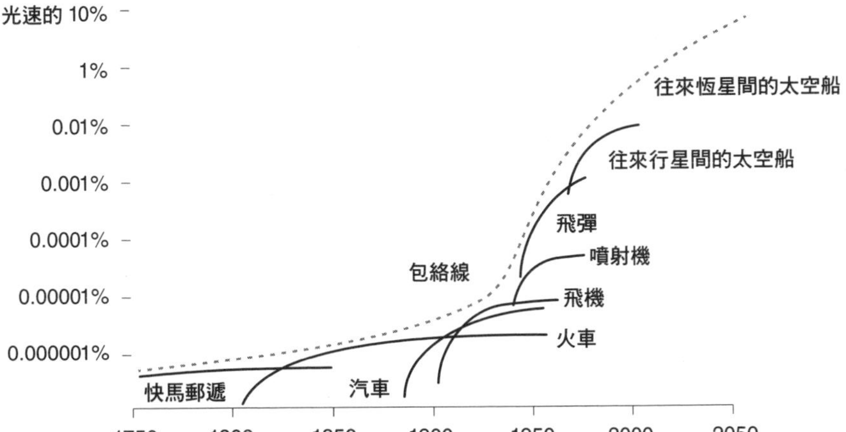

速度趨勢曲線。一九五〇年代以前美國空軍的歷史速度紀錄圖，以及他們預期不久的將來會達到的最高速度。

拉克那種瘋狂迷戀時空旅行的人所期待的早了三分之一個世紀。」

曲線知道什麼克拉克不知道的東西嗎？俄羅斯人和全球各地幾十個團體祕密籌畫的任務又和曲線有什麼關係？曲線是自我應驗的預言，還是顯露出深深扎根在科技體本質中的必然趨勢？從那之後描繪出來的趨勢還有不少，或許答案就在裡面。最有名的趨勢稱為摩爾定律。簡單來說，摩爾定律預測每經過十八到二十四個月，電腦晶片的尺寸和價格就會減半。過去五十年來摩爾定律都沒出錯，非常令人驚訝。

摩爾定律恆久不變，不偏不倚，但是否透露出科技體中的規則？也就是說，摩爾定律也屬必然？對文明而言，有好幾個原因導致這個答案非常重要。第一，摩爾定律代表電腦科技的速度加快了，也驅動其他東西的速度。噴射引擎的速度加快，玉米產量並不會提高，雷射品質改善，也不會讓我們更快發現藥物，但是電腦晶片速度變快，卻能帶來這些結果。現在，所有的科技都會跟隨電腦科技的步調。第二，在科技的關鍵領域找到必然性，表示在科技體其餘的地方也可能找到不變性和方向性。

電腦功率一直穩定增加，一九六〇年，史丹佛研究院（位於美國加州柏拉阿圖，現名史丹佛國際研究中心）的研究人員恩格伯特首先注意到這大有可為的趨勢，後來他繼續研究，發明了現在隨處可見的「視窗和滑鼠」的電腦介面。一開始擔任工程師時，恩格伯特在航空業工作，在風洞中測試飛機模型，他在那兒學到系統化按比例縮減會用什麼方式帶來種種的好處，還有出乎意料之外的結果。模型愈小，飛得愈順利。恩格伯特思索怎樣才能把按比例縮減的好處（他所謂的「相似性」），轉移到史丹佛國際研究中心正在追蹤的新發明上（在積體矽晶片上容納多個電晶體）。或許正因尺寸縮小，電路就能傳遞類似的奇妙相似性：晶片愈小愈好用。一九六〇年，恩格伯特在固態電路研討會向一群工程師發表他的相似性概念，美國快捷半導體公司的研究人員摩爾也在場，這家公司那時剛成立，生產積體晶片。

接下來的幾年內，摩爾開始追蹤早期原型晶片實際的統計數字。到了一九六四年，他收集了足夠的資料點來推斷到那個時候的曲線斜率。半導體產業不斷成長，摩爾的資料點也一直增加。他追蹤所有的參數：生產的電晶體數目、電晶體單價、針腳數目、邏輯速度和每塊晶圓的元件數；但其中某個參數凝聚成一條很漂亮的曲線。趨勢告訴我們在別處聽不到的事：晶片會按著預期的速率愈變愈小，但趨勢實際上能走多遠？

摩爾聯繫了同樣從加州理工學院畢業的米德。米德是位電機工程師，也是最早研究電晶體的專家。一九六七年，摩爾問米德電子產品的微型化已經有哪些理論上的限制。米德不知道，但他著手計算後，發現了很驚人的結果：晶片功率的增加與規模縮減幅度的三次方呈比例。縮減的好處呈指數成長。微電子不

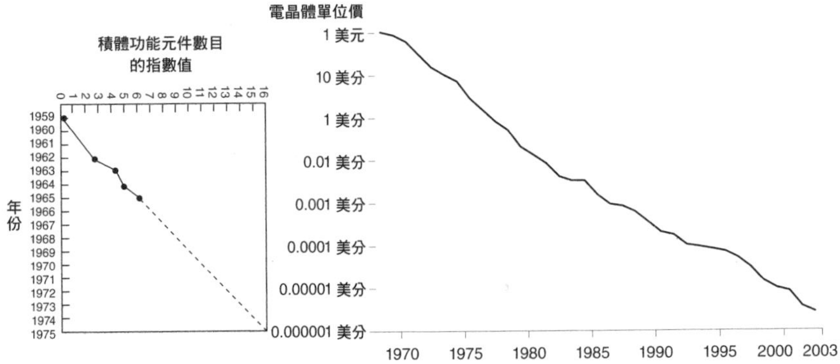

描繪摩爾定律。最早的摩爾定律只有五個資料點，以及對接下來十年的大膽推斷（左圖）。一九六八年後的摩爾定律（右圖）。

只變得更便宜，品質也更好。根據摩爾的說法：「把東西變小，一切同時也更美好。不必擔心顧此失彼。產品的速度變快了，消耗的電力降低了，系統穩定度迅速改善，但最值得注意的是科技降低了生產的成本。」

今天，當我們看著摩爾定律的圖表，從五十年的紀錄中，我們可以看到幾個顯著的特質。首先，這是一張**加速**圖。筆直的線條指出，線上的每個點不只代表增加，而是十倍速的增加（因為橫軸是指數比例尺）。矽晶片不只變得更好，變好的速度也愈來愈快。五十年來的持續加速在生物學中非常少見，在這個世紀開始前也未曾在科技體中出現。因此這張圖除了表現矽晶片的發展，也指出文化加速的現象。事實上，摩爾定律已經能夠體現出一個原理，便是未來會不斷加速，也為我們對科技體的期待奠定了基礎。

再者，即使驚鴻一瞥，也能看到摩爾這條直線的規律性有多驚人。從最前面的資料點開始，向前發展的樣子就已經機械化到了怪異的程度。五十年來完全不中斷，晶片的進化速度就跟加速的速度一樣，呈指數成長，不多也不少。如果經過科技獨裁者操控，也不會變得更筆直。全球市場的混亂和不互相配合的無情的科學競爭果真有可能醞釀出這道嚴謹堅定的軌道？是物質的本質和電腦計算把摩爾定律推往這個方向，抑或這穩定的成長是經濟野心的產物？

摩爾和米德相信答案是後者。二〇〇五年，紀念摩爾定律四十年的時候，摩爾寫道：「摩爾定律其實是經濟學的定律。」米德又進一步闡釋說，摩爾定律「其實就是人類的信念系統，並非物理學定律，和人類信念相關。當我們相信某件事的時候，就會投入精力來成就這件事。」他怕自己的話還不夠清楚，又詳加說明：

流傳的時間夠久以後，大家會開始回顧，在回顧中的確是條通過了某些點的曲線，因此看起來就像物理定律，大家也開始把它當成物理定律。但實際上如果你像我一樣，曾經親身體驗過，就不會覺得這是物理定律。事實上重點在於人類的活動、人類的願景，以及你能夠相信的東西。

最後，在另一次提到摩爾定律的時候，米德補充說「讓大家相信〈定律〉會持久不變」才是定律背後的動力。一九九六年，摩爾在文章中表示同意：「最重要的是，像這樣的定律一旦建立後，多多少少就會變成自我應驗的預言。半導體產業協會提供了科技的規畫藍圖，〈時代的進步〉每三年就延伸一次。產業界的每個人都明白，如果跟不上曲線，就會落後。所以也算是自行驅動前進。」

對未來進展的期望顯然會引導目前的投資，除了半導體外，在其他科技產業也一樣。摩爾定律不變的曲線有助於把金錢和智力集中在非常具體的目標上，也就是不違背定律。若要接受自我建構的目標就是這種規律進步的源頭，只有一個問題，就是其他的科技產品或許能從同樣的信念獲益，卻無法展現出同樣迅速上升的趨勢。如果只是自我應驗的預言這麼簡單的事，為什麼我們在噴射引擎的效能、合金鋼或玉米混種等科技產物上看不到摩爾定律那樣的成長？以信念為基礎，不斷向前加速，很了不起，當然也很適合消費者，並為投資人產生數十億美元的利益。要找到渴望相信這種預言的企業家，應該不難。

那麼，摩爾定律的曲線顯露了什麼專家內行人看不到的東西？這穩定的加速不只是大眾的協議，而是源自科技。還有其他的科技跟固態物質會展現出穩定的進步曲線，就跟摩爾定律規定的一樣。這些科技似乎也遵循一套粗略的定律，改善速度穩定地呈指數成長，也值得注意。想想看過去二十年來通訊頻寬和數位儲存技術的成本績效。這些指數型成長的狀況跟積體電路一樣。除了坡度外，圖片都非常相似，相似到甚至問這些曲線是否只是摩爾定律的反映也不為過。電話已經完全電腦化，儲存碟片就是電腦的器官。頻寬的速度和便宜的價格，以及儲存能力與不斷加速的計算能力，有直接和間接的因果關係，因此，頻寬和儲存技術以及電腦晶片的命運已經糾纏不清到無法分開的地步。或許頻寬和儲存技術的曲線只從至高無上的定律衍生出來？如果沒有摩爾定律在那兒運作，頻寬和儲存技術還能符合成本嗎？

在科技產業的核心階層中，根據克來德法則，磁條儲存技術的價格快速下降。克來德法則等於電腦儲存技術的摩爾定律，用希捷前技術長克來德的姓氏命名，這家公司是全球最大的硬碟製造商。克來德法則指出，硬碟的成本績效呈指數降低，每年會穩定減少百分之四十。克來德說，如果電腦無法年復一年變得更好更便宜，儲存技術仍會持續改善。根據克來德的說法：「摩爾定律和克來德法則之間沒有直接的關係。半導體裝置和磁條儲存技術的物理學及製程都不一樣。因此，當硬碟繼續縮小時，半導體的微縮趨勢卻很有可能停止。」

美國國防部高級研究計畫局網路是網際網路的始祖，羅伯茲是這個網路的主要架構設計師，留下了通訊進步的詳細統計資料。他注意到通訊技術在品質上通常也會出現類似摩爾定律的提升加速現象。羅伯茲的曲線顯示出通訊成本也穩定呈指數下降。線路品質加強了，是否也跟晶片進步有關？羅伯茲說通訊技術的績效「受到摩爾定律強烈的影響，也和摩爾定律非常相似，但並不如我們預期的完全一樣。」

我們再來看看另一個加速過程。約莫十年來，生物物理學家卡爾森將DNA定序和合成的結果製成表格。每個鹼基對的成本績效在圖表上看起來都很像摩爾定律，而這項科技繪製在對數軸上的時候，也顯示出持續下滑的樣子。如果電腦無法

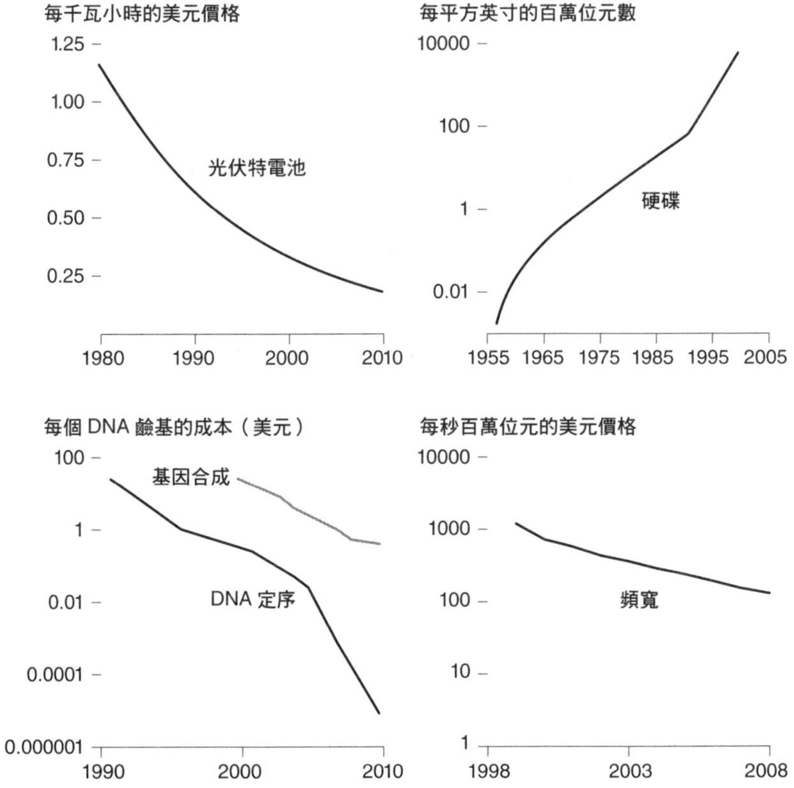

其他四種定律。光伏特電池：太陽能電力的成本降低（每千瓦的價格），預期會繼續直線前進。硬碟：每年推出的儲存技術的最高密度。DNA定序：已定序（粗線）或合成（細線）DNA每個鹼基對的成本呈指數下降。頻寬：每秒每百萬位元的成本呈指數下降。

每年變得更好、更快、更便宜，ＤＮＡ定序和合成仍會繼續加速嗎？卡爾森說：「如果摩爾定律停下來，我覺得不會有什麼影響。可能出現影響的區域是把原始的序列資訊處理成人類能了解的東西。分析處理ＤＮＡ資料的成本起碼就跟取得實際ＤＮＡ的序列一樣昂貴。」

穩定的指數型進展除了驅動電腦晶片，也為三種資訊產業提供動力，最熱心觀察這些發展軌跡的人也各自創造出他們的「定律」或「法則」，而他們都相信這些進步的軌道是獨立的加速線條，電腦晶片的進步看似包羅萬象，卻不足以衍生出上述的軌道。

如定律般始終如一的進步肯定不只是自我應驗的預言，還有另一個原因：通常早在有人注意到定律出現前，曲線就已經成型，也要等很久，有能力影響定律的人才會出現。磁條儲存技術的指數型成長始於一九五六年，幾乎過了十年，摩爾才擬訂出他的半導體定律，又過了五十年，克來德才能用公式表達曲線的坡度。卡爾森說：「當我首次發表ＤＮＡ指數曲線時，有些評論家聲稱，他們從未察覺到定序成本呈指數下降的證據。就算有人不相信，趨勢依然如此運作。」

發明家兼作家科茲威爾翻遍了舊檔案，證明像摩爾定律這樣的法則早在一九〇〇年就已經發源，早在電腦出現之前，當然也要等很久才會看到自我應驗的實證。科茲威爾估計出邁入二十世紀時的類比機器成本以一千美元為計算單位基數時，每秒所能執行的計算次數，還有機械式計算機以及之後第一台真空管電腦的計算次數，又把同樣的計算延伸到現代的半導體晶片。他證實，過去一百零九年來，這個比率呈指數成長。更重要的是，他的曲線（姑且稱之為科茲威爾定律）橫跨五種不同的計算類型：電機、繼電器、真空管、電晶體和積體電路。一百多年來，在這五種截然不同的科技範例中運作的不顯著卻恆常不變的事實，一定不只是產業的規畫藍圖那麼簡單。表示這些比率的本質深植在科技體的構造中。

在DNA定序、磁條儲存技術、半導體、頻寬和像素密度堅定的加速過程中，可以看見科技的規範。一旦固定的曲線浮現，科學家、投資人、行銷人員和記者都會抓住這條軌道，用來引導實驗、投資、時間表和宣傳。圖表變成了版圖。同時，由於我們察覺不到這些趨勢線何時開始和如何進展，在強烈的競爭和投資壓力下，也很少偏離筆直的線條，因此曲線的行進路徑必須或多或少受到物質的約束。

為了看出這種規則延伸到科技體裡多深，我盡一切努力收集了很多目前指數型進展的例子。我找的例子並非整體產量（瓦特、公里、位元、鹼基對、交通流量等等）呈指數上升，因為人口增加後，這些數量也會被扭曲。人口變多後，即使事物沒有改善，人類使用的量也會增加。所以我選的例

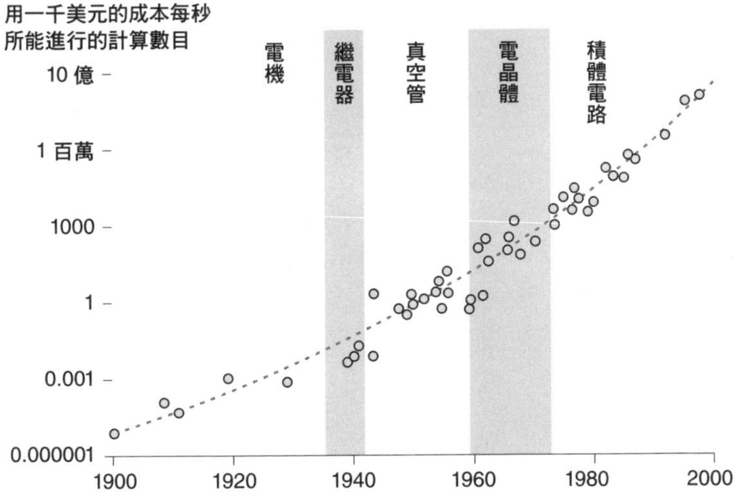

科茲威爾定律。科茲威爾把早期的計算方法轉譯成一致的計算衡量標準，為摩爾定律埋下不變的伏筆。

子會顯示出績效比率（例如每英寸的磅數和每一元的照明度）穩定增加，但速度不一定會加快。下一頁的表格列出我隨手找到的例子，以及績效加倍的速率。時間期限愈短，加速的速度愈快。

首先可以注意到這些例子都展現出尺寸縮小產生的效果，或使用微小的物品。放大規模時，不會找到指數型的進步，比方說建造摩天樓或更大的太空站。飛機或許會變大、加快飛行速度或變得更省油，但增加的比率不會呈指數成長。摩爾開玩笑說，如果飛行科技體驗了跟英特爾晶片一樣的進步，現代的客機一架只要五百美元，二十分鐘內就能繞地球一圈，繞一圈只會用掉五加侖的燃料。但是，飛機可能只有鞋盒大小！

在這個微觀宇宙裡，跟我們的宏觀世界不一樣，能量並不重要。那正是為什麼我們在放大規模時看不到類似摩爾定律的進展：能量的需求也同樣快速地放大規模，能量也是主要的限制條件，不像資訊可以自由複製。這也是為什麼太陽能板（只有直線進展）或電池的績效不會呈指數成長，因為兩者都會產生或儲存大量的能量。因此，我們的整個新經濟中心便是不怎麼需要能量和不斷微縮的科技，像是光子、電子、位元、像素、頻率和基因。這些發明物微型化時，會更靠近裸原子、原始的位元和無形的本質。因此，它們固定的、必然的進展路線便會從最原始的本質上衍生出來。

關於這些例子，我第二個注意到的是坡度範圍非常狹窄，也就是指加倍所需的月數。每過八到三十個月，在這些科技產品達到最完美狀態的特殊能力就會加倍（摩爾定律要求每過十八個月就變成之前的兩倍）。這些參數都比一兩年前增加了兩倍。怎麼回事？工程師克來德解釋說，「每過兩年就比之前好一倍」是企業結構的產物，大多數發明物也來自企業。只需要一兩年的時間來構想、設計、產生原型、測試、製造和行銷經過改善的新產品，雖然很難一下子增加五倍或十倍，但幾乎每位工程師都能至少達到原來的兩倍。這就對了！每兩年就變成原來的兩倍好。果真如此，這表示進步的穩定軌道雖然直接源自科技體，但實際的坡度並非超自然的數字（每十八個月就加倍），而是根據人類的工作周期來決定。

此時此刻，我們還看不到這些曲線的盡頭，但是在未來的某個時刻，每一條曲線都會進入穩定期。摩爾定律不會永久持續。這就是人生。特

科技	衡量標準	月數
光纖運載率	光纖波長	九
光學網路	每位元的價格	九
無線	每秒位元數	十
通訊	單位價的位元數	十二
磁區儲存技術	每平方英寸的十億位元數	十二
數位相機	單位價的像素	十二
微處理器	每一個循環的價格	十三
超級電腦的功率	每秒所執行的浮點運算次數（FLOPS）	十四
隨機存取記憶體（RAM）	單位價的百萬位元組數	十六
電晶體	電晶體的價格	十八
處理器功率消耗	每平方公分的瓦特數	十八
像素	每個陣列	十九
硬碟儲存技術	單位價的十億位元組數	二十
晶片	每秒鐘執行的百萬條指令數（MIPS）	二十一
DNA 定序	鹼基對的價格	二十二
中繼線資料速度	每秒位元數	二十二
微處理器	晶片上的電晶體數目	二十四
晶片處理器	單位價的兆赫數	二十七
頻寬	單位價的每秒千位元數	三十
微處理器	赫茲數	三十六

加倍的時間。各種科技產品的績效比率，按著績效加倍所需的月數來衡量。

殊的指數型成長總會拉平成典型的S曲線。這就是成長的典型模式：緩慢增加後，突然如火箭般向上直衝，過了很長一段時間後又慢慢拉平。回想一八三〇年，美國境內只鋪設了三十七公里的火車軌道。接下來的十年內變成原來的兩倍，再接下來的十年內又加倍了，每十年加倍一次，持續了六十年。到了一八九〇年，理智的鐵路迷應該能預期一百年後，美國境內的鐵路長達好幾億公里。鐵路可以通到每個人家門口。結果，鐵道長度還不到四十萬公里。然而，美國人仍到處移動；只是利用其他的發明來行動和運輸。美國人建造了高速公路和機場；移動的里程數不斷擴張，但那一項特殊科技的指數成長到達高峰後便趨於緩和。

人類習慣把注意力放在自己在乎的事物上，科技體中的變動幾乎都源自於此。精通某項科技後，會引起新的科技欲望。舉一個最近的例子：第一台數位相機的圖片解析度非常粗糙。然後科學家把愈來愈多的像素塞到感應器裡，來增加相片的品質。他們渾然不覺，每個陣列所能容納的像素數目已經畫出指數型曲線，邁入了百萬像素的領域。像素數目升高，變成新相機的主要賣點。但加速十年後，消費者已經不在乎愈來愈高的像素數目，因為目前的解析度已經夠用了。消費者關心的反而是像素感應器的速度或對低光源的反應，之前大家都不太在乎這些事情。因此，新的衡量標準誕生，畫出新的曲線，陣列中像素數目增加的指數型曲線會慢慢趨緩。

摩爾定律正走向類似的命運。沒有人知道是什麼時候。幾十年前，摩爾自己預測，一九九七年達到兩百五十奈米製程時，他的定律就會失效。今日的產業目標則是二十奈米。代表電晶體密度的摩爾定律推動人類經濟的時間或許還有十年，或許還有二十年、三十年，不論如何，我們都能確定，就跟其他過去的趨勢一樣，摩爾定律也會消逝昇華，讓位給新興的趨勢。當舊有的摩爾定律放慢了腳步，我們會找到其他的解決方法來製造出數百萬倍的電晶體。事實上，晶片上的電晶體數目已經足以執行人類想要的功能，只是我們不知道怎麼做。

摩爾開始時先衡量每平方英寸的「元件」數，然後轉換到電晶體，現在我們則衡量一美元能買到的電晶體數目。就跟像素的數目一樣，一旦電腦晶片的指數型趨勢（比方說電晶體的目的）速度變慢，我們就開始關心新的參數（比方說運作速度或連線數目），然後衡量新的標準，繪製新的圖表。突然之間，新的「定律」就上場了。學習、利用和最佳化新技術的特質時，也揭露了天生的步調，這條軌道向前推進時，就會變成原創者的目標。就計算而言，我們發覺到微處理器有這個特質，過了一段時間，會變成新的摩爾定律。

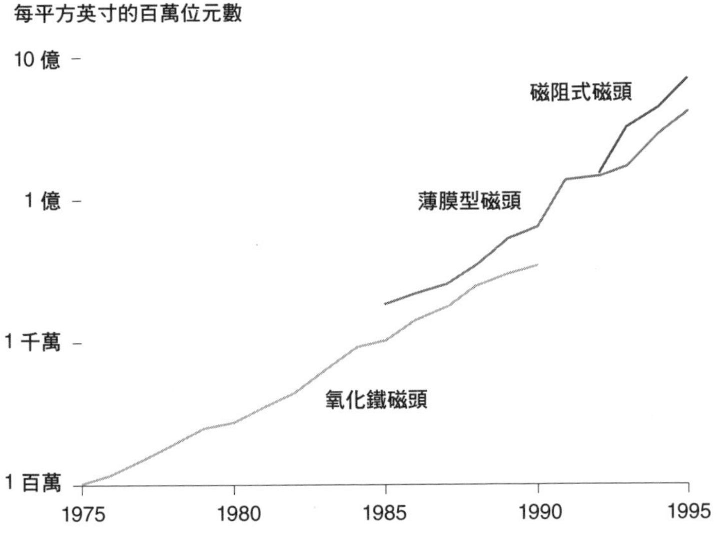

科茲威爾定律的連續體。磁條科技可考的密度不斷改善，跨越了好幾種科技平台。

跟美國空軍一九五三年的極速圖一樣，科技體透過這條曲線跟人類溝通。米德幫忙腦力激盪出摩爾定律的波狀圖，他相信我們需要「聆聽科技的聲音」。曲線要表達的訊息十分一致。由於一條曲線必然會拉平，這條曲線的動力便會轉移給另一條S曲線。如果細看耐久的曲線，就能看出定義和衡量標準如何隨著時間變化，來適應取代舊科技的新科技。

舉例來說，仔細觀察克來德法則如何用在硬碟密度上，可以看出這個法則包含一連串互相重疊的趨勢線條。最早的氧化鐵硬碟技術始於一九七五年，終於一九九〇年。第二項科技是薄膜型，績效稍有改善，加速的速度也略快，跟氧化鐵重疊，始於一九八五年，在一九九〇年結束。第三項創新的磁阻式技術從一九九三年開始，改善的速度又比第二項更快。三種技術不太平均的坡度結合起來，產生了無法動搖的軌道。

下頁的圖表剖析共通技術的狀況。好幾條疊在一起的S曲線，每一條的指數型成長都受到限制，重疊形成長期的指數成長線。大趨勢連結的科技不只一種，因此具備卓越的能力。某次的指數成長納入下一次的時候，已經奠定基礎的科技將動力轉移給下一個典型，持續成長，毫不鬆懈。接受衡量的確切單位也能從一條副曲線變形成下一條。一開始可以數像素的數目，然後轉向像素密度，然後是像素速度。或許在最早的科技中看不到最終的績效有什麼特質，要過很長的時間才會顯露出來，或許會變成無限期持續下去的整體趨勢。就電腦而言，由於從一個科技階段到下一個階段，晶片的績效標準會不斷重新校正，摩爾定律經過重新定義後，永遠不會結束。

在晶片上放更多電晶體的趨勢必然會慢慢衰落。但平均來說，在可見的未來，數位科技每兩年的績效基本上都會加倍。這表示對人類文化最重要的裝置和系統每一年的速度、價格和品質都會改善百分之五十。這就好比你每年都比去年更聰明半倍，或者今年能比去年記下多百分之五十的事情。我們已經發現，埋藏在科技體深處便是每年增半的非凡進展能力。摩爾的承諾帶來穩定的進步，為這一代的樂觀主義奠定基礎：明天，一切就會變得更好，一定看得見，絕對做得到，可以放心。如果我們的產品下一次出現了改善，這表示黃金時代在我們眼前，而不是過去。但如果摩爾定律停息了，我們的樂觀主義也必須告一段落嗎？

就算我們真的想，假設大家共謀要停止摩爾定律，有什麼真能讓源遠流長的摩爾定律出軌呢？或許我們相信摩爾定律提升了過度的樂觀主義，讓我們的盼望誤入歧途，期待超級人工智慧能讓我們長生不死。我們能怎麼辦？要怎麼

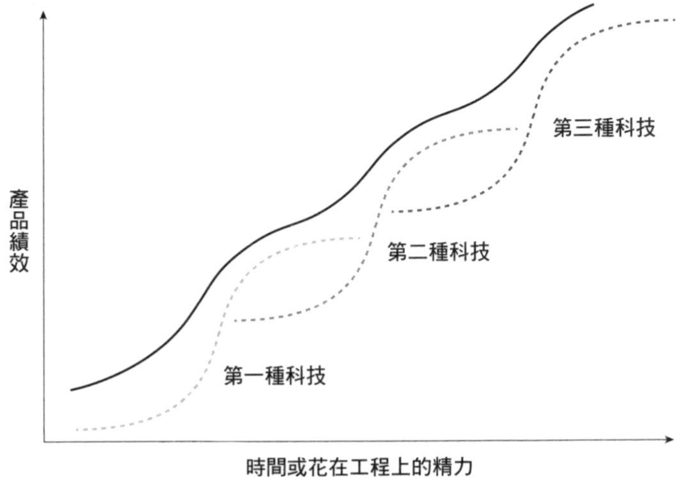

複合式 S 曲線。在這個理想化的圖表上，科技績效在縱軸上衡量，花費的時間或精力放在橫軸上。一系列的副 S 曲線形成規模更大的不變坡度。

停止？相信的人主要把信心放在自行增強的期望上，他們說：很簡單，宣布摩爾定律會停止。如果有足夠的聰明信徒宣稱摩爾定律完了，那就完了，也打破了自我應驗預言的循環。但只要有一個人持反對意見，不斷推動，繼續向前，就會破解魔咒。在微縮的物理學耗盡前，比賽仍會繼續。

更聰明的人或許會推論，由於整體的經濟制度決定摩爾定律加倍的時間，你可以降低經濟情況的品質，直到定律停止。或許透過軍事革命，你可以建立命令式的威權政策（就像舊時的共產主義），讓其中無精打采的經濟成長抹殺了電腦功率呈指數成長所需的基礎建設。我覺得這種結果很值得玩味，但也心存懷疑。如果在反事實的歷史中，共產主義贏得冷戰，全球都變成蘇聯式的社會，並在其中發明出微電子學，我想，就連那非主流的政策機制也無法扼殺摩爾定律。進步或許比較慢，坡度也比較和緩，加倍的時間可能要花五年，但我相信，信守史達林主義的科學家會跟我們一樣利用小宇宙的定律，跟我們一起嘖嘖讚嘆相同的科技奇蹟：他們也一樣會持續投注相同的精力，而讓晶片的改善呈指數型成長。

我猜，除了加倍的時間外，我們沒辦法動搖摩爾定律。摩爾定律是我們這一代的莫伊萊。在希臘神話中，莫伊萊代表命運三女神，通常被描繪呈陰鬱的紡紗女子。第一位女神紡出新生兒生命的紗線，第二位算出線的長度，第三位則在死亡時切斷紗線。一個人的開始和結束都早已命定，但中間發生的事則非必然。人類和神祇都能在終極命運的範圍內一展身手。

摩爾、克來德、羅伯茲、卡爾森和科茲威爾發現了不會妥協的曲線，如梭子般穿過科技體，紡出一條長長的線。這條線有必然的方向，由物質和發現的本質注定。但線條的迂迴曲折則未固定，等待我們去完成。

米德說，聆聽科技的聲音。那些曲線對我們說什麼？想像現在是一九六五年。你看到摩爾發現的曲線。假設你相信了這些曲線想告訴我們的故事：年復一年，正如夏去冬來，晝逝夜臨，電腦會改善百分之五十，尺寸減少一半，價格降低一半，每年不斷重複，過了五十年，功能會比當下強大三千萬倍。（這件事已經發生了。）如果你在一九六五年就能確定，或幾乎信了，該能獲得一大筆財富吧！你不需要其他的預言、其他的預測、其他的細節，就能坐等收益。在人類社會中，如果我們只相信摩爾的那條軌道，其他的都不相信，教育和投資的方式都會改變，也會做好準備，更睿智地捕捉到那即將萌芽的神奇力量。

在加速的科技體中，人類的歷史很短，而電晶體、頻寬、儲存技術、像素和DNA定序不變的成長速率則是我們從中梳理出來的最早幾條莫伊萊紡線。一定還有其他尚未透過工具揭露、尚未發明的東西。這些「定律」是科技體無視於社會氣候就啟動的反射。按著排好的順序開展時，這些定律也會醞釀進步，激發出新的權勢、新的欲望。或許遺傳學、藥物或認知等領域中會出現這些自治的動力。一旦成長的動力發動了，大家都看得到，財務、競爭和市場的燃料會把定律推到極限，沿著曲線一直向前，直到耗盡潛能。

我們的選擇一看就很明顯，就是要準備迎接定律給我們的禮物，還有定律會帶來的問題。我們可以選擇，更懂得如何預料到這些必然會出現的波濤。我們可以選擇教育自己和下一代，讓自己更聰明，在運用定律時能發揮教養和智慧。我們也可以決定，修改自己對法律、政治和經濟的假設，迎合前方早已注定的軌道。但我們絕對無法逃避。

刺探遠處的科技命運時，我們不該被必然性嚇得退避三舍，而是要準備好向前猛撲。

第九章　走向必然

我曾經親眼見證人類未來的科技命運。一九六四年，我還是個孩子，去參觀紐約的世界博覽會，看得目瞪口呆。必然會出現的未來展現在我們眼前，我彷彿面對美食般狼吞虎嚥。在美國電話電報公司的展示館中有一台真的影像電話。視訊電話的想法早在科幻小說中流傳了一百年，果真是個很明確的預言前兆。現在這兒就有台真正的影像電話。雖然看到了，卻沒辦法試用，不過《大眾科學》和其他雜誌都撥出篇幅放上照片，說明影像電話如何能讓郊區居民的生活更有樂趣。我們都期待影像電話有一天會出現。好吧，等了四十五年，這一天終於到了，我正在打的影像電話就跟一九六四年預測的一樣。我和妻子在加州的家裡，屈身靠向面前外形流線的白色螢幕，播放出上海的女兒四處移動的影像，就像以前的雜誌插圖，正是一家人擠在影像電話前的樣子。在中國的女兒在她的螢幕上看我們，三人隨口閒聊家裡的瑣事。我們的影像電話就跟大家想像的一模一樣，只有三個很明顯的差別：用的裝置不是電話，而是我們的 iMac 跟她的筆記型電腦；不用付電話費（透過 Skype，不是美國電話電報公司）；雖然很完美很好用，而且不用錢，影像電話卻不怎麼普遍，我們也很少用。所以，跟之前的未來版本不一樣，必然會出現的影像電話並未變成現代的標準通訊方式。

所以，影像電話必然會出現？討論到科技的必然性時，這個名詞有兩個意義。第一，發明只需要存在一次。也就是說，能夠實現的科技必然會出現，因為總會有人瘋狂地東拼西湊起能混在一起的東西。個人飛行器、水底的房屋、夜光貓咪、失憶藥丸……時機醞釀成熟後，每項發明的原型或展示品都一定會出現，無可避免。此外，發明同時出現已經變成規則，不是例外狀況，任何能夠發明的發明物被發明出來的次數都不只一次，但只有少數幾項能為人廣泛採納，大多數則無法發揮功效。更常見的情況是，雖然能運作，卻沒有人要。因此，按著這個無關緊要的意義，所有的科技都必然會出現。把時間倒帶，所有的發明物都會再來一次。

第二個「必然性」的意義比較實在，需要某種程度的大眾接納和可行性。科技的應用必須主宰科技體，或至少能掌控自身在技術領域中的那一角。但普遍存在還不夠，必然性必須包含大規模的動力，靠著自我的決心超越數十億人的自由選擇。光憑社會大眾的奇想，無法改變方向。

在不同的時代和經濟體制下，出現了好幾次影像電話的構想，細節都相當完備。影像電話可

初次問世的影像電話。一九六四年，地點是紐約世界博覽會美國電話電報公司的展示館。

說是呼之欲出。一八七八年，電話獲得專利兩年後，一名藝術家畫出了心目中的影像電話。一九三八年，德國郵局展示了好幾種工作原型。一九六四年的世界博覽會結束後，紐約街頭的公共電話亭也裝了名為「圖像電話」的營利版本，但十年後由於大家興趣缺缺，美國電話電報公司撤銷了這項產品。雖然幾乎每個人都知道這項發明，但圖像電話在高峰期也只有五百多名付費用戶。你可以說這不算是必然的進步，而是一項必然受人忽略的發明物苦苦掙扎的過程。

但今天影像電話回來了。或許經過五十年的時間，必然性會提高。或許一九六四年時機還沒到，缺乏必要的基礎科技，社會動力也尚未成熟。從這個角度來看，之前的多次嘗試只能證明必然性，不斷推動只求問世。或許誕生的過程還沒結束。等到其他的創新產品發明後，視訊電話才會更普及。等到有創新的技術，能讓別人說話時眼神引導到你臉上，而不是對著不知道在哪裡的攝影機，或在多方通話中有方法切換螢幕到說話的人身上，這一類產品才能成功。

影像電話遲遲無法成為主流，同時證明了兩個論點：一、影像電話確實必須問世；二、影像電話確實不需要出現。那我們就要問了：是否如科技評論家溫納所說，科技產品靠著自身的慣性向前猛衝，有如「自行推進、自立自強、無法逃避的波流」，還是我們在科技改變的順序中能很清楚地用自由意志來選擇，採取一種不管是個人或團體都要為每一步負責的態度？

我想打個比方。

你是誰，除了其他的因素外，也由基因來決定。每天科學家都會發現表達人類某個特質的新基因，透露出遺傳的「軟體」用哪些方法驅動你的身體和大腦。我們現在知道，上癮、野心、冒險、害羞等等行為都脫離不了基因的控制。同時，「你是誰」當然也由環境和教養來決定。每一天科學家都會發現愈來愈多的證據透露出家庭、同儕和文化背景用什麼樣的方式塑造出我們的存在。其他人對我們的信念更有無比的力量。最近還有愈來愈多的證據指出，環境因素能夠影響基因，所以這兩個因素互為輔助，也是彼此的決定因素。你的環境（比方說你吃進去的東西）可能會影響你的遺傳密碼，而你的遺傳密碼則會推著你走入某些環境，因此這兩種糾結在一起的影響力實在難以分開。

最後，「你是誰」就最廣的定義來說，你的性格、你的精神、你的生活，都由你的選擇來決定。你的生活形式有很高的比重來自他人賦予，超乎你的控制，但對於這些預先決定的事物，你有很高很明顯的選擇自由。在基因和環境的約束下，生活的方向由你選擇。就算你的基因有說謊的傾向，或家庭習慣如此，但在審判中你可以決定是否要說實話。或許你天生害羞，或者處在習於膽怯的文化中，你也可以決定是否要跟陌生人交朋友。你的決定能超越遺傳而來的意向或薰陶。你的自由絕對算不上完整。如果你想當上全世界跑得最快的人，光靠選擇是不夠的，你的基因和教養會起更強烈的作用，但你可以選擇要不要跑得比從前快。你的遺傳以及家庭和學校的教育定下了外在的界線，決定你能變得多聰明、多慷慨、多卑鄙，但你會選擇今天是否要變得比昨天更聰明、更慷慨、更卑鄙。或許你的身體和大腦想要懶惰、想要草率，或想要有想像力，但你能選擇這些特質可以進展到什麼程度（即使你天生不怎麼果斷，也要做決定）。

很奇怪，我們自由選擇的面向才會讓別人影響深刻。在血統和背景定下的範圍中，我們處理生活中一連串真實選擇的方式，才是定型身分的因素。在我們死後，這會是別人談論的話題。預先決定的不重要，我們做的選擇才重要。

科技也是如此。科技體有一部分已經由繼承而來的特質注定，也是本書主要探討的地方。正如我們的基因會推動人類必然的發展，從一顆受精卵開始，繼續長成胚胎，然後變成胎兒，嬰兒出生後長大成幼兒、小孩、青少年，科技最明顯的趨勢也按著發展的階段一步步開展。

在我們的生命中，我們無法選擇要不要變成青少年。奇異的荷爾蒙開始流動，我們的身體和心靈必須變形。文明的發展途徑也很類似，只是文明發展的草圖比較不確定，因為我們見證過的文明發展沒那麼多。但我們可以分辨出必要的順序：群體必須先懂得控制火，冶鍊金屬後才有電力，有了電力才有全球通訊。我們或許對於確切的順序有不同的意見，但一定要按順序來。

同時，歷史也很重要。科技系統得到了動力，變得很複雜，自行聚合在一起，最後形成了對其他科技也有益處的環境。為汽車奠定基礎而建造出來的基礎架構太廣闊了，擴展了一個世紀後到了現在，也會影響到交通以外的科技。比方說，空調系統發明後，也建造了高速公路，亞熱帶地區的人因此能選擇住在郊區。發明便宜的冷氣後，美國南部和西南方的景觀跟著改變了。如果在沒有汽車的城市裡裝冷氣，即使冷氣系統保有自身的科技動力和固有特質，帶出來的結果模式又會很不一樣。因此，科技體中每項新發展的先決條件都按照之前的科技產品留下的歷史先例。在生物學上這種結果叫做共同演化，意思是一個物種的「環境」是其他與其互動的所有物種共享的生態系統，所有的物種都不斷變動。舉例來說，獵物和掠食者會一起演化，也會影響彼此的發展，這場軍備比賽永遠不會停止。宿主和寄生蟲組成了二重唱，想蓋過彼此的聲音，而新的物種在適應生態系統時，也促使生態系統去適應不斷改變的目標。

無可避免的影響力畫出了範圍，我們的選擇在其中釋放了結果，隨著時間過去，不斷增加動力，直到這些偶發事件奠定基礎，成為科技的必需品，在未來的世代中變成幾乎無法改變的事實。很久以前就有人說，最早的選擇留下了長遠的影響，基本上沒錯：羅馬老百姓的手推車寬度必須要跟皇帝的戰車一樣，因為這樣才能跟著戰車在路上留下的車轍。戰車的大小要能容納兩匹高大戰馬的寬度，換成現在的尺寸是一百四十三點五公分。在廣大的羅馬帝國內，每一條路在建造時都符合這個規格。古羅馬的軍團行軍進入英國時，他們建造了一百四十三點五公分寬的長程御道。英國人開始建造馬車軌道時，他們使用同樣的寬度，好讓同樣大小的馬車可以派上用場。開始建造鐵路時，已經不用馬匹了，但軌道寬度很自然地還是一百四十三點五公分。從大不列顛群島進口的勞工在美洲鋪設最早的鐵路時，也用了他們已經習慣的工具和鑽模。快轉到美國的太空梭，組件在很多不同的地方製造，然後在佛羅里達組裝。由於太空梭側邊的兩具大型固體燃料火箭引擎要從猶他州用火車運過來，那條路線會穿過不比標準軌道寬多少的隧道，火箭本身的直徑就無法比一百四十三點五公分寬太多。有人打趣說：「所以，這套運輸系統是大家公認全世界最先進的，但最重要的設計特色卻在兩千年前由兩匹馬的屁股決定了。」這差不多可以說明在漫長的歷史中科技用什麼方式自行束縛。

過去一萬年來的科技影響了每個新時代中科技早已命定的行進。比方說，初期的電力系統一開始的狀況會用好幾種方式引領最終網路的性質。工程師可能會偏好集中式而選擇交流電，或偏好分散式而選擇直流電。有可能業餘人士會安裝十二伏特的系統，而專業人士則會安裝兩百五十伏特的系統。法律制度或許選擇保護專利，也有可能不保護，商業模式的重點可能在於利潤，也有可能在於慈善事業。這些一開始的規格影響了在電力系統上發展的網際網路。這些變數讓開展的系統朝著不同的文化方向前進。但某種形式的電力化是科技體不可或缺、無法避免的階段。隨之而來的網際網路也必然會出現，但其典型的特質則會依附先前科技的一般趨向。電話必然會出現，但 iPhone 則不一定。我們接納生物學的比喻：人類一定會進入青春期，但不一定會變成少年犯。青春期無可避免，在個人身上展現出來的確切模式或多或少視個人的生活規律而定，再看個人過去的健康和環境而定，也一定要考慮到自由意志的選擇。

跟個性一樣，科技由三種力量塑造出來。最主要的驅動力量是早已命定的發展——科技想要的東西。第二種驅動力則是科技歷史的影響，過去留下的重量，就像馬軛的大小決定了太空火箭的尺寸。第三股力量則是社會用來塑造科技體的集體自由意識，也就是我們的選擇。在第一股必然性的力量下，在不斷改變的大型複雜系統中，科技演化的途徑同時受物理定律和自發秩序的趨勢操縱。即使讓時間倒轉，科技體仍會朝著某些宏觀的形式前進。接下來會發生或已經發生過的事情會依附在第二股力量上，因此歷史的動力限制了我們後續的選擇。這兩股力量沿著受限的路徑引導科技體，嚴重限制我們的選擇。我們會認為「接下來一切都有可能」，但事實上在科技中並非一切都有可能。

不同於前兩種力量，第三股力量是個人用來做選擇和群體用來決定政策的自由意志。和我們能想像到的所有可能性相比，人類的選擇範圍其實很狹窄。但和一萬年前，或甚至一千年前，或甚至去年比較起來，可能性一直都在擴張。雖然從宇宙的角度來看受到限制，但我們能有的選擇其實超乎我們的知識範圍。透過科技體的引擎，這些真實的選擇會不斷擴張（雖然大多數的選擇早已命定）。

除了科技史學家，普通的史學家也看到了同樣的矛盾。這裡引述文化史學家艾伯特的看法：「人類的自由其實存在於歷史過程設下的限制內。雖然並非一切都有可能，但能選擇的也不少。」科技史學家溫納用下面的說法總結自由意志和命定的趨同：「科技彷彿按著因果關係持續前進。人類的創造力、智力、習性、機會或固執的欲望並不因此遭到否決，不是只能朝著一個方向前進，還有其他的方向可以選擇。這一切都在過程中吸收，變成進展中的重要關頭。」

科技體具備三股力量的本質正好和生物演化的三股力量一樣，這並不是巧合。如果科技體確實是生命演化延伸出來的加速過程，就應該被同樣的三股力量支配。

有一股動力無可避免。物理學的基本定律和突然出現的自我組織驅動演化朝著特定的形式前進。特定物種（生物或科技的）的細節無法預測，但宏觀模式（電力馬達、二進位計算）則由物質的物理學和自我組織注定。這股無法逃避的力量可以當成生物和科技演化的結構必然性（如下圖左下角所示）。

三角形的第二個角落則是演化過程中與歷史和偶發事件有關的層面（右下角）。事件和環境契機會用不同的方法扭轉演化的過程，這些偶發事件累積起來，內在的動力會創造出生態系統。過去的影響不可小覷。

演化中的第三股力量則是適應能力，不斷追求最優秀的東西和有創意的新事物，持續解決生存的問題。在生物學中，物競天擇沒有知覺也沒有目的，但力量非常

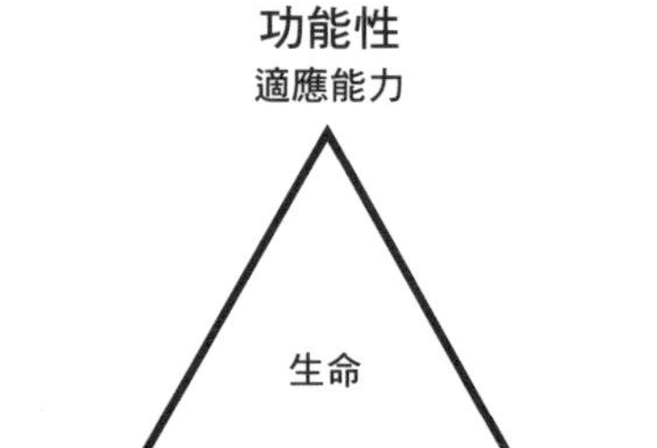

生物演化的三股力量。生命中的三項演化動力。

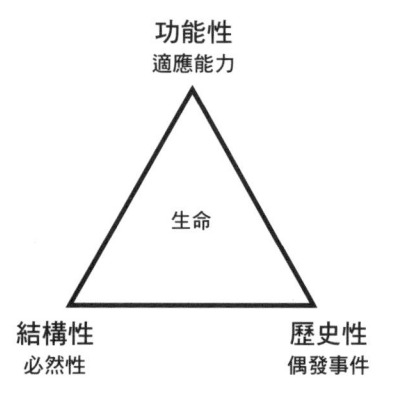

驚人（頂端的角）。

但在科技體中，適應力不像在物競天擇中，是我們感覺不到的，反而能接納人類的自由意願和選擇。我們對必然的發明表達自己的想法，以及決定是否（和如何）使用或避免某些發明物的數十億個個人選擇，構成了這個意念的範圍。在生物演化中，沒有設計師，但在科技體中卻有非常聰明的設計師，也就是現代人。當然，有意識的開放性設計（下圖頂端的角）就是為什麼科技體變成了世界上最強大的力量。

科技演化的另外兩股力量跟生物演化的一樣。物理學的基本定律和突然出現的自我組織透過一連串必然的結構形式推動科技，例如四輪交通工具、半球體的船、頁面組成的書籍。同時，歷史上過去偶然出現的發明物形成了一股慣性，用不同的方法扭轉演化的方向，但不會超出必然性的範圍。而擁有自由意志的人集合起來的選擇構成了第三股力量，塑造出科技體的特質。我們透過自由意志做出的選擇在個人的生活中決定我們是誰（難以形容的「人」），而我們的選擇同樣也會決定科

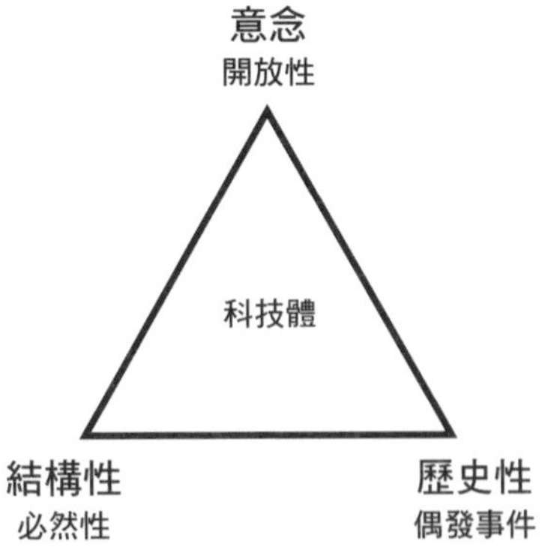

科技演化的三股力量。在科技體中，功能動力換成一股對等的力量：意念。

技體的形狀。

我們或許無法選擇工業自動化系統的大規模草圖，其他的例子還有裝配線工廠、石化燃料發電、大眾教育、堅守時間表等等，但我們可以選擇相關的性質。在選擇大眾教育該如何進行時，有很大的餘裕，因此我們可以推動教育系統，儘量提高品質、追求卓越、培育創新。產業裝配線的發明可以偏向儘量提高輸出或儘量提高工人的技術，這兩條途徑會產生不同的文化。每種科技系統都可以訂出不同的標準，這些標準會改變科技的性質和品格。

從太空中，一眼就能看到選擇帶來的結果。衛星會在夜間掃過天空，記錄城市的光量。從軌道上看，地球上每個點了燈的城市都像科技體夜景圖中的一個像素。平均分布的一層光量指出科技發展的進度。在亞洲，分布均勻的光量中卻有一團巨大、沒點燈的黑色部分。黑色的輪廓正符合北韓的國界，一個背棄全世界的國家。

史丹福大學的經濟學家羅默指出，這塊非常負面

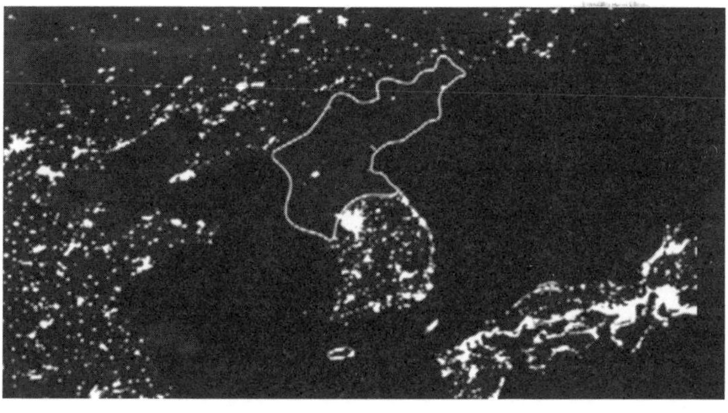

夜間的北韓。東亞的夜間衛星相片告訴我們有塊地方缺乏現代的科技。白色線條畫出北韓的輪廓。

的空間是政策的結果。北韓擁有夜間照明的所有科技原料，周圍燈火通明的區域就能證明，但北韓這個國家卻採取表達出電力系統稀少微弱的形象。產生出來的科技選擇地圖就讓人吃了一驚。

賴特在著作《非零理論》中有一個很不錯的比喻，可以讓我們了解必然性的角色套用到科技上的模樣，接下來我用自己的話來說明。賴特說，像罌粟花種子這樣細小的種子，命運是要長成一棵植物，這樣的主張很恰當。花兒產生種子，種子長成植物，這外在的固定程序已由數十億年來的花朵確定下來。按照最基本的意義，罌粟花種子必然會長成植物，雖然有為數不少的種子最後可能被拿去做貝果。種子不需要百分之百全都進入下一個階段，才能讓我們承認罌粟花的生長有個無可變更的方向，因為我們知道罌粟花種子內已經有DNA程序了。種子「想要」變成植物。更精確地說，罌粟花種子注定要長出特定型態的枝條、葉片和花朵。在我們心中，與其說種子的命運是有多少顆能夠完成旅途的統計或然率，不如說原本就設計成這個樣子。

如果說科技體自行推動，通過某些必然的科技形式，並不表示每一項科技都必然會出現。應該說，科技體表示一個方向，而不是命運。更確切地說，科技體的長期趨勢顯露出科技體的設計；這樣的設計指出建構科技體的目的。

必然性並不是缺點。有了必然性，就更容易預測。我們預測的能力愈強，愈能準備好面對即將到來的事物。如果我們能分辨持續的力量有什麼粗略的輪廓，就能教育下一代學習恰當的技術和知識，好在那樣的世界中興旺茂盛。我們可以改變法律和公共機構中的標準，來反映即將到來的實況。舉個例子，如果我們了解到每個人全部的DNA從一出生或出生前就排好了順序（這是無可避免的），那麼我們就該教育眾人基因的知識。大家都必須知道從基因代碼能蒐集到哪些資訊，而哪些資訊無法蒐集，親屬之間的基因有什麼變化，又有哪些相同之處，有什麼因素會影響基因的完整，有哪些相關資訊可以共用，「種族」和「種族淵源」等概念在這個背景中有什麼意義，如何利用這樣的知識去打造治療的方法。全新的世界等著我們去開展，而且要花一段時間，但我們現在就可以開始分類這些選擇，因為那個時刻會跟反熵準則同時到來，而且無法逃避。

在科技體前進時，預報和預測出現了更好的工具，幫我們找出必然會出現的事物。再回到青春期那個比方，因為我們能預見人類青春期一定會開始，就更懂得截長補短。青少年的生理構造迫使他們要去冒險，藉此建立自己的獨立性。青少年愛冒險，是演化「想要」他們這樣的。知道青春期一定會出現冒險行為，青少年就能安心了（你很正常，不是怪物），社會也安心了（他們總會長大），也讓我們想辦法去控制正常的冒險心，改善之後從中獲益。如果我們確定在文明成長時，持續連線的全球網路是無可避免的階段，那這樣的必然性就能消除我們的疑慮，欣然接納，盡全力創造出最完美的全球網路。

在科技進步時，我們面對愈來愈多的可能性，如果夠聰明機警，也會有更好的方法來預測這些已經注定的趨勢。在科技中，我們真正的選擇非常重要。雖然受限於預先決定的發展形式，科技階段的特殊規格對我們而言非常重要。

發明和發現是科技體中原本就有的珍寶，等待展現的時刻。這些模式沒有任何魔力，科技的方向一點也不神祕。所有複雜、有適應能力的系統都能維護穩定的自我組織，比方說銀河、海星、人類心智，這些系統會展現出突發的形式和固有的方向。我們說這些形式屬於必然，因為就像排水時出現的螺旋狀漩渦，或冬天暴風雪中的雪花，這些形式在條件合適的時候就會展現出來。不過，展現出來的細節當然不會每次都一模一樣。

科技體的漩渦按著自身的時間表成長，有自己的規則和方向。人類創造出科技體，但科技體卻再也不完全由人類控制和主宰。我們就跟普通的父母一樣，感到憂心忡忡，尤其在科技體愈來愈有力量、愈來愈獨立的時候。

但科技體能夠自立，也帶給我們無比的好處。真正的進步能夠長期成長，因為科技體的成長就跟有生命的系統一樣。科技最吸引人的地方也要歸因於這些自行增強的長期趨勢。

生物在自然狀態下，都想要自行保護、自行擴展和自行成長。我們不會嫉妒獅子、蚱蜢或人類的自私本質。但會有個時刻，我們要面對下一代在童年時期展現出幼稚自私的本質，我們必須承認他們會按著自己的時間表成長。即使他們的生命毫無疑問地延續我們的生命（他們所有的細胞都衍生自我們的細胞，未曾遭到中斷），我們的孩子有他們自己的生活。不論看過多少個小孩，當自己的孩子宣布要獨立時，我們仍會坐立難安。

我們一起和科技體面對這樣的時刻。每一天，我們都會碰到生物學中自然的生命循環，但這是我們第一次遭逢科技的循環，心中十分膽怯。在科技中看到自私，我們大吃一驚，因為實際上，我們應該隸屬於科技體本身，而且以後情況應該也不會有變化。心理學家特克說，科技是我們的「第二個自我」。同時是「他人」，也是「我們」。我們的下一代會長大，想法完全跟我們不一樣，但科技體自立的情況不一樣，我們和集體的心智都會包含在內。我們脫離不了科技體自私的本質。

如此一來，科技永遠進退兩難，我們永遠都得面對。科技是我們打造出最精密的工具，不斷更新以改善人類的世界，也是不斷成熟的超級生物，我們也被包含在內，遵循的方向已經超越了我們製造出來的成果。人類是科技體的主宰，也是科技體的奴隸，我們的命運無法脫離這令人不自在的雙重角色。因此，我們對科技永遠都有矛盾的感覺，發現要做出選擇很難。

但我們要考慮的重點不該是要不要擁抱科技。是否欣然接納科技，不是我們能決定的，因為我們必須和科技共同生存。從宏觀的角度來看，科技體要遵循必然的進展。但從微觀的角度，意志才是主宰。我們的選擇是要讓自己對準這個方向，為所有人事物擴展選擇和可能性，優雅美妙地展露出細節。或者我們可以選擇抗拒第二個自我（但我相信這個選擇不明智）。

科技體在我們心中引發的矛盾是因為我們拒絕接納人類的本質，也就是人類和創造出來的機器已經融為一體。我們是自我創造的人類，也是自己最佳的發明。當我們抗拒整體的科技時，表現出對自己的憤恨。

亞瑟說：「我們信任自然，但我們希望身處於科技之中。」這個希望源自於接納自己的本質。配合科技體的規則，我們就能做更好的準備，盡力控制科技體的方向，進一步察覺到我們朝著哪個方向前進。注意到科技想要什麼，我們便能準備好迎接科技賦予人類的所有益處。

第三部　選擇

第十章　大學炸彈客有他的道理

一九一七年，萊特預言：「飛機將對和平有所助益，尤其我認為飛機很有可能會讓戰爭消逝。」他的話回應了早前美國記者華克的心情，華克於一九〇四年宣稱：「作為和平的機器，〔飛機〕對世界的價值簡直無法計算。」這並非第一次有人提出偉大的科技承諾。同一年，凡爾納宣布：「潛水艇有可能變成讓戰爭完全停止的因素，因為艦隊變得無用，在其他戰爭工具繼續進步的時候，戰爭不可能發生。」

發明炸藥的瑞典人諾貝爾也是諾貝爾獎的創立人，他真心相信他的炸藥會遏制戰爭：「我發明的炸藥會超越一千次的世界會議，更快帶來和平。」按著同樣的脈絡，發明機關槍的馬克沁在一八九三年被問到：「這把槍會不會讓戰爭變得更可怕？」他回答：「不會，機關槍讓戰爭不可能出現。」發明無線電的馬可尼在一九一二年對世界宣告：「無線時代來臨後，戰爭就不可能發生了，因為戰爭會變得很可笑。」美國無線電公司的董事長哈博德將軍在一九二五年宣揚他的信念：「無線電能夠實現『世界得太平，人間持善意』的概念。」

一八九〇年代，電話變成商品後不久，美國電話電報公司的總工程師卡提預言：「有一天，我們會造出全球電話系統，讓所有人都需要使用共通的語言，或對不同的語言有共同的了解，如此一來，四海之內皆兄弟。地球上不論何處，都會聽到蒼穹中發出宏亮的聲音對我們宣告：『世界得太平，人間持善意』。」

特斯拉認為發明了「不需要電線、符合經濟效益的電力傳輸……就能為地球帶來和平與融洽。」那時是一九〇五年，既然現在無線的電力傳輸還沒發明出來，世界和平仍有希望。

科技史學家奈伊列出了更多發明物，想像這些東西能永久廢除戰爭，引領我們進入宇宙和平：魚雷、熱氣球、毒氣、地雷、飛彈和雷射槍。奈伊說：「每一種新的溝通方式，從電報和電話到無線電、電影、電視和網際網路，都讓人期待能保證言論自由，想法也能自由流通。」

一九七一年，根特在《紐約時報》發表了有關互動式有線電視的文章，他說：「支持的人認為這個節目……向政治哲學家的參與式民主夢想踏出了一大步。」到了今日，對於網際網路能促進民主化和和平的承諾，又奪去了類似的主張曾賦予電視的光彩。未來主義學家加羅對此非常好奇：「我們都見證了電視變成什麼樣，我很驚訝現在電腦科技在大家眼中居然變得如此神聖。」

並不是說這些發明物都沒有好處，說不定還真有些對民主有益的地方。應該說，問題在於新科技帶來的問題多過解決的問題。亞瑟說：「問題就是解決方法的答案。」

世界上新出現的問題大多數是以前的科技造成的問題。但我們幾乎察覺不到這些問題。每年有一百二十萬人死於車禍，科技帶給我們非常重要的運輸系統，造成的死亡人數卻高過癌症。科技產生許多嚴重的問題，干擾科技體，比方說全球暖化、環境毒素、肥胖、核子恐怖主義、宣傳活動、物種流失、藥物濫用等等。科技評論家羅斯札克說：「在都會工業社會中，有多少我們已經認定為『進步』的東西其實揭開了從最後一輪科技創新繼承而來的罪惡？」

想要擁抱科技，就需要勇敢面對科技的代價。進步讓數千種傳統生計逐漸走向邊緣化，和這些職業相關的生活型態也消失了。今日有數以億計的人為自己痛恨的工作汲汲營營，製造出自己一點都不喜愛的東西。有時候工作帶來身體疼痛，造成殘障或慢性疾病。科技創造出許多眾人公認非常危險的新職業，例如開採煤礦。同時，大眾教育和媒體教導我們要避開低技術的勞動業，追尋對數位科技體有用的工作。雙手和頭腦分離了，人類的精神變得緊繃。確實，那些要人久坐不動的高薪工作，也是最傷身心的。

科技不斷膨脹，最後填滿了人與人之間所有的孔洞和空間。除了監督鄰居的家務事，也監督任何我們有興趣刺探的對象。名單上有五千個「朋友」，但心裡可能只容納得下五十個，影響的能力早已超越了關懷的能力。在科技介入後，生活出現了巨變，烏合之眾、聰明的廣告商、政府，以及體制下無心的偏見，都能操控我們。

要花時間在機器上，一定要先省下做其他事的時間。為消費者新發明的小玩意如排山倒海而來，讓我們沒時間用其他的玩意，或得放棄其他的活動。十萬年前的現代人在採集食物時，顯然根本用不到科技。一萬年前，農夫可能每天要拿著工具工作好幾個小時。而一千年前，中世紀的科技遍布人類關係的邊緣，但尚未進入核心。今天的科技自行立足在萬事萬物的中心，不論我們做什麼、看到什麼、聽到什麼、造出什麼。吃飯、戀愛、性行為、養育子女、教育、死亡，科技無所不在，生命因此充滿規律。

科技是世界上最強大的一股力量，漸漸成為人類思維的主宰。由於科技無所不在，所有的活動都被科技壟斷，也讓其他不利用科技的解決方法看起來很不可靠或毫無作用。由於科技有力量讓人變得更強，我們認為人工製品優於自然產品。野生藥草和人工製藥，你會預期哪個比較有效？就連恭維卓越的文化用語都變得很有機械味：「像玻璃一樣光滑」「明亮閃耀」「標準純銀」「滴水不漏」「像時鐘一樣規律」，都流露出人工製品比較優越的感覺。我們被禁錮在科技的架構中，正如詩人布萊克口中「人心自囚的桎梏」。

只因為機器**能**做某項工作，通常就給我們足夠的理由，讓機器去**做**那項工作，即使一開始表現很差也沒關係。最早的機器製品，如衣服、瓷碗、書寫用紙、籃子和罐頭湯，都不怎麼樣，只是很便宜。通常，我們發明機器的時候只想到特定的某個用途，然後，發明出來的東西卻按著自己的意思發展，波斯曼稱之為科學怪人症候群。波斯曼寫道：「一旦造出機器，我們總會大吃一驚，發現機器有自己的想法；除了有能力改變我們的習慣，還能……改變心智的習性。」因此，按著馬克斯的說法，人類變成了機器的附屬物或助手。

很多人相信，科技體要成長，就要消耗無法替代的資源、古老的棲息地和無數的野生動物，但回報給生物圈的只有污染、鋪築過的地面和無數被淘汰的垃圾。更糟糕的是，同樣的科技剝削世界上最貧弱的地方，那些自然資源最多但經濟能力最差的國家，讓最強的國家變得更富有。進步讓幸運的少數人活得更富裕，也讓不幸的窮人挨餓。由於科技的規則對自然環境帶來不利的影響，承認科技體進展的很多人無法全然接納科技的規則。

真有這種侵占的情況。科技進步產生時，常常要犧牲生態環境。科技體使用的鋼料來自地底的礦脈，木頭來自砍伐森林，塑膠和能量自石油中吸取，然後燃燒進入空氣中。工廠取代了沼澤地或草原。地球的陸面已經有三分之一因為農業和人類居住而出現改變。你可以列出長長的名單，山丘被劃平、湖泊受到污染、河流上建了水壩、叢林化為平地、空氣變得髒污、生物多樣性大幅削減。更該死的是，文明造成許多獨特的物種永久滅絕。在地質時期，物種滅絕的正常速率是每四年一種，而現在物種滅絕的平均速率至少變成當時的四倍；甚至，我們消滅物種的速率可能已經加快好幾千倍。

（我碰巧對這樣的大量毀滅有點認識，因為我花了十年的時間主持一項行動，把地球上所有的生物編成目錄。我們找到了歷史證據，證明過去兩千年來約有兩千個物種滅絕，等於一年一種，是自然速率的四倍。然而，過去兩百年來滅絕的物種最多，因此現在已知的年平均值已經高出許多。既然我們已經識別出地球上所有物種的百分之五，很多尚未命名的物種跟已證實絕種的物種棲息地相同，而這些棲息地正在消失中，即可推論即將滅絕的物種總共有多少。估計出來的數字偏高，每年有五萬種以上。事實上，沒有人知道地球上到底有多少個物種，或者我們已經識別出多少種，連個邊也摸不著，所以我們只能確定人類消滅物種的速度比從前快很多，這已經夠可恥了。）

但是在科技體中，並沒有促成物種流失的固有條件。我們現在用到的科技方法如果會導致棲息地消失，一定能想得到不會威脅棲息地的替代方案。事實上，我們若能發明科技X，就有（或可能有）對應的科技Y，很有可能比科技X更加環保。一定有方法能增加能源和材料效率、更貼近生物程序，或者減輕對生態系統的壓力。霍肯極力擁戴對環境無害的科技，並因此知名，他說：「我無法想像有哪種科技無法改成比現在環保好幾倍的樣子。但我覺得，我們根本還沒踏進綠色科技的領域。」當然，更環保的做法或許會對環境帶來前所未見的負面影響，但那只表示必須要有其他的創新科技來補救不足之處。如此一來，更環保的科技絕對有源源無盡的潛能。既然無法偵測到科技的環保程度有什麼限制，這種無邊無際的特質告訴我們，科技原本就非常尊重生命。科技體回歸到根本，其實充滿與生物共存的潛能，只需要把潛能發揮出來。

未來主義學家薩佛說得好，我們常把未來的清楚景象跟近在眼前的事物搞混。但實際上，科技常在我們能想像到的跟能做到的事物之間製造出令人煩惱的不一致。電影導演盧卡斯解釋過科技外在的兩難困境，我覺得他的說法再好也不過了。我曾於一九九七年訪問過盧卡斯，主題是他為《星際大戰》前傳三部曲發明的全新高科技電影拍攝手法。他必須把電腦、攝影機、動畫和真人天衣無縫地融入電影世界，構造出一層層的影像，就像在影片中畫圖。之後，其他前衛的動作片導演也採用同樣的手法，包括《阿凡達》的柯麥隆。當時，盧卡斯的新手法十分激進，讓先進科技達到最高峰。但是，他創新的技法雖然未來感十足，很多人看過之後卻認為他後來的電影並沒有因此更好看。我問他：「你認為科技讓世界變好，還是更糟糕？」盧卡斯回答：

看看科學的曲線，以及一切已知的東西，像火箭一樣向上猛衝。我們就坐在火箭上，循著垂直的線條完美地衝向恆星。但是人類的情緒商數跟智力商數一樣重要，也有可能更加重要。對於情緒的理解，我們跟五千年前的人類一樣孤陋寡聞，所以我們的情緒商數曲線根本是水平的。問題在於，垂直線跟水平線漸行漸遠，愈分愈開，一定會帶來某項後果。

我覺得我們低估了這個鴻溝的張力。以長期來看，傳統的人性受到侵蝕，或許證實了科技體用在這方面的成本超越了對生物圈的侵蝕。溫納指出，生命的動力其實永遠都一樣：「只要人類把自己的生命傾入器械中，自身的活力就會隨之縮減。人類的精力和性格轉移後，就變得空虛，但他們可能永遠察覺不到空虛的存在。」

那樣的轉移並非必然，卻已經發生了。機器幫人類做的事情愈來愈多，我們熟悉的事情愈來愈少。走的距離變短了，讓汽車取代雙腳。不需要掘地，反正有耕耘機。不需要獵取食物，不需要採集。我們不用敲鎚子或縫補。除非必要，不用眼睛閱讀。不會計算。記憶工作正在移交給 Google 的搜尋引擎，等到打掃機器人降到夠便宜的價格，我們也不用掃地了。工程系的學生布仁德花了兩年的時間體驗阿米希人的生活，他說：「重現維持生命所需的人類才能只有兩種結果，一是人類才能停止發育，二是重啟智人和機器之間的競爭。對於有自尊心的人來說，兩個結果都令人不快。」科技會慢慢腐蝕人類的尊嚴，讓我們質疑自己在世界上的角色和自我的本質。

我們可能會因此失去理智。科技體是一股遍及全球的力量，無法由人類控制，似乎也沒有界限。人類的智慧找不到抗衡的力量，來防止科技占領地球的各個角落以及創造出世界都市，就像艾西莫夫科幻故事中的川陀，或盧卡斯星際大戰電影中的行星克魯斯根。務實的生態學家爭論，早在世界都市能夠成形前，科技體就已經超越了地球自然系統的能力，因此如果不是停滯不前，就會崩潰。豐饒論者相信科技體能夠無窮無盡地替換，文明留下的痕跡能夠毫無障礙不斷成長，也期待世界都市的出現。以上兩者的看法都讓人不安。

約在一萬年前，人類通過了臨界點，改造生物圈的能力超越了地球能改造我們的能力。那個臨界點就是科技體的起點。我們正站在第二個臨界點上，科技體改變我們的能力超過了我們改變科技體的能力。有些人稱之為「奇異點」，但我不認為目前已經出現了適當的名稱。溫納認為「技術的詭詐聚合而成的現象（也就是我所謂的科技體），矮化了人類意識，讓人類應該能操縱和控制的系統變得晦澀難懂。遵循這種趨勢，超越人類的支配，按著自身內在的構造能夠成功運作，科技這種整體的現象構成了『第二天性』，超越對特定要素的欲望或期待。」

已經被判決有罪的炸彈客卡克辛斯基炸傷了幾十個擁戴科技的專業人士，害死三個人，他說對了一件事：科技有自己的理念，很自私。科技體並非如大多數人所想，只是一系列可供出售的獨立人工製品和玩意。卡克辛斯基用「大學炸彈客」的名義回應溫納的論點，以及我在本書中提出的不少想法，他主張科技是個有生命力、全面的系統。並不只是硬體，而比較像有機體。科技體不是沒有生命或被動，而會尋找資源、獲取資源來自我擴展。科技不是人類活動的總和，事實上卻比人類的行動和欲望更加優越。我覺得卡克辛斯基的這些主張沒錯。大學炸彈客在他毫無章法、聲名狼藉、長達三萬五千字的宣告中寫道：

> 這個系統不會滿足人類的需要，也無法做到。反而是人類行為需要調整，以迎合系統的需要。假裝能引導科技系統的政治或社會意識形態和這沒有關係。這是科技的錯，因為這個系統並非由意識形態引導，而是依循技術上的需要。

我也認為科技體由「技術上的需要」引導。也就是說，在科技系統這廣大的綜合體中，已經深植了利己的層面（讓更多的科技和系統出現，來維護自身的科技），此外，固有的傾向會引導科技體朝著某些方向走，偏離人類的願望。卡克辛斯基說：「現代的科技是聯合的系統，其中所有的要素都互相依賴。你沒辦法把科技『壞的』地方去除，只留下『好的』地方。」

卡克辛斯基的觀察雖然屬實，卻無法赦免他的謀殺罪名，他瘋狂的憤恨也找不到正當的理由。

卡克辛斯基在科技裡看到了某樣東西，讓他的暴力行為一發不可收拾。但是，雖然精神失序，犯下滔天大罪，他卻能清楚表達那樣的想法，實在令人驚訝。卡克辛斯基引爆了十六顆炸彈，害死了三個人（並造成二十三個人受傷），只是為了要發表他的宣言。在絕望和卑劣罪行背後的評論，吸引了一小群盧德份子（譯注：反對新科技帶來失業的人）來追隨他。卡克辛斯基以一絲不苟、符合學術標準的精確性提出了最重要的主張：「自由和科技進步無法共存」，因此科技的進步無法退回原點。在怒聲叫嚷時，他對左派份子也有暴躁不安的個人牢騷，不過論點的中段非常清楚，不容忽視。

和哲學及科技理論有關的書籍我幾乎每一本都讀過，許多思索過這股力量的本質、最聰明的人，也曾是我的訪問對象。所以，發現對科技體做出如此敏銳觀察的人居然是個心理有問題的連續謀殺犯和恐怖份子，真讓我很氣餒。該怎麼辦？幾位朋友和同事勸告我在這本書裡根本不要提大學炸彈客。我還是寫出來了，有些人因此很不高興。

我詳細引述大學炸彈客的宣言，有三個原因。第一，他的宣言簡潔陳述科技體的自治狀態，比我寫得還好。第二，許多人懷疑科技，他們認為世界上最大的問題和個別的發明物沒有關係，而要歸咎於科技自身整體的自我支援系統（一般人或許也這麼想，但感覺沒那麼強烈），而我還沒找到比大學炸彈客更好的例子來說明。第三，支持科技的人（包括我在內）已經認識到科技體的自治程度愈來愈高，但討厭科技的人也發現了這一點，我覺得我一定要傳達這件事實。

科技體有自我強化的本質，大學炸彈客說的沒錯。但我不同意卡克辛斯基其他的論點，尤其是他的結論。卡克辛斯基走錯了方向，因為他的邏輯脫離了道德，但用數學家的角度來看，他的邏輯很有洞察力。

就我的理解，大學炸彈客的論點如下：

- 個人的自由被社會束縛，因為為了秩序之故，他們不能脫離文明。
- 科技讓社會變得愈強大，個人的自由度就愈低。
- 科技會毀滅自然，讓自己變得更強大。
- 但是，由於科技體毀滅性的本質，最終會崩潰。
- 同時，科技自行擴張的緩慢變化比政治還要強大。
- 想要利用科技來馴服系統，只會讓科技體更有力量。
- 由於科技文明無法受人駕馭，必須加以毀滅，無法進行改革。
- 由於無法用科技或政治毀滅科技體，人類必須把科技體推向其無可避免的自我瓦解。
- 在科技體崩潰時，我們應該加以猛擊，消滅再起的機會。

簡單來說，卡克辛斯基主張文明是人類問題的來源，而不是解答。他並不是第一個提出這種主張的人。對文明機器大聲怒吼的人早就出現了，包括佛洛伊德在內。但在工業加速時，對工業社會的抨擊也跟著加速。傳奇性的荒野保護行動家艾比認為工業文明是「可怕的毀滅力量」，同時摧毀地球和人類。艾比盡其所能，用搗蛋的方法停止毀滅的力量，例如破壞伐木設備。他是大家的偶像，「地球第一」環保組織的戰士，激勵了不少人跟隨他到處放火。盧德份子理論家塞爾跟艾比不一樣，他埋怨機器，卻住在曼哈頓的上流社會區，深思熟慮後提出「文明是疾病」的想法。（一九九五年，在我的煽動下，塞爾跟我打賭文明會在二〇二〇年以前瓦解，賭資是一千美元，這件事也登在《連線》雜誌上。）最近，由於全球連線網路的密集程度迅速升高，連線從不中斷，更有人大聲疾呼要解除文明，回歸更純粹、更人性化、更原始的狀態。一群只會耍嘴皮子的革命人士突然出現，出書開設網站，宣布末日將近。一九九九年，哲忍出版了現代文選《反抗文明》，也聚焦在解除文明的主題。二〇〇六年，簡申寫了一千五百頁厚的專著，闡述推翻科技文明的方法和原因，包含實用的建議，告訴讀者哪裡才是理想的起點，比方說電纜、瓦斯管線和資訊基礎建設。

卡克辛斯基讀了前人反對工業社會的傷心文章，對文明的恨意勃然而生，就像其他愛好自然、住在山中、回歸土地的人。他想躲避我們這些人，退到自己的角落裡。社會為卡克辛斯基這位有抱負的數學教授設立了許多規則和期望，結果把他壓垮了。他說：「規則和條例本身就給人壓迫。即使是『良好的』規則也會削減自由。」他非常受挫，自身的努力和社會的培養使他得以進入專業團體，卻無法融入（他辭去了副教授的職位）。他的挫折表現在宣言的這幾段文字裡：

> 現代人被規則和條例織成的網路困住了……大多數的條例無法去除，因為有了這些條例，工業社會才能運作。得不到適當的機會……結果帶來無聊、道德敗壞、自尊低落、感到自卑、失敗主義、沮喪、焦慮、罪惡感、挫折、敵意、虐待配偶或小孩、無法滿足的享樂主義、異常的性行為、睡眠障礙、飲食障礙等等。〔工業社會的規則〕讓生活變得無法滿足，讓人感到受辱，導致許多人心理非常痛苦。「感到自卑」的意思是，除了嚴格來說有自卑的感覺，還有形形色色相關的特質：自尊心降低、感到無力、有憂鬱傾向、認為自己一定會失敗、有

罪惡感、憎恨自己等等。

卡克辛斯基的尊嚴受到這些傷害，他歸咎於社會，逃到山間，發現在那兒他能享受更多的自由。他在蒙大拿建了小屋，沒有自來水也沒有電力。他過著相當自給自足的生活，遠離科技文明的規則和控制。（但就跟梭羅的《湖濱散記》一樣，他會去鎮上補給生活物資。）然而，大概在一九八三年，他逃離科技的計畫被打亂了。卡克辛斯基有一處很愛造訪的野外綠洲，他稱之為「年代為第三紀的高原」，從他的小屋要走兩天才能到。那個地方對他來說是個祕密基地。之後卡克辛斯基告訴《地球第一！》期刊的記者：「那是一塊丘陵地，地勢不平，走到邊界的時候，你會看到這些深谷，很險峻地切出非常陡的懸崖。還有一片瀑布呢！」小屋周圍常有登山客和獵人經過，變得十分繁忙，因此一九八三年的夏天，他退隱到高原上的祕密基地去。入獄後他告訴另一名記者：

> 當我走到那兒的時候，我發現有人鋪了一條路穿過那塊地的中間。（他的聲音變小了；停了一會兒，他又繼續說。）你沒辦法想像我有多生氣。從那時候開始，我就決定，與其更努力學習野外求生的技能，不如想辦法報復系統。復仇。那不是我第一次搗蛋，但在那時，復仇變成我的第一優先。

卡克辛斯基變成異議人士的處境很容易讓人同情。你很客氣，想要逃離科技文明的壓力，退隱到科技的邊緣以外，建立起幾乎沒有科技的生活型態，然後文明／發展／工業科技的怪獸偷偷靠過來，摧毀了你的天堂。有路可逃嗎？機器無所不在！絕不放手！一定要讓機器停下來！

熱愛荒野卻又因文明侵占而感到痛苦的人當然不只卡克辛斯基一個。所有美國原住民的部落都因歐洲文化的推進而退隱到偏僻的地方。他們自己並未逃離科技（若有機會拿到最新型的槍枝，他們會欣然接受），但後果也一樣，他們想要遠離工業社會。

卡克辛斯基主張，我們不可能逃脫工業科技棘輪般的魔爪，有好幾個原因：第一，你只要**用了**科技體，系統就要你做牛做馬；第二，因為科技不會自行「反轉」，抓到什麼就會一直抓著；第三，因為我們無法選擇長期下來要使用的科技。下一段從他的宣言中引述：

> 系統「必須」嚴密管控人類的行為，才能保持運作。在工作場合，老闆叫你做什麼，你就做什麼，不然製作過程就會變得一團亂。官僚政治「必須」按照死板的規則來經營。若讓較低階層的官僚真能自己做決定，系統會變得混亂，由於官僚主義者執行判斷力時各有自己的想法，也會被人指控不公平。沒錯，我們的自由所受的限制或許能消除，但「一般來說」，由大型組織來控制人類生活有其必要，工業科技社會才能發揮功效。到了最後，一般人會感到十分無力。
>
> 科技是一股很強大的社會力量，還有另一個原因，在某個社會中，科技進步只朝著一個方向前進：永遠無法回頭。一旦引進了科技創新，我們就會變得依賴，除非有更先進的創新產品取代了原本的創新科技。每個人都會依賴新的科技產品，此外，整個系統也開始依賴科技。新的科技產品問世，你可以選擇要不要接納，在你做選擇的時候，這項產品不一定會把選擇

權留給你。在許多情況下，新科技改變了社會，而且改變的方式讓我們最終發現，我們「不得不」使用科技。

最後一點尤其讓卡克辛斯基感受深刻，出現在宣言中好幾次。這是很嚴重的指責。一旦你承認我們放棄自由和尊嚴，屈服於「機器」之下，愈來愈不得已，一定得走上這條路，那麼卡克辛斯基其餘的論點就順理成章了：

但我們不認為人類會自動自發把權力交給機器，也不認為機器會蓄意奪取權力。我們的想法是人類可能會輕易讓自己逐漸陷入非常依賴機器的形勢，結果無法進行選擇，只能接受所有機器的決定。社會和面對人類的問題變得愈來愈複雜，機器也變得愈來愈有智慧的時候，我們會讓機器為人類做出更多決定，只因為機器做出的決定會比人做的決定帶來更好的結果。最後走到某個階段，要保持系統運作的決定太複雜了，人類無法利用智慧做出決定。到了那個階段，機器變成真正的主宰。人類就是沒有能力把機器關掉，因為我們太依賴機器了，把機器關掉就等於自殺……科技最後得到的力量幾乎能完全控制人類的行為。

大眾的抗拒是否能阻止科技控制人類的行為？當然可以，如果我們能夠想辦法防微杜漸。但是，要透過長長一系列幾乎察覺不到的進步，科技才能控制人類，大眾無法理性抵抗，抵抗也沒有效。

我覺得最後這一段很難反駁。沒錯，我們建造出來的世界變得愈來愈複雜，同時我們必然需要依賴機械（電腦化）的工具來管理這樣的複雜度。現在就是這樣。非常複雜的飛行機器由自動飛航模式來駕駛。演算法控制非常複雜的通訊和電力網路。不管是好是壞，極度複雜的經濟結構由電腦控制。在我們建構更加複雜的基礎架構時（適地性行動通訊、基因工程、核融合發電機、自動駕駛的汽車），我們當然更依賴機器來操控整個架構和作出決策。我們無法選擇要不要關閉這些服務。事實上，如果我們現在要把網際網路關掉，一點也不簡單，尤其是有人不願意把網路關掉。網際網路基本上設計成永遠不需要關閉。永不。

最後，如果科技接管世界的功績等於卡克辛斯基描繪的災難（奪走靈魂的自由、主動權和明智，讓環境無法永續），如果最終人類都必然要接受禁錮，那麼系統就必須毀滅。改革還不夠，因為改革只會讓系統繼續延伸，一定要淘汰。他的宣言也提到：

> 等到工業系統完全破壞後，革命志士「只有一個」目標，就是毀滅那個系統。其他的目標會分散注意力和精力，妨礙主要的目標。更重要的是，如果革命志士除了毀滅科技外還訂下其他的目標，就很有可能利用科技當成工具去達成其他的目標。如果屈服於那樣的誘惑，就會立刻跌回科技的陷阱中，因為現代科技是一套一致、組織緊密的系統，因此，為了保留「一點點」科技，你發現你必須保留「大多數」科技，因此最後能犧牲的科技實在少之又少。冀望成功，只能把科技當成整體來對抗；但這是革命，不是改革……。在工業系統生病時，我們必須加以毀滅。如果我們妥協，讓工業系統恢復健全，最終我們就會因此失去自由。

由於這些原因，卡克辛斯基到山間逃避文明的掌控，後來密謀要加以毀滅。他計畫自行製作工具（只要能用雙手做出來的東西），同時逃避科技（要用系統製造的東西）。他只有一間房的小屋建造得十分完善，聯邦調查局後來把房子整棟從他的土地搬走，像塑膠製品一樣，然後送到倉庫裡（現在已經重組成原來的樣子，坐落在華盛頓特區的新聞博物館裡）。他住的地方離大路有段距離；他去鎮上的交通工具是輛登山用的腳踏車。獵到的動物處理後放在小閣樓裡風乾，傍晚坐在煤油燈黃色的燈光下，製作精細的炸彈裝置。炸彈要用來攻擊那些經營文明的專業人士，而他痛恨文明。然後炸彈製作成功後，並無法幫他達成目標，因為沒有人知道炸彈攻擊的目的。他需要向世人公告為什麼文明必須遭到毀滅。他需要寫出宣言出版在世界各大報章雜誌上。經過揀選的少數人讀了宣言，才會發現他們受到怎樣的束縛，也會加入他的志業。或許其他人也會開始用炸彈攻擊文明的障礙。然後，他想像中的「自由俱樂部」（宣言最後的簽名就是「自由俱樂部」的縮寫，文中使用複數的「我們」）除了他之外，還有其他的成員。

他的宣言出版後，對文明的攻擊並未大量湧現（卻幫助當局逮捕他）。偶爾「地球第一」的成員會縱火焚燒侵占土地的建築物，或把砂糖倒入推土機的油箱。對七大工業國的抗議一向還算和平，除了某些反文明無政府份子（他們自稱無政府原始主義者），打爛了速食店的店面玻璃和民眾住所。但大型的文明攻擊從未出現。

問題出在卡克辛斯基最基本的前提，論點中的第一條宣言並非屬實。大學炸彈客主張科技剝奪人類的自由。但世界上大多數人發現事實正好相反。他們發現從科技得到力量後會更自由，因此受到科技的吸引。他們（也就等於我們）注重實際，權衡了真實的情況後發現，對，沒錯，採用新科技後確實失去了某些選擇，但又得到了更多其他的選擇，就純收益而言，自由、選擇、可能性都增加了。

來看看卡克辛斯基這個人吧。他強迫自己獨居，自行幽禁在沒有水電和抽水馬桶的骯髒小屋裡，就這麼過了二十五年。他在地板上挖了個洞權充夜壺。就物質標準來說，現在他在科羅拉多州佛羅倫薩監獄（譯注：高科技武裝監獄，用於囚禁美國最危險的罪犯）裡的牢房有四星級的水準：他的新家更大更乾淨，也更溫暖，有他之前沒有的自來水、電力和抽水馬桶，還有免費的食物跟設施更完備的圖書館。在他蒙大拿州的隱居地，只要不下雪，天氣適合的時候，他能四處亂走。晚上能做的事情雖然有限，他還是可以自由選擇要做什麼。或許他個人很滿足於這個小小的世界，但整體來說選擇還是受到限制，雖然他在這些有限的選擇中享有無限的自由——有點像是：「你愛幾點去挖馬鈴薯就幾點去。」卡克辛斯基把餘裕跟自由搞混了。選擇有限時，他覺得很自由，但這種自由有點狹隘，同時可供人類挑選的選擇愈來愈多，每種選擇內的餘裕可能會變得比較少，他卻認為狹隘的自由比較優越，這就錯了。選擇的數目暴增，實際上的自由度也會提高，而不只是增加有限選擇中的餘裕。

我只能把他在小屋中受到的束縛跟我自己比較，或者任何一位讀者要當比較的對象也可以。我的生活與機器密不可分，但科技讓我可以在家工作，每天下午我幾乎都會去有美洲獅和土狼漫遊的山間步行。今天聽數學家講解最新的數字理論，明天在死谷國家公園的荒漠中隨意亂走，手邊的求生工具少到不能再少。這一天要怎麼過，有很多很多選擇。選擇的數目並非無限，有些選項也由不得我決定，但跟卡克辛斯基在小屋中的選擇和自由程度相較之下，我的自由超出太多了。

這就是為什麼世界各地有數十億人從山間小屋搬出來，他們原本的住所跟卡克辛斯基的很像。在寮國或喀麥隆或玻利維亞山間有個聰明的孩子，住在只有一間房、燻黑的屋子裡，他會盡一切努力對抗難關，好進入自由程度更高、選擇更多（外來的人一眼就看得出來）的城市。移民剛脫離了令人窒息的牢籠，但卡克辛斯基卻說那牢籠比較自由，只會讓人覺得他瘋了。

年輕人並非受了科技的蠱惑，扭曲自己的心靈去相信文明比較好。在山間的故鄉，他們只受到貧窮的詛咒。他們當然知道離開家鄉時要放棄什麼。他們知道家庭有多麼舒適，會給他們支持，小村莊裡的團體具有無可言喻的價值，上天賜下新鮮的空氣，以及自然世界帶來的慰藉。這些東西不再唾手可得，他們感覺到了，但還是離鄉背井，因為到了最後，文明創造出來的自由仍得到較高的票數。他們可以（也將會）回到山間，振興自己的精神。

我家沒有電視，雖然我們有車，但住城裡的朋友很多是無車階級。要避開特定的科技產品，當然做得到。阿米希人就做得很好。很多人也能做得很好。然而，大學炸彈客說得有道理，一開

大學炸彈客的小屋裡面。卡克辛斯基的書房和炸彈工作台。

始能夠選擇的東西，過了一段時間後，選擇性反而降低了。首先，有些科技產品（比方說廢水處理、疫苗、交通號誌）原本可以選擇要不要，但現在都由系統規定要強制使用。還有其他有系統的科技會自行增強，例如汽車。汽車很成功，帶給人類舒適悠閒，搶走了大眾交通工具的收入，讓更多人不想搭乘大眾交通工具，想要買車。其他還有數千種科技產品遵循同樣的動態：參與的人愈多，這項產品的必要性就跟著升高。少了這些深植人類生活的科技，耗費的精力就會增加，不然起碼要有更多刻意的替代方案。自行增強的科技形成了網路，如果整體的選擇、可能性和自由無法超越造成的損失，這個網路就像一個陷阱。

反文明主義者認為，由於我們被系統洗腦了，所以別無選擇，只得接納愈來愈多科技產品，張開雙手迎接科技。比方說，就連抗拒少數幾項科技產品也無能為力，因此陷入了錯綜複雜的人工謊言，無法逃脫。

很有可能科技體已經幫大家洗腦了，除了少數幾位目光如炬、到處放炸彈的無政府原始主義者。如果大學炸彈客能提出更清楚的方案來取代文明，我才寧可相信這個魔咒應該要打破。文明毀滅後，下一步是什麼？

我大量閱讀反文明主義崩潰論者的文獻，想知道在科技體崩潰後他們有什麼打算。反文明主義的夢想家花了很多時間設計毀滅文明的方法（跟駭客做朋友、破壞電塔結構、炸燬水壩），卻未想出取代的方案。他們的確有概念，知道文明出現前的世界是什麼樣子。根據他們的說法，那時候的世界像這樣（引述自《綠色無政府主義入門書》）：

在文明出現前，休閒時間非常充沛、性別完全自主平等、不會為自然世界帶來破壞、看不到有組織的暴力、沒有居中斡旋或刻板的機構、人人身體強健。

然後文明出現，地球上弊病叢生（並非比喻）：

文明開展了戰禍、對女性的壓抑、人口增長、乏味的工作、財產的觀念、根深蒂固的階級，以及幾乎所有已知的疾病，以上只是幾種文明衍生出來的毀滅性產物。

綠色無政府主義者說要挽救人類的靈魂，要同心協力煽風點火，也討論過素食主義是否適合獵人，但尚未簡要描述人群如何超越生存模式，或者是否已經超越。我們應該把目標設在「重現荒野」，但負責的人卻羞於描述在荒野重現後的生活會是什麼模樣。綠色無政府主義作家簡中的著作繁多，我跟他談過，他不考慮文明沒有替代方案的問題，直率地告訴我：「我不提供替代方案，因為沒有這個需要。替代方案早已存在，幾千幾萬年前就出現了，而且很有效。」他當然是指部落生活，但不是現代的部落，而是沒有農業和抗生素的部落，除了木頭、毛皮和石頭外什麼都沒有。

反文明主義者面對艱困的難題，無法想像出能夠取代文明的方案，除了能夠延續，也要能吸引人心。我們描繪不出來。無法想像那樣的地方怎麼會變成我們的目的地。無法想像只有石頭和毛皮的原始生活如何滿足每個人的才能。由於想像不到，所以永遠不會出現，因為若無想像，就創造不出來。

儘管想不出人心所欲、協調一致的替代方案，無政府原始主義者全都接受某些做法，和自然協調、吃低熱量飲食、降低物欲、只用自己做出來的東西，他們認為這麼做能帶來萬年來無人能見的滿足、快樂和意義。

但是，樂道安貧的狀態如果大家都想要，而且對靈魂有益，為何反文明主義者不採用這樣的生活方式？我從研究和個人訪談的結果中歸納出來，自認追隨無政府原始主義的人都過得很現代。他們住在大學炸彈客所謂的陷阱中。他們用速度很快、放在桌上的機器撰寫反對機器的責難；同時還有一杯咖啡在手。他們的日常生活跟我的相去無幾。他們尚未放棄文明帶來的便利好去追尋游牧打獵採集的美好生活。

或許，只有一位純粹主義者做到了：大學炸彈客卡克辛斯基，比其他批評家更進一步去活出他相信的故事。驚鴻一瞥下，他的故事似乎很有希望，但再看一眼就瓦解了，結論很相似：他靠著文明的豐饒活下去。大學炸彈客的小屋裡放滿了購自文明機構的東西：雪鞋、靴子、運動衫、食物、炸藥、床墊、塑膠罐和水桶，一切都可以自己動手做，他卻用買的。耗費了二十五年的心思，他為何不製造出脫離系統的工具？從小屋骯髒內部的照片看來，他應該去過沃爾瑪零售商店買東西。他從野外採集的食物少之又少。反而是定期騎腳踏車去鎮裡，從那兒租舊車開到大城市，去超市補足食物和日常用品。他不願意脫離文明來養活自己。

除了缺乏令人嚮往的替代方案，據我們所知，毀滅文明還有最後一個問題，自詡為「痛恨文明者」的那些人所想像出來的替代方案只能讓目前人口中的少數人存活。也就是說，文明瓦解後，數十億人必須付出生命。很諷刺的是，最貧窮的鄉間居民會活得最好，因為不需要費什麼功夫，就可以重回打獵採集的生活，但數十億都市人不到幾個月就會死亡，因為食物吃完了，疾病到處蔓延，或者最多只能撐幾個星期。無政府原始主義者對這場災難卻相當樂觀，認為提早加速崩潰或許能挽救所有人的性命。

卡克辛斯基再一次獨持異議，在被捕後接受訪問中，提到人類相繼死亡的話題時，他的看法非常清楚：

那些發現他們需要廢除科技工業系統的人如果努力讓系統瓦解，事實上會害死很多人。如果系統崩潰了，會出現社會混亂，會出現饑荒，用於農田設備的零件或燃料嚴重缺乏，也沒有現代農業不可或缺的殺蟲劑或廢料。所以會出現糧食危機，然後呢？在我看過的書裡，還沒有激進份子能面對這樣的問題。

卡克辛斯基想必能從個人的角度「面對」毀滅文明後的合理結論：數十億人會因此死亡。他想必已經下定決心，在這過程開始時謀殺幾個人不算什麼。畢竟科技工業構成的複雜系統已經扼殺了他的人性，因此，如果他為了消滅奴役數十億人的系統而宰掉一二十個人應該也算值得。數十億人的死亡也有了正當的理由，因為這些被科技掌握的不幸人兒已經失去了靈魂，就跟他一樣。等文明消失，下一代才能得到真正的自由。他們都可以進入他的自由俱樂部。

終極的問題是，卡克辛斯基規畫的樂園，也就是他用來解決文明問題的方案，取代新興的自治科技體，則是那棟窄小、燻黑、昏暗、發臭的小木屋，除了他以外，沒有人想住在裡面。那是數十億人想要逃避的「樂園」。文明雖有問題，但跟大學炸彈客的小屋比起來各方面都好得太多了。

大學炸彈客說得沒錯，科技是套完整、自我永存的機器。他也說對了，這套系統自私的本質會導致具體的傷害。科技體的某些面向會傷害人類，因為命運就此失去了危機。科技體也有可能自我反撲；因為自然或人類都無法調節科技體，有可能加速到自我毀滅。最後，科技體如果不想辦法轉向，就會傷害自然。

雖然實際上科技有這麼多毛病，大學炸彈客想要加以根除，卻大錯特錯，原因有很多，很重要的一個理由是，文明的機器賦予我們的自由事實上比替代方案更多。要讓機器運轉，必須付出代價，我們才剛開始面對這樣的代價，但到目前為止，不斷擴張的科技體給人類的好處遠超過完全沒有機器的替代方案。

很多人不信。一點也不信。跟許多人對話後，我知道本書有一定比例的讀者會拒絕我的結論，站在卡克辛斯基那邊。我認為科技正面的地方稍微超過負面的地方，這樣的論點無法說服他們。

他們反而深信，擴展中的科技體奪走了人性，奪走了下一代的未來。因此，我在這些章節中列出所謂科技的好處一定都是幻覺，只是技巧純熟的戲法，讓我們欺騙自己，允許自己對新的東西上癮。

他們指出的邪惡我無法否認。擁有的「變多」了，我們卻似乎更不滿足、更沒有智慧、更不快樂。他們說對了，在多項測驗和調查中，都能察覺到這種不自在。最最憤世嫉俗的人相信，進步只會延續我們的壽命，讓我們的不滿足還要持續幾十年。說不定未來的科學能讓人長生不死，我們只得永遠不快樂。

我要問：如果科技如此敗壞，在卡克辛斯基暴露科技真正的本質後，我們為何還會繼續追求新科技？那些真的很聰明、很投入的生態戰士為何不完全放棄科技，就像大學炸彈客一樣？

我總結出一個理論：科技體讓物質主義猖獗，我們把精神都放在物質上，生命中更偉大的意義因此受限。暴怒令人盲目，為了讓生命有一丁點兒意義，我們瘋狂地、積極地、持續地、著魔般地消耗科技，接受唯一看似可供出售的答案，也就是更多科技。最後，我們需要的科技愈來愈多，卻覺得愈來愈不滿足。「需要的變多，卻更加不滿足」就是上癮的一個定義。根據這個邏輯，科技也可算是癮頭。我們不會強迫自己對電視或網際網路或簡訊著迷，而是強迫自己對整個科技體無法自拔。或許新事物能讓多巴胺迅速增加，導致我們上癮。

或許這就能解釋為什麼連理智上鄙視科技的人都會一直買東西。也就是說，我們明白科技對人類多麼有害，甚至能看到科技如何奴役人類（快速讀過大學炸彈客的短文後），但我們仍不斷購買新玩意跟商品，成果堆積如山（心中也許充滿罪惡感），因為我們克制不了自己。我們無力抗拒科技。

倘若果真如此，補救的方法會讓人有點不安。要治療上癮，通常不是改變引發問題的放蕩做法，而是改變上癮的人。有可能要經過包含十二個步驟的方案或冥想，在上癮者的腦袋裡解決問題。最後他們得到釋放，但是電視、網際網路、賭博機器或酒精的本質仍未改變，只有上癮者和這些東西的關係改變了。能克服癮頭的人必須得到力量來隱藏他們的無力感。如果科技體會讓人上癮，我們無法靠著改變科技體來消除上癮的感覺。

再換另一個方法來解釋，我們上癮了，但還沒察覺到。我們被蠱惑了。炫麗的光彩讓我們恍恍惚惚。科技不知道用什麼邪惡的魔法減弱了我們的洞察力。按這個說法，媒體的科技把科技體真實的顏色掩蓋在理想國的外表下。全新的益處如此閃亮，我們立刻瞎了眼，看不見科技體還有非常有力、前所未見的缺陷。被迷惑的人類只能茫然前進。

但全世界的人都被蠱惑了，大家一定都有某種幻覺，因為我們都想要同樣的新東西：最好的藥物、最酷的交通工具、最小的手機。一定是某種很強的魔咒，因為不論種族、年齡、地理位置或財富，全人類都受到了影響。這表示本書的讀者也被迷惑了。最時尚的大學校園理論說，販售科技產品的大企業愚弄我們，對我們下了咒，經營大企業的老闆當然也是共犯。但那意思是說，公司的執行長應該發現這是一場騙局，也不會墮入陷阱。根據我的經驗，他們跟我們一樣，都在同一條船上。相信我，我跟很多大老闆磋商過，我知道他們沒辦法醞釀出這樣的陰謀。

比較不時尚的理論則指出，科技愚弄我們則是出於自願。科技利用科技媒體來幫我們洗腦，讓我們相信科技只有好處，把缺點從我們的腦子裡移除。因為我相信科技體有自己的時間表，我覺得這個理論似乎有理。把科技擬人化，對我來說完全沒有問題。但按著這個邏輯，我們應該期望科技知識最淺薄的人最不容易受到科技愚弄，也能最敏銳地察覺到顯而易見的危險。他們應該像孩子一樣，看見國王沒有穿衣服，或是披著羊皮的狼。事實上，這些人無法享有其他人的權利，並未受到媒體蠱惑，卻最急欲汰舊換新。他們直視科技體駭人的毀滅力量，說道：全部給我，現在就給我。或者，如果他們自認很睿智，就會說：只要把好的給我，那些會上癮的爛東西我不要。

另一方面，受到科技影響最深的人，也就是那些開油電混合車、寫部落格和上推特的專家，他們「看見」或深信科技體的魔咒確實存在。這種逆轉不等於我的想法。

最後只剩一個理論：我們自願選擇科技，重大的缺陷和明顯的傷害也照單全收，因為我們會在不知不覺中計算科技的優點。在完全不使用文字的計算中，我們注意到別人上癮的樣子、環境受到破壞、自己的生命中出現分散注意力的事物、不同科技產品產生出的人格混淆，然後我們算出總和，跟科技的好處互相比較。我不相信在這個過程中人人都能保持理性；我想我們也會互相訴說科技的故事，按著優缺點加入了等量的價值。但事實上我們做了風險效益分析。就連最原始的巫醫在決定要不要用獸皮換把大砍刀的時候也會做同樣的計算。他看過別人拿到鋼刀後會發生什麼事。我們對未知的科技也會進行計算，只是沒那麼精確。在大多數情況下，根據經驗來權衡過優點和缺點後，我們發現科技提供的優點比較多，只是差距不大。換句話說，要接納科技出自我們的自由意願——同時也付出代價。

但人類總會不理性，我們有時候因著好幾個理由無法做出有可能是最好的決定。科技的代價無法立刻辨明，預期的優點常常變得天花亂墜。為了讓我們能做出更多更好的決定，我們需要更多的科技（我幾乎說不出口了）。要顯露科技完整的代價，消除誇張的地方，就要有更好的資訊工具及做事方法。即時自我監控、公開分享問題、深度分析測試結果、不斷重複測試、正確記錄製造過程中的資源鏈、誠實描述如污染等負面外在因素，這些都是我們擁有的科技。科技可以幫助我們揭露科技的成本，在採用科技時幫我們做出更好的選擇。

用更好的科技工具來展現科技的缺陷，會帶來反常的結果，反而拉抬科技的信譽。這些工具會把無意識中的計算化為現實，加入理性的因素。有了適當的工具，利益得失就能用科學方法來計算。

最後，誠實數算每項特定科技產品的缺點，我們才能看見欣然接納科技體其實出於心中所願，並不是上癮，也不是魔咒。

第十一章　阿米希翻修家給我們的啟示

在討論避免科技上癮有什麼優點時，阿米希人總會脫穎而出，他們另類的生活方式非常值得尊敬。阿米希人會出名，因為他們是盧德份子，拒絕接納趕時髦的新科技。很多人也知道，最嚴格的阿米希人不用電也不開車，用手操作耕田的工具，用馬拉車。他們偏好能自己建造或修理的科技產品，整體來說也非常節儉，比別人更能自力更生。呼吸著新鮮的空氣，用自己的雙手工作，因此在小隔間裡對著電腦螢幕工作的呆伯特一族（譯注：呆伯特是漫畫人物，描繪典型的工程師上班族）都很喜愛阿米希人。此外，他們極簡的生活型態也有愈來愈多追隨者（阿米希人口每年會增加百分之四），而白領中產階級和工廠作業員則有愈來愈多人失業，日漸萎縮。

大學炸彈客不是阿米希人，阿米希人也不是崩潰論者。他們創造出來的成果勉強算是一種文明，感覺提供了價值非凡的教導，讓我們看到如何在科技的善惡間取得均衡。

然而，阿米希人的生活基本上就是反科技。事實上，我去拜訪過他們幾次，發現阿米希人改造和修補器具時真的非常心靈手巧，什麼都能自行製作。令人驚訝的是，他們對科技大多持正面的態度。

我要先警告大家幾件事。阿米希人並非一個龐大的團體；每個教區的做法都不一樣。俄亥俄州的團體跟紐約的教會不一樣，愛荷華州的教區可能差別又更大。另外，他們跟科技的關係也沒有一定的規則。大多數阿米希人跟我們一樣，同時使用老東西和最新的產物。此外也要注意，阿米希人的習慣終究受到宗教信仰的驅使：科技帶來的結果沒那麼重要。他們的政策通常沒有符合邏輯的理由。最後一點則是，阿米希人的做法會隨著時間改變，此時，他們會按著自己的步調擁抱新科技，適應這個世界。把阿米希人當作過時的盧德份子，在很多方面都算是都市神話。

阿米希人的神話就跟所有的傳說一樣，基本上都有事實根據。阿米希人，尤其是舊派阿米希人（明信片上的典型阿米希人），真的很不願意接納新事物。在當代社會中，我們認為接受新事物理所當然，而在舊派阿米希團體中的習慣則是「時機未到」。新事物出現時，舊派阿米希人會自動忽略。因此，汽車剛問世時，舊派阿米希人不肯接受汽車。出外時他們會駕著馬拉的輕便馬車，就跟以前一樣。有些宗派規定馬車不可以有車頂（搭車的人就不會因為有私人空間可以亂搞而受到誘惑，尤其是青少年）；其他宗派則允許封閉式的馬車。有些宗派允許用拖拉機耕田，但是拖拉機要有鋼輪；這樣民眾就不能「作弊」，把拖拉機當作車子開上路。有些團體允許農民在收割機或打穀機上裝柴油引擎，引擎只能用來轉動打穀機，不能用來推動車子，表示那冒著煙的吵鬧玩意要用馬來拉。有些宗派允許會眾開車，但只能完全漆成黑色（不能是金屬的銀色），以免車主想要升級到最新的款式。

雖然各有規定，但阿米希人的動機仍是為了讓他們的團體更強大。二十世紀初汽車剛出現的時候，阿米希人注意到開車的人會離開團體，到其他城鎮野餐或觀光，而不是在星期天拜訪家族或病人，或在星期六到附近的商店消費。因此，禁止大家無拘無束的行動是為了增加長途旅行的難度，把精力全放在當地的團體上。有些教區訂下的規矩比其他教區更加嚴格。

舊派阿米希人規定不可使用電力，也有類似的團體動機。阿米希人發現，家裡接了電線，接受鎮上發電機的電力後，鎮上的節奏、政策和關心的問題會給他們更多約束。阿米希人的宗教信仰所根據的原則是他們應該「在世而不入世」，所以應該各方面都儘量保持疏離。受到電力約束，會讓他們跟世界的關係更緊密，因此他們為了出世獨居，只得放棄電力帶來的益處。就算到了今日，去參觀眾多阿米希人的家居，你在他們家裡也看不到四處交織的電線。他們不需要電網。生活中沒有電力，沒有車子，對新事物的期望幾乎也不存在。沒有電力，表示沒有網際網路、電視、電話，阿米希人的生活突然看起來跟我們複雜的現代生活大相逕庭。

但當你走入阿米希人的農田，簡樸的感覺消失了。的確，在你踏入農田前就感受不到簡樸。在路上漫步，你看到頭戴草帽、身穿吊帶褲的阿米希小孩踩著直排輪呼嘯而過。我看到一座校舍停了好幾輛滑板車，是孩子們上學的交通工具。但在同一條街上，污穢的小卡車綿延不斷地開過校舍前面。每輛車上都坐滿了滿面鬍髭的阿米希男人。那又是怎麼一回事？

原來阿米希人認為使用某物跟擁有某物不一樣。舊派阿米希人名下沒有小貨車，但可以搭乘小貨車。他們不會考駕照、買車子、付保險費，從此依賴汽車和複雜的汽車產業，但他們會叫計程車。由於阿米希人的男性人數遠超過農田的數目，很多人要去小工廠工作，他們會租賃由外人駕駛的貨車當作上下班的交通工具。就連有馬車的人也可以自由主張要不要搭汽車（這也算節約）。

阿米希人也認為工作場所的科技跟家裡的科技不同。我記得最初曾去賓州蘭卡斯特附近拜訪一位經營木工場的阿米希人。就叫他阿摩斯吧，不過他的真名不是阿摩斯：阿米希人不希望引起別人注意，因此他們不願自己的照片或名字出現在媒體上。我跟著阿摩斯走入一棟骯髒的水泥建築物。裡面幾乎只靠窗外射進來的自然光照亮，相當昏暗，但在堆滿雜物的房間裡，木頭會議桌上掛了一個燈泡。阿摩斯看到我瞪著燈泡，等我們四目交接，他聳聳肩，說這個燈泡是為了像我這樣的訪客裝的。

阿摩斯的木工場很大，但除了那顆光禿禿的燈泡，其他的地方都沒有電力，但卻有不少動力機械。整座工場都在震動，充斥著砂磨機、電鋸、電動鉋刀、電鑽等等工具刺耳的喧鬧聲。不論轉向何處，都會看到身上蓋滿鋸木屑的大鬍子男人把木頭推過吵雜的機器。並不像文藝復興時代的工匠，圍坐成一圈用手打造經典作品。這是一家不入流的工場，用機械動力快速製造木頭家具。但是電力從哪兒來？絕不是風車。

阿摩斯帶我走到後面，那裡有座休旅車大小的柴油發電機。巨大無比。除了煤氣機外，還有龐大的燃料箱，原來裡面貯存了壓縮的空氣。柴油引擎燃燒石油燃料來推動壓縮機，用壓力填滿燃料箱。燃料箱上有一長串高壓管線，蔓延到工場的每個角落。工具透過可彎曲的硬橡膠管連到管線上。整座工場靠著壓縮空氣提供動力。每一台機器都利用氣壓動力來運轉。阿摩斯還給我看了氣動開關，跟電燈開關一樣，按下就可以打開氣動扇來吹乾油漆。

阿米希人把這套氣動系統稱為「阿米希電力」。氣動系統最早是為阿米希工場發明的，但阿米希人發現空氣動力太好用了，也開始在家使用。其實已經有家庭手工業，專門翻新工具和設備，好搭配阿米希電力使用。比如說，翻新業者購買高性能的攪拌器，把電動馬達拆掉。然後換上適當大小的氣動馬達，加上氣動連接頭，好啦，你家的阿米希媽媽在沒裝電線的廚房裡就有攪拌器可以用了。你可以買到氣動裁縫機以及氣動洗衣機和烘衣機（利用丙烷發熱）。為了展現對純粹的蒸汽龐克（蒸汽龐克指以十九世紀至二十世紀初蒸汽時代做為基本設定所衍生的科幻作品，這裡可能該說空氣龐克？）有多痴狂，阿米希駭客卯足全力，想要壓倒別人，把用電的新玩意改造成氣動版本。他們的機械技術相當令人讚嘆，而且念完八年級就從學校畢業了。他們喜歡賣弄怪得不得了的改造成品。我見到不少愛敲敲打打的人，每個人都主張氣動裝置比電動的更好，因為空氣的效力強，經久耐用，比日夜運轉幾年後就燒壞的馬達更持久。自認更為優越的主張我不知道是事實，或只是藉口，不過常從不同的人口中聽到。

我參觀了一家翻修工場，老闆是位虔敬的門諾派教徒。馬林個子不高，沒留鬍子（門諾派不蓄鬍）。他駕馬車出門，沒有電話，但開在住所後面的店鋪接了電。他們用電製作氣動零件。他的小孩也在店裡幫忙，這是門諾團體的習俗。他的幾個兒子穿著平民裝束，開著丙烷動力、有金屬輪的堆高機（沒有橡膠輪胎，就不能開上路），把沉重的金屬搬來搬去，製造出非常精確的銑切金屬零件，可用於氣動馬達和阿米希人最愛的煤油烹飪爐。可容許的差距為千分之一英寸。所以幾年前，他們在後院裡裝了價值四十萬美元、用電腦控制的銑床，就在馬廄後面。這台巨大的銑床尺寸跟運貨車差不多，由馬林十四歲的女兒負責操作，她頭戴女帽，身著長洋裝。馬林的女兒用這台電腦控制的機器製作零件，與家人共享無電網、駕馬車的生活。

我說「無電網」，而不是「無電力」，因為我一直在阿米希人家裡看到電源。如果你家穀倉後面有台巨大的柴油發電機，供電給儲存牛奶（阿米希人最主要的經濟作物）的冷藏設備，使用小型發電機其實不算問題。用可以重複充電的電池來打個比方。你可以在阿米希人的農場上找到用電池的計算機、手電筒和電柵欄，及利用發電機電力的焊接機。阿米希人也會把電池裝在收音機或電話上（在屋外的穀倉或店鋪內），或為馬車上必要的頭燈及轉彎信號提供動力。有個聰明的阿米希人花了半小時向我解釋他如何巧妙改裝馬車上轉彎信號的機制，轉彎完成後能自動關掉信號，就跟汽車一樣。

現在，阿米希人很流行裝太陽能板。有了太陽能板，他們有電可用，就不需要連上最讓他們不得安寧的電網。太陽能主要用於對生活有效益的雜務，例如汲水，但就跟大多數創新發明一樣，會慢慢進入家庭生活。

阿米希人使用紙尿布（為什麼不行？）、化學肥料和殺蟲劑，也大量生產經過基因改造的玉米。在歐洲，這種玉米叫做「科學怪食物」（衍生自科學怪人）。關於基因改造，我請教了幾位阿米希長者。為什麼要種植基因改造作物？喔，他們回答，玉米容易招來玉米螟，這種害蟲會從最下面把莖啃光，有時候蛀到玉米整稈倒下。現代五百匹馬力的收割機不會注意到倒下的玉米，只會把所有的物料吸進去，把玉米吐到桶子裡。阿米希人收割玉米時一半用人工一半用機器。先用切割裝置摘下，然後丟到打穀機裡，但如果有很多破掉的莖，就必須用人工挑選。這項工作非常繁重費力。所以他們選擇抗蟲玉米；這種基因變種帶有蘇力菌（簡稱Bt）的基因，是玉米螟的敵人，會生出殺死玉米螟的毒素。破掉的莖變少，割下來的玉米可以用機器處理，產量就提高了。一位阿米希長者讓兒子經營農地，他說他太老了，破掉的玉米莖對他來說太重，丟不動，他告訴兒子，如果他們種植抗蟲玉米，他才能幫忙收割。另一個方法則是購買昂貴的現代收割設備，但沒有人想買。所以基因改造作物的科技讓阿米希人能持續用經過時間考驗、不需要借貸購買的老設備，達成永續經營家族農地這個至高無上的目標。雖然沒有明白說，但他們很清楚地表示，經過基因改造的作物很適合家庭農場。

阿米希人對於人工受精、太陽能和網路等科技仍有爭議。他們會在圖書館上網（使用，但不擁有）。事實上，阿米希人去圖書館用電腦時，有時候就為自己的生意架了網站。所以，雖然「阿米希人的網站」聽起來就像笑話裡的笑點，但實際上還不少。信用卡之類後現代的創新產物呢？少數阿米希人的確有信用卡，一開始應該是為了業務需要。但過了一段時候後，當地的阿米希主教發現了問題，有人過度花費，導致利率上升到無可救藥的地步。農人負債累累，除了打擊自己，也打擊到社群，因為家人必須幫他們還債（這就是社群跟家庭存在的目的）。所以實驗期結束後，長者也禁止大家申請信用卡。

一位阿米希男性告訴我，電話、傳呼機、黑莓機和 iPhone（沒錯，這些東西他都知道）的問題在於「你會收到訊息，而不是與人對話」；言簡意賅描繪出現代人的生活。亨利留著長長的白鬍子，和年輕而閃亮的雙眼形成懸殊的差別，他告訴我：「如果我有電視，我就會看電視。」再簡單也不過了，對嗎？

是否應該接納手機，阿米希人想了又想，卻沒有近在眼前的答案。以前阿米希人會在車道另一頭建造簡陋的小木屋，把答錄機和電話放在裡面，好幾家人一起用。打電話的人在小屋裡就不怕風雨寒冷，也讓電網無法連到屋內，而且要走一段路才能到，讓大家在必要時才通話，不會隨時打電話閒聊。手機又是個新花樣，你有電話，可是沒有電線，也不用連到電網。一位阿米希人告訴我：「拿著無線話機站在電話亭裡，跟拿著手機站在外面有什麼兩樣？根本沒有差別。」此外，女性非常歡迎手機，可以跟遠方的家人保持聯繫，因為她們不會駕車。主教也發現，手機很小，很方便藏起來，為不鼓勵個人主義的人士帶來隱憂。阿米希人還不確定要怎麼處理手機。或者比較正確的說法是，他們決定了「大概可以吧。」

阿米希人不連到電網，沒有電視和網際網路，閱讀的書籍只有聖經，但實在令人想不透，他們居然有非常充足的資訊。不管我提到什麼，他們幾乎都聽過了，也已經有自己的想法。我也很驚訝，只要有新東西出現，教會裡可能都有人用過了。事實上，阿米希人就靠那些喜歡搶先嘗新的人去實驗新事物，證明是否有害。

採用新科技的典型模式如下：阿米希人伊凡是技術達人，總會領頭嘗試新玩意或技術。他有個想法，新型的流動位元調變器或許真的很有用。他想了一些正當的理由，怎麼讓這玩意配合阿米希人的定位。他就跑去找主教，提出企畫：「我想試試看這個東西。」主教告訴伊凡：「伊凡，好的，想試就去試吧。但如果我們決定對你沒有幫助，或者對其他人有害，你就要立刻放棄。」伊凡便買了新產品，開始敲敲打打，鄰居、家人和主教則在旁密切觀察。他們會權衡輕重得失。對社群有什麼影響？對伊凡呢？阿米希人就是這麼開始用手機的。根據傳聞，最早取得許可使用手機的阿米希技術達人是兩位神職人員，也是承包商。主教不太願意給他們許可，最後雙方各退一步：把手機留在駕駛的貨車裡。貨車就算是行動電話亭。然後所有人都會監督承包商。似乎行得通，其他愛嘗新的人也開始用手機。不過，主教隨時都可以否決，就算過了好幾年也一樣。

我參觀了一家店，阿米希人出名的馬車就從這裡製造出來。從外面看，馬車看起來很簡單很古老。但細看過店裡的製程，我發現這種車挺高科技，器械也複雜得令人稱奇。馬車的材料是輕量光纖，手工鑄造，配備了不鏽鋼硬體和很棒的LED燈。老闆的兒子大衛才十幾歲，也在店裡工作。他跟很多阿米希人一樣，從小就在父母身邊幫忙，極為老成。我問他覺得阿米希人該怎麼看待手機。他不動聲色地把手伸進工作褲口袋裡，拿出他的手機，笑道：「應該會接受吧。」然後大衛立刻補充，他在附近的消防隊當義工，所以才有手機。（的確！）不過他老爸適時插進來，要是他們接受手機，「街上也不會鋪設連到我們家裡的電線。」

為了追求現代化卻不受限於電網的目標，有些阿米希人在柴油引擎上裝了連到電池上的變頻器，沒有電網也可提供一百一十伏特的電力。一開始用在特殊的器具上，例如電動咖啡壺。我在某人客廳裡的家庭辦公室看到影印機。慢慢接納現代的設備，緩步前行一百年後，阿米希人的生活是否就跟我們現在一樣（但到那時仍比我們落後）？他們會接納汽車嗎？如果全世界都開始用個人飛行器，舊派阿米希人還會繼續駕駛老舊的內燃機破車嗎？我問了十八歲的阿米希人大衛，他期望未來能用什麼科技產品。他早就有了青少年的答案，倒讓我吃了一驚。「如果主教允許教眾拋下馬車，我知道我要什麼：黑色的福特八汽缸四六〇。」那台車可來勁了，有五百匹馬力。有些門諾派團體允許教眾駕駛汽車，只要是黑色的就好，不可以用銀色或花稍的設計。所以你可以買一台黑色的改裝車！大衛開馬車店的父親又適時插嘴了：「就算真的允許大家買車，還是有阿米希人會駕駛馬車。」

大衛接著坦承：「在我考慮要不要加入教會的時候，我想到如果以後有了小孩，是否要讓他們無拘無束地長大。我想像不出來。」阿米希人常說「守住界限」。他們都知道界限一直變動，但一定要留著。

《無電生活》這本書描繪在美國人採用科技後過了多少年阿米希人才接納這項科技。在我印象中，阿米希人的生活比我們落後五十年。他們現在用的發明物有一半是最近一百年發明的。並非每項新產物都會得到採用，但當他們真的願意欣然接納時，已經比其他人晚了半個世紀。到了那個時候，益處和成本都很清楚，科技變得更穩定，也很便宜。阿米希人用自己的步調從容地接納科技。他們是進度緩慢的怪胎。一位阿米希男性說：「我們不想停止進步，我們只想讓進步慢下來。」但他們慢慢接納的態度很有教育意義：

一、有選擇性。他們知道該怎麼拒絕，也不怕拒絕新的事物。忽略的比採用的多。

二、他們靠經驗來評估新事物，而不是靠理論。他們會讓領頭的人在眾人監督下率先採用新玩意，滿足嘗新的欲望。

三、他們有選擇的準則。科技必須強化家庭和社群，讓他們遠離外在的世界。

四、個人無法選擇，要靠眾人決定。社群決定和堅持科技的方向。

這個方法對阿米希人有用，對其他人呢？我不知道。其他地方沒有人試過。我們能從阿米希翻修家和搶先實驗的人身上學到的就是你必須先試了再說。他們的格言是：「先嘗試，之後若有需要再放棄。」我們知道要先嘗試，但我們不懂得放棄。要實現阿米希人的模式，我們必須先磨練群體同心捨棄的方法，很難，尤其我們處在一個多元化的社會中。群體捨棄要靠彼此支持。在阿米希社群外，我還沒看到相關的證據，但要真的出現了，一定會有明顯的徵兆。

阿米希人管理科技的技巧已經很純熟。但這樣的紀律帶給他們什麼好處呢？努力之後是否真有更好的生活？我們看到他們放棄了哪些東西，但他們是否獲得了我們也想要的東西？

最近一位阿米希人沿著霧氣迷濛的太平洋海岸騎自行車到我們家來，所以我有機會深入探討上面的問題。我們家在紅杉林裡，他先爬了一段長長的上坡路後出現在我家門口，滿身大汗，氣喘如牛。幾英尺外停著他製作精巧的達鉉摺疊車，他一路從火車站騎過來。他跟大多數阿米希人一樣不搭飛機，所以他從賓州開始三天的跨州火車旅途時，把自行車放在火車上。這不是他第一次來舊金山。以前他就曾騎腳踏車溜過加州的完整海岸線，也真的靠著搭火車、騎車和乘船去過不少地方。

接下來的一個禮拜，我們的阿米希訪客借宿在空著的臥房裡，吃晚餐的時候盡情對我們訴說在駕駛馬車的舊派平民社群裡長大的故事。姑且稱我們的朋友為萊昂。他是個很特別的阿米希人，可說非常特別。我跟萊昂是網友。當然了，大家一定會想，怎麼可能在網路上認識阿米希人？但萊昂讀了我在網站上寫過有關阿米希人的文章，然後寫信給我。他沒念過高中（阿米希人念完八年級就結束正式教育），平民社群裡念大學的人很少，他就是其中一個，也是已經成年的學生（他現在三十多歲）。他想進醫學系，或許有望成為第一名阿米希人的醫生。之前有很多阿米希人去念大學或當了醫生，但是那些人都已經離開了舊派教會。萊昂的特別之處在於他是平民教會的成員，但也想品味生活在「外面」的世界是什麼感覺。

阿米希人有項很值得注意的傳統，叫做「奔忙」（*rumspringa*），青少年可以拋棄自製的制服（男孩的吊褲帶和男帽，女孩的長洋裝和女帽），穿上垮褲和迷你裙，買車、聽音樂、開派對，幾年後再決定要不要永遠放棄這些現代的東西，加入舊派教會。親身體驗科技世界後，表示他們完全明白那個世界能提供什麼，以及他們究竟讓自己棄絕了什麼。萊昂有點像進入了永久的奔忙期，不過他努力工作，不狂歡作樂。他的父親開了一家機械加工廠（阿米希人常見的行業），所以萊昂是個工具高手。萊昂第一次來我家那天下午，我正在廁所修理水管，他立刻接手把工作完成。他對五金行的零件知道得一清二楚，令我留下深刻的印象。我聽過阿米希人雖然不會開車，但是修車技師碰到什麼型號都懂得修理。

萊昂描述只有馬車當作交通工具的童年時代是什麼樣子，他的學校只有一間教室，所有年級一起上課，他也告訴我們他學到了什麼，同時臉上出現了強烈的渴望。離開了舊派生活後，他很想念那樣的舒適自在。我們外人覺得沒有電、中央空調暖氣或汽車的生活是嚴厲的處罰。但說來奇怪，和現代都會比起來，阿米希人的生活更加悠閒。根據萊昂的說法，他們總有時間打棒球、閱讀、拜訪鄰居和培養嗜好。

觀察過阿米希人後，有不少人評論他們非常勤勉。因此，布仁德從麻省理工學院的研究所輟學，放棄了工程學位，跟舊派阿米希／門諾派社群住在一起，想要明白這樣的生活方式能給他多少空閒，讓大家都很驚訝。布仁德不是阿米希人，他和妻子減少家中的裝置，儘量過著阿米希的平民生活，這些經過他都寫入了著作《活得更好》。兩年多來，布仁德慢慢接受他所謂的「簡微」生活型態。簡微主義者使用「達成某個目的所需要最少量的科技」。就跟他的舊派阿米希／門諾鄰居一樣，他使用最少量的科技：沒有動力工具或電動設備。布仁德發現少了電子娛樂和長途開車通勤，不用花時間做只為了維護當前複雜科技的雜務，就有更多的休閒時間。事實上，親手砍木柴、用馬拖肥料、在燈泡的光線下洗碗，雖然帶來限制，卻讓他有生以來第一次享受到真正的休閒時光。同時，親手工作雖然艱苦費力，卻帶來滿足和回報。他告訴我，除了有更多閒暇，他也更有成就感。

思想家貝瑞也是一名農夫，他用老派的方法驅馬耕田，不用拖拉機，跟阿米希人很像。貝瑞和布仁德一樣，大家都看到他的體力勞動和耕作成果，他也從中得到無比的滿足。貝瑞也擅長舞文弄墨，要表達極簡主義給人的「禮物」，誰的文采都比不上他。在他的文選《美地的禮物》有個特別的故事捕捉了極簡科技帶給我們那種近乎著迷的滿足感。

去年夏天，一個炎熱潮溼到了極點的下午，我們把第二次採收的苜蓿裝箱……。一點風也沒有。上貨的時候，亮晃晃的溼熱空氣似乎把我們包圍了。穀倉裡的情況更糟糕，鐵皮屋頂升高了溫度，讓空氣密度更高，更靜止。工作的時候，我們比平常安靜多了，不想浪費氣息閒聊。很痛苦，真的。觸手可及的範圍內也沒有按鈕。

但我們留在穀倉裡，完成了工作，甚至滿心欣慰，感覺不到未來的變化。工作完成後，我們找了一棵大榆樹，坐在樹蔭裡的石柱上，花了好長一段時間閒聊笑鬧。那天好開心。

為什麼很開心？按著「邏輯推測」，誰也想不出為什麼。這個問題太複雜太深奧了，不能用邏輯解釋。開心的一個原因是我們把工作做完了。那不是邏輯，但是很合理。另一個原因是乾草的品質很棒，很容易挖起來。還有一個原因，我們感情很好，才會一起工作。

那汗流浹背的一天已經是六個月前的事情了，在酷寒的一月，某天傍晚我去馬房餵馬。天快黑了，雪下得很大。北風夾著雪花，從馬房牆壁的空隙裡擠進來。我在馬廄裡鋪好乾草，把玉米裝在飼料槽裡，爬到閣樓上，把固定分量的芬芳香草丟到馬槽裡。打開後門讓馬兒進來，牠們陸續走到自己的馬廄裡，背上堆了白白的雪花。馬房裡充滿了馬兒進食的聲音。該回家了。我要回家放鬆：談話、晚餐、爐火、讀物。我知道我養的動物都吃飽了，也覺得很舒服，牠們覺得舒適，也讓我更舒適了……走出去把門關上的時候，我覺得很滿意。

我們的阿米希朋友萊昂提到了同樣的感受消長：讓人分心的事物變少，滿足的程度提高。社群永遠對他張開雙臂，明眼人都看得到。想想看：有需要的時候鄰居會幫你付醫療帳單，幾個星期內就無酬幫你建好房子，更重要的是，你可以提供同樣的回報。最少量的科技，沒有保險或信用卡等文化創新事物帶來的負擔，讓你不得不在日常生活中仰賴鄰居和朋友。教會成員幫忙付醫院的帳單，還會定期探病。因火災或暴風雨而摧毀的穀倉會由大家合力修復，而不是靠保險金。同儕給你財務、婚姻和行為的諮詢服務。社群完全自力更生，不需要外援。我終於明白阿米希人的生活型態為什麼對年輕人有強烈的吸引力，而且為什麼到了今日，會在「奔忙」後離開的只有少數人。萊昂觀察到，教會裡有三百多名跟他年齡相近的朋友，只有兩三名放棄了這種科技上受到重重限制的生活，他們加入了稍微沒那麼嚴格的教會，同樣不是主流。

但這樣的緊密和依賴也有代價，就是選擇有限。念完八年級就從學校畢業。男性的職業選擇很少，女性只能當家庭主婦。對阿米希人和簡微主義者來說，個人的成就感必須在農夫、商人或家庭主婦的傳統界限內發揚茁壯。不過，並非每個人生下來就要當農夫。馬匹、玉米、季節以及村民永久一致的密切審視，織出的節奏並非每個人都能完全配合。在阿米希人的體制中，數學天才或可能一整天都在編寫新曲的人要從何得到支持呢？

我問了萊昂，阿米希生活中有很多好處，比方說令人安心的互相協助、親自動手帶來滿足的工作、可靠的社群架構，要是所有的小孩都念到十年級，而不是像現在只念到八年級，是否仍有可能讓這些好處顯露出來？先舉一個例子就好了。當然了，你知道的，他說：「荷爾蒙會在九年級啟動，男孩就是不想坐在書桌前寫作業，甚至有些女孩也一樣。除了用頭腦，他們也想動手做事情，很渴望讓自己變得有用。那個年紀的孩子能自己動手，會學到更多。」算他有理。我十幾歲的時候也希望自己能「實際上場」，而不是被關在沉悶乏味的學校教室裡。

阿米希人對這個話題有點敏感，不過他們目前所執行自給自足的生活型態卻嚴重依賴圍繞在阿米希小王國外、更廣大的科技體。用來製作收割機的金屬並非由他們挖掘。他們用的丙烷不是自己採鑽處理的。屋頂上的太陽能板不是自己製造。衣服的布料不是自己種植紡織。他們不會教育或訓練他們的醫生。另外他們很出名的是，不加入任何武裝部隊。（但為了補償，阿米希人在外面的世界，也是全球文明的義工。少有人當義工的頻率、專門知識和熱情能比得上阿米希／門諾派教徒。他們搭乘巴士或船隻到遙遠的地方，為有需要的人建造房屋和校舍。）如果阿米希人必須自行產生全部的能源、種植紡織衣物的所有作物、挖掘所有的金屬礦、砍伐和加工所有的木頭，他們就完全不是阿米希人了，因為他們需要操作大型機器、危險的工廠和其他沒辦法納入自家後院的產業（這是他們用來決定某項工藝是否適合阿米希人的一條準則）。但如果沒有人生產這個東西，他們就無法維護同樣的生活型態，無法繁盛。簡言之，阿米希要靠外面的世界來維護他們目前的生活方式。他們儘量減少採用的科技，這是他們的選擇，但這個選擇也是科技體給他們的。他們的生活仍在科技體內，不是在外面。

有好長一段時間，我一直想不透為什麼像阿米希人一般的異議人士主要只出現在北美洲（相關的門諾派在南美洲有幾個衛星殖民地）。我費盡心思、花了很長的時間去尋找日本阿米希人、中國阿米希人、印度阿米希人，甚至信伊斯蘭教的阿米希人，但是都沒找到。我發現以色列有一些極端正統的猶太人拒絕使用電腦，同樣也有一兩個伊斯蘭的小教派禁止看電視和上網，印度有些耆那教僧侶拒絕搭乘汽車或火車。就我所知，北美以外並沒有現存的大型社群發展出避開科技的生活型態。那是因為在科技化的美國外，這種想法感覺很瘋狂。當你有一個退出的目標，選擇退出才會有意義。最初的阿米希抗議份子（也就是清教徒）跟鄰近的歐洲農夫沒什麼兩樣。在州教會殘酷的迫害下，阿米希人不採納新科技，遠離「入世」的主流。迫害停止後，今日的阿米希人和美國社會令人咋舌的科技層面形成對比。美國的標誌就是個人的重新發明和進步，不斷向前衝刺，而他們另類的生活方式完全相反，卻能欣欣向榮。在中國或印度，阿米希人的生活型態跟當地的貧窮農夫一樣，因此不值一提。只因為有了現代的科技體，才能優雅地抗拒科技。

科技體在北美洲出現過剩，也刺激其他人退出社會主流。一九六〇年代晚期和一九七〇年代早期，成千上萬自認為嬉皮士的人蜂擁進入小農場和臨時社區裡，過著跟阿米希人類似的生活。我也參與其中。貝瑞和其他思緒清楚的導師變成我們的偶像。我們在美國鄉間做了小小的實驗，唾棄現代世界的科技（因為科技似乎摧毀了個人主義），想要重新建造出新世界，自己動手挖井、磨自己要吃的麵粉、養蜜蜂、用陽光曬乾的泥土造房屋，甚至連風車和水力發電機偶爾也能運轉。有些人也信教了。我們的發現就跟阿米希人知道的一樣，在社群中才能力求簡樸，科技不是答案，但某些科技可以幫我們解決問題，我們稱之為「適切科技」的低科技解決方案似乎最有效。穿著象徵嬉皮士的紮染衣物，精心選擇適切的科技，在短短的時間內體會到深刻的滿足。

不過那段時間真的很短。我曾編輯過《全球概覽》這本教戰手冊，目標讀者是數百萬名進行簡單科技實驗的人。每一頁都有滿滿的資訊，告訴讀者如何建造雞舍、自己種菜、自己做乳酪、自己在家教小孩，以及用一捆捆麥稈造成房屋後在家工作。因此，我有親身體驗的機會，一開始對有限的科技充滿熱情，最後卻必然因為不安定不自在而放棄。嬉皮士慢慢地離開他們刻意建造的低科技世界。一個接一個放棄了圓頂屋，住進郊區的車庫和閣樓，在那兒許多人把他們「小而美」的技能轉換成「小規模創業」的企業家身分，讓我們這群人非常驚訝。七〇年代，許多反文化份子離開學校，《連線》世代和長髮族電腦文化（比方說適用開放原始碼的ＵＮＩＸ）便由此發源。《全球概覽》的創立人布蘭德也是嬉皮士，他回憶說：「『自己動手做』立刻就變成『自己動手創業』。」在我認識的人中，有不少離開了群體，最後在矽谷開創高科技公司。「昔日赤腳人，今夕大富翁」都快變成陳腔濫調了，賈伯斯就是一個例子。

上一代的嬉皮士並未保留類似阿米希人的生活模式，因為，雖然在社群中的工作帶來滿足，也很吸引人，但更多的選擇發出魅惑的呼喚，更有吸引力。嬉皮士離開農場的理由跟年輕人一定要離開農場的理由一樣：科技帶來更多的可能性，日夜向他們招手。回顧從前，我們或許可以說嬉皮士離開的理由就跟梭羅離開華爾騰池的原因一樣；來和去，都為了充分體驗生活。自願過著簡樸的生活，是一種可能性，一個選擇，一生至少應該嘗試一次的選擇。選擇貧窮和極簡主義是一種很棒的教育方式，我非常推薦，尤其因為你能從中得到幫助，分析出自己最需要什麼樣的科技。但我也觀察到，要發揮簡樸全然的潛能，你必須把極簡主義當成很多階段中的一個（這個階段有可能會重來，就跟冥想或安息日一樣）。過去十年來，新一代的簡微主義者興起，現在他們在都會中找到家園，在都市裡過著少花錢的生活，和志趣相投、同樣定居在都市裡的人組成特別的社群，彼此支持。他們想要兩者兼備，像阿米希人滿足於熱情的互助和親力親為，同時享受都市裡多如雪片般飛來的選擇。

由於我個人體驗過從低科技到高科技的選擇，我很欽佩萊昂、貝瑞、布仁德等人，以及舊派平民社群。我相信阿米希人和簡微主義者和我們這些步調快速、熱愛科技的都市人比起來，活得更加心滿意足。刻意約束科技後，面對不斷變動的可能性，他們將其好好發揮，讓閒暇、自在和踏實湊成迷人的組合，而且他們也找到了最恰當的利用方法。老實說，當自行創造的新選擇從科技體不斷爆發出來，我們發現要感到滿足變得難上加難。如果不知道要滿足什麼，怎麼能得到滿足呢？

所以，把每個人都往這個方向趕，不就好了？為什麼大家不乾脆放棄更多的選擇，變成阿米希人？畢竟，貝瑞和阿米希人覺得我們那好幾百萬個選擇不切實際，也沒有意義，說是選擇，實際上卻是圈套。

我相信在科技的生活型態中，全然的滿足和眾多選擇這兩條截然不同的道路，所表現出的是大相逕庭的人性觀念。

如果你相信人性不會改變，才有可能達到全然的滿足。需求不斷變動，就無法真正滿足需求。極簡工藝家堅持人性不會改變。要是提到演化，他們宣稱在平原上存活了數百萬年後，人類的社會本質已經定型，很難因為新的小玩意兒而得到充分的滿足。相反地，我們堅忍的靈魂渴望永恆的商品。

如果人類本質確實不會改變，就有可能進展到最高峰的科技解答，奠定人性的基礎。舉個例子，貝瑞相信牢固的鑄鐵手搖幫浦比用扁擔挑水好多了。他也說，養馬耕田比你自己拉犁好，在他之前很多古代的農夫都用人力犁田。貝瑞用馬耕作，但是他認為除了手搖幫浦和驅馬耕作外，其他的創新產品都會破壞人性及自然系統的完滿。一九四〇年代，拖拉機問世時，「工作的速度會增快，品質卻不一定」，他寫道：

> 用國際高速齒輪出品的九號收割機來舉個例子。這台收割機用馬拖拉，當然比之前的工具更強，比方說鐮刀或同一家公司出過的機器……。我有一台收割機。有天我在牧草田裡用收割機，同時鄰居正駕著拖拉機在收割。從我剛割過的牧草田走到用拖拉機走過的田裡，我可以毫不遲疑地說，雖然拖拉機速度比較快，成果卻不一定比較好。對其他工具來說，我覺得同

樣的道理大體上也適用：犁、耕耘機、耙、穀物條播機、播種機、施肥機等等……。拖拉機出現後，農人的成效大增，但不一定比較好。

貝瑞認為科技的高峰出現在一九四〇年代，差不多在那時，所有的農具正發展到了極限。在他眼中，小小的家庭農場種滿了各種作物，農夫在其上耕作出當飼料的種子，給家裡的牲口吃了生出肥料（種植更多作物的動力和食物），構成精巧的循環，便是人類健康和滿足、人類社會及環境達到最完美的模式，阿米希人也有同樣的想法。庸庸碌碌了幾千年，人類找到了方法，讓工作和休閒臻於完美。但是，現在額外的選擇一直出現，超越了這個高峰，一切也跟著惡化了。

當然，我說的不一定對，但要相信在人類長長的歷史（我認為除了過去一萬年，還有接下來的一萬年）中，發明和滿足的顛峰就出現在一九四〇年，似乎純屬愚蠢，不然就是自負和傲慢到了極點。一九四〇年，貝瑞正好還是個小孩子，住在養了馬兒的農場上，這絕對不是巧合。看來貝瑞也信奉凱伊對科技的定義。聰穎博學的凱伊曾任職雅達利、全錄、蘋果電腦和迪士尼等公司，他所提出的科技定義是我聽過最棒的。凱伊說：「科技，就是你出生後所發明的東西。」一九四〇年不可能是科技完美到帶給人類滿足的盡頭，因為人類的本質尚未走到終點。

我們馴化人性，就跟馴服馬匹一樣。人類本質就像五萬年前種下的作物一樣充滿可塑性，到了今日仍是種植的對象。人類本質的範疇從來不是靜態。我們知道，從遺傳學的角度來說，人體的變化日漸加速，已經超越了過去百萬年來的速度。文化改變了大腦的接線。我們跟一萬年前開始耕作的那些人已經不一樣了，不誇張，也不是打比方。馬和馬車、用木柴生火煮飯、堆肥園藝和極簡工業緊密地相互連結，這樣的系統或許非常適合人類本質，但我指很久以前的農業時代。但是，完全投入傳統的存在方式，就會讓我們忽略了人類本質（我們的需要、欲望、恐懼、原始本能和最崇高的抱負）已經被我們和我們發明的東西塑造出新的形狀，新的本質有什麼需要，也不在關切的範圍內。我們需要新的工作，就某種程度而言，是因為在內心深處我們是全新的人。

我們實質上的存在跟祖先已經不一樣了，思考模式也不一樣。經過教育、有文化修養的大腦運作方式也改變了。前人與當代人士累積下來的智慧、做法、傳統和文化改變了我們，這是我們和打獵採集的祖先不一樣的地方。生活中充斥著無所不在的訊息、科學、四處蔓延的娛樂、旅行、過剩的食物、充足的營養、每天都出現新的機會。同時，我們的基因拚命往前衝，要追上文化的速度。我們提高基因加速速度的方法有好幾種，例如基因治療等醫學干預方法。事實上，科技體所有的趨勢，尤其是日漸成長的演化能力，都指向未來人類本質愈加快速的變化。

很奇怪，在否認人類不斷變化的傳統主義者中，也有很多人堅持人類最好不要變化。

我希望在高中時代我是個阿米希男孩，用手做東西，遠離教室，清楚知道自己是誰。但在高中讀的書籍啟發了我的心智，看到更多念小學的時候不可能想像得到的可能性。念高中的時候我的世界擴展了，而且從未停止擴展。在不斷擴展的可能性中，最重要的就是體驗人生的新方式。社會學家里斯曼在一九五〇年的著作中觀察到：「科技愈進步，整體來說，就愈有可能有相當多的人能想像自己是另外一個人。」我們擴展科技，是為了明白我們是誰，還有我們能變成誰。

我對阿米希人、貝瑞、布仁德和簡微主義者都有足夠的認識，所以我知道他們相信我們不需要爆發的科技來擴展自己。畢竟他們是極簡主義者。阿米希人規定人類本質不變，並因此得到無比的滿足。這種深層的人性滿足很真實、發自內心深處、會不斷更新，且充滿吸引力，以致阿米希人每增加一代，數目也跟著加倍。但我相信阿米希人和簡微主義者用真相換來滿足。他們尚未發現他們能變成什麼樣的人，而且也沒有這種能力。

這是他們的選擇，就現狀而言沒有問題。因為他們做出這個選擇，我們應該讚揚他們的成果。

或許我不會上推特、不看電視、不用筆記型電腦，但其他使用者的影響的確為我帶來好處。如此一來我跟阿米希人的差別也不大，阿米希人周圍充分利用電力、電話和汽車的外人也為他們帶來好處。但是，跟選擇拒絕某項科技的人不一樣，阿米希社會在自我約束的同時也間接限制了其他人。如果我們全都試著用阿米希人的方式生活——要是所有人都這樣，那會怎麼樣？——選擇的完美程度就會崩潰。限制了可能的職業選擇，降低教育程度，阿米希人除了局限了孩子的機會，也間接阻礙所有人的機會。

假設今天你成為一個網路設計師，那是因為你周圍和更早之前已經有成千上萬的人先擴展了這個機會領域。他們離開農場和家裡開的商店，發明了複雜的電子裝置生態，需要新的專業知識和新的思考方式。如果你是會計師，過去已有無數的創意人士為你發明了會計的邏輯和工具。如果你是科學家，你的儀器和研究領域已經由別人創造出來。如果你是攝影師、極限運動員、烘焙師父、汽車修理技師或護士，**藉由其他人的貢獻，你的潛能才有機會發展**。在別人擴展自己時，你也得到擴展。

跟阿米希人及簡微主義者不一樣，每年進入都市的數千萬新移民會發明工具，為他人釋放選擇。如果他們做不到，這項工作就落在他們的孩子身上。身為人類，我們的使命不只是在科技體中發現完整的自我，找到全然的滿足，也要為其他人擴展可能性。更偉大的科技無私地解開束縛，讓我們一展天分，也會無私地釋放其他人：我們的下一代，以及後代的子子孫孫。

那就是說，在你欣然接納新科技的時候，你也間接貢獻給阿米希人的下一代和實踐簡微主義的農民，雖然他們對你的貢獻並沒有這麼多。你採用的東西大多會被他們忽略。但總有可能你採用了「功能還不十分完全的東西」（希利斯對科技的定義）後，那東西會進化成適當的工具，他們也能採用。或許是太陽能穀物乾燥機，或許是治療癌症的方法。發明、發現和擴展可能性的人都會間接擴展其他人的機會。

但是，阿米希人和簡微主義者帶給我們很重要的啟示，教我們如何篩選要採納的科技。我跟他們一樣，我不想要一大堆裝置，徒然在生活中增加維修工作，卻並不會帶來真正的益處。要花時間去熟悉一樣東西的話，我一定要精挑細選。如果某些東西的成效不彰，我希望我能安然退出。我不想要損害他人權益的東西（例如致命的武器）。我真的只要最少量的科技就夠了，因為我發現到我的時間和注意力都有限。

阿米希翻修家惠我良多，因為透過他們的生活，我現在才能清楚看見科技體的困境：想要最高程度的滿足，我們在生活中追尋最低程度的科技。但是要儘量滿足其他人，我們必須在這個世界上盡情利用科技。的確，如果其他人創造出足夠的選擇，在這最大的集合中我們可以選擇，找到自己需要的最少量工具。而留下的難題則是我們如何從個人的角度儘量減少身旁的東西，同時從全球的角度進行擴展。

第十二章　尋求同樂

「那麼，整個問題一言以蔽之：人腦能否掌握人腦創造出來的東西？」根據法國詩人哲學家瓦雷利的想法，這就是科技體的難題。我們的創造如此廣大又如此靈巧，是否壓倒了我們加以控制或引導的能力？數千年來的動力推著科技體往前衝，在操控進步的方向時，我們有什麼選擇？在科技體的規則中，我們真有自由嗎？實際上有沒有操縱的手段？

我們有很多選擇。但這些選擇變得複雜了，再也不顯而易見。科技的複雜度增加，同時科技體也需要更複雜的回應。舉例來說，可供選擇的科技數目遠超過我們將之全部派上用場的能力，因此到了現在，那些我們**不用**的科技反而界定了人的特色，而不是我們使用的科技。按著同樣的道理，素食者比雜食者更有個性，選擇不開車或不上網的人表達出來的科技立場比一般消費者更為強烈。雖然我們沒發現，但從全球規模來看，我們選擇放棄的科技仍超過我們選擇採用的。

不被人採納的科技通常呈現不合乎邏輯、沒有意義的模式。一開始看到阿米希人對科技的抗拒，你可能也會覺得同樣古怪荒謬。他們可能會用四匹馬拉動吵鬧的柴油引擎收割機，因為他們抗拒機動車輛。外人認為那樣的組合很虛偽，但我知道有位出名的科幻小說作家，他會上網但從不寫電子郵件，我覺得那更虛偽。對他而言是個簡單的選擇；他從某項科技得到他想要的，但另一項就算了。問到朋友的科技選擇，我發現有人會寫電子郵件，但不會傳真；有人會傳真，但沒有電話；有人有電話但沒有電視；有人有電視，但拒絕使用微波爐；有人有微波爐，但沒有乾衣機；有人有乾衣機，卻不肯裝空調；有人離不開空調，可是不肯買車；有人愛車成痴，卻沒有CD音響（只有黑膠唱片）；有人買了CD，但拒絕使用衛星定位導航；有人非常依賴衛星定位導航，卻沒有信用卡；類似的例子說也說不完。局外人會覺得每個人節制的方法都很有特色，也有可能認為有點虛假，但他們的做法跟阿米希人的選擇達成了同樣的目的，也就是把琳瑯滿目的科技塑造成符合個人意向的樣子。

然而，阿米希人從群體的觀點來選擇或拒絕科技。在世俗的現代文化中卻正好相反，尤其在西方，科技的選擇從個人的角度出發，是自己的決定。要是周圍的人都一起抗拒廣為流傳的科技，比較容易保持紀律，但如果他們跟你意見不同，就比較難了。阿米希人能成功，大多是因為整個社群堅定地支持（幾乎是社會的強制力）非正統的科技生活型態。事實上，這合而為一的感受非常重要，因此阿米希家族不會遷移到沒有阿米希人的地方去開拓新的殖民地，除非有足夠的家族加入，能組成自給自足的社群。

在現代多元化的社會裡，集體選擇能發揮更大的功效嗎？整個國家，或甚至整個星球，能否成功地集體選擇某些科技，同時拒絕其他的科技呢？

過去幾百年來，有許多科技被社會視為會帶來危險、擾亂經濟、不道德、輕率，或就是太渺茫，對我們沒有好處。察覺到禍害後要加以補救，通常就會出現禁令。引起問題的創新產品或許會被課徵重稅、立法限制用途、只能在偏遠地區使用，或乾脆完全禁止。歷史上引起問題的發明物曾經被大規模禁止的包括十字弓、槍支、採礦、核子彈、電力、汽車、大型帆船、浴缸、輸血、疫苗、影印機、電視、電腦和網際網路。

然而，歷史告訴我們，要整個社會抗拒科技，其實很難持久。最近，我找出過去一千年來所有大規模禁止科技的案例，並仔細看過。我心目中的「大規模禁止」等於官方下令文化、宗教團體或國家不得採用某種科技產品，而不是個人或某個小地方的層級。被忽略的科技不在我討論的範圍內，我只算那些刻意遭到撤除的。大約有四十個案例符合標準。一千年來只有四十個也不算多。事實上要列出一千年來只發生了四十次的其他事件也不容易！

大規模禁止科技的案例很少見。要強制執行很難。我研究之後發現，大多數案例持續的時間通常跟接納科技後又加以廢棄的一般循環差不多長。有幾項禁令延續了數百年，在那個年代科技也要用好幾百年的時間才會出現變化。在幕府時代的日本，有三百年的時間禁止用槍，中國明朝禁止勘探船的時間也長達三百年，義大利禁止紡絲也有兩百年的時間。歷史上還有少數幾項案例延續一樣長的時間。法國抄寫員公會成功地延後印刷術進入巴黎的時間，但只延了二十年。科技的生命周期加快速度後，發明物大受歡迎的時間可能只剩下短短幾年，對科技的禁令自然也跟著縮短。

下一頁的圖表描繪出禁令延續的時間和禁令開始的年份；只包括已經結束的禁令。在科技加速時，禁令也變得愈來愈短。

禁令或許無法持久，但在執行期間是否有效，卻是一個更難回答的問題。很多早期的禁令涉及經濟上的考量。法國禁止生產機器織造的棉布，跟英國在盧德份子造反時農村織布工禁用寬版織襪機的原因一樣，因為農人的收入會受到衝擊。經濟禁令可以在短期內達成目標，但通常之後必然會促使大眾去接受這項科技。

也有禁令是為了安全的理由。古希臘人最早開始用十字弓，稱之為「肚皮射手」，因為上膛時要用肚子當撬動的支點。跟用紫杉木製作的傳統長弓相比，加了彈簧的十字弓威力更強，更容易致命。十字弓就等於今日的 AK-87 攻擊武器。一一三九年，教宗依諾增二世在羅馬天主教第二次拉特朗大公會議上下令禁止使用十字弓，就跟現在大多數國家都立法禁止市民擁有火箭砲一樣；這兩種武器能快速造成多人傷亡，要用來保護家園或打獵，都太過暴力，沒有必要。雖然適合戰爭，卻不適合和平。但是，十字弓歷史學家巴克拉區指出：「十字弓的禁令完全沒有發揮效用。在中世紀中期，十字弓一直都是主要的手持投射武器，防禦要塞和船隻時最常用到。」十字弓被禁五十年，可是沒有什麼用，就像現在突擊步槍雖然違法，卻禁不了黑社會持有槍枝。

若展望全球的科技，禁令似乎都非常

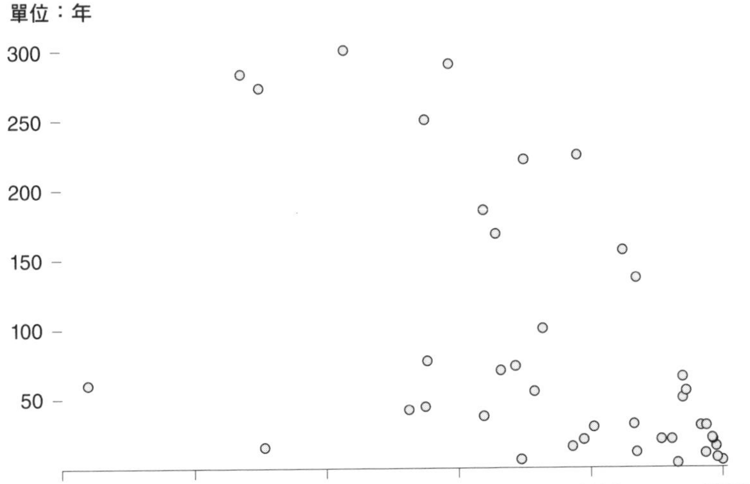

禁令持續的時間。歷史上科技受到禁止的期間（縱軸），單位為年，標記在禁令開始的年份。隨著時間演進，持續的時間愈來愈短。

短暫。某樣東西可能在某個地方被禁，卻在另一個地方大受歡迎。一二九九年，佛羅倫斯的官員禁止銀行業者在帳目上使用阿拉伯數字，但在義大利其他地方的人卻踴躍採納。在全球市場上，每樣東西都找得到自己的位置。在某個地方禁止的科技可能會溜到其他地方，在那兒凝聚力量。

基因改造食品總讓人聯想到不合法，確實有些國家禁止此類食品，但全球用來種植基因改造作物的土地面積每年會增加百分之九。雖然某些國家禁止建造核電廠，但全球核電廠產生的電力每年總共增加了百分之二。唯一看到全球各國一致放棄的是核子武器儲備減少了，在一九八六年的高峰期有六萬五千個單位，現在則留下兩萬個。同時，能夠製造核子武器的國家也愈來愈多。

在關係緊密的世界裡，科技承繼的腳步加快了，持續的升級取代了舊有的版本，卻讓大多數用意良好的禁令無法維持下去。禁令事實上只能把時間往後延。有些人，比方說阿米希人，覺得往後延很好。有些人則希望在延緩的時間內，能發現更值得擁有的替代科技。確實有可能。但是一味禁止就是無法消除可能造成破壞或不道德的科技。科技可以延後，但無法遏止。

到處都能看到禁令，卻鮮少有效，很有可能是因為當新發明剛出現時，我們一般都不了解有什麼用。每個新想法都充滿不確定性。不論原創者多麼確定他的新想法會改變世界或終結戰爭，能夠趕走貧窮，為大眾帶來喜樂，事實上，沒有人知道新發明有什麼效用。就連短期內所扮演的角色也不明確。歷史上有很多例子，發明家對自己的發明也有錯誤的期待。愛迪生相信他的留聲機主要會用來記錄人死前最終的遺言。早期的贊助人相信要對鄉間的農夫布道，收音機就是最理想的裝置。在臨床測試時，威而剛是治療心臟病的藥物。網際網路發明的目的是為了在發生災難時提供溝通的管道。偉大的想法出現後，最後能達成偉大夢想的很少。所以意思是我們幾乎不可能在某項科技「實現」前就要推斷出會帶來什麼傷害。

你是否小時候就知道長大以後要做什麼？很少人知道，而科技也一樣。發明出來的東西在一開始要有很多人採用，和其他發明不斷碰撞牴觸，才能定義自身在科技體中的角色。剛萌發的科技跟人一樣，做第一份工作通常會失敗，之後才能找到比較好的營生。原始的角色從一開始到後來都能保持不變，這樣的科技少之又少。比較常見的情況是，發明家到處兜售新發明的產物，預期能有某種用途（而且可以賺錢！），但馬上就證明他們錯了，然後再宣傳這些東西有其他用途（利潤比較低），少數幾個說法可能奏效，最後在現實的帶領下，這項科技被賦予預料之外、盈餘不高的用途。有時候那盈餘不高的用途反而開花結果，變成破壞性特別強的案例，倒成了規範。那樣成功的結果出現時，之前的失敗就為人遺忘。

愛迪生造出第一台留聲機後過了一年，還沒想出來他的發明該怎麼用。跟其他人比起來，愛迪生最懂自己的發明，但他的推測卻有很多不同的方向。他認為他的想法或許能衍生出給聾人用的聽寫機或有聲書，或者報時時鐘、音樂盒、拼字課程、記錄臨終遺言的裝置、答錄機。愛迪生列出了留聲機可能有哪些用途，最後又加上了一條：播放錄好的音樂，感覺是後來才想到的。

雷射發展到非常強大時，本來要用來擊落飛彈，但進入量產後，主要拿來讀條碼和電影光碟。房間大小的電腦裡面放了真空管，原本要用電晶體取代，但今日製造的電晶體大多填進了照相機、電話和通訊設備中的微小電腦裡。手機一開始……嗯，就是行動電話，問世後的幾十年來也一直發揮電話的用途。但手機科技成熟後，變成平板電腦、電子書和影音播放機的行動運算平台。一直轉換職業跑道，變成了科技的基準。

世界上存在的想法和科技數目日漸增多，也更有可能在引進新科技時看到科技的結合及後續的反應。在科技體中，每年都有數百萬個新想法出現，要在其中預測結果，是道棘手的數學難題。

由於我們一看到新東西就會想到這個東西如何能改善舊有的工作，更難預測其他的用途。這就是為什麼汽車一出現的時候被稱為「無馬座車」。最早的電影只是把劇場裡的表演一成不變地記錄下來。過了一段時間，大家才明白電影攝製這種新媒體有多麼重要，能夠達成新的目標、揭露新的觀點、成就新的工作。我們也陷在同樣的盲目中。我們把今日的電子書想成出現在電子紙上的一般書籍，而不是充滿力量的文字串，織入全世界共享的圖書館。我們認為基因測試跟驗血一樣，一輩子驗一次，得到不變的分數，但是基因定序或許會變成每小時需要進行一次，因為我們的基因不斷突變、替換、與環境互動。

大多數新事物都很難預料未來會變成什麼樣。發明火藥的中國人很有可能根本沒想到以後會有槍枝。斯特金發現了電磁，卻未預見電動馬達。法恩斯沃思並沒有想像到電視文化會從他的陰極射線管爆發出來。上個世紀開始時的廣告想說服猶豫不決的消費者購買最新式的電話，強調電話可以傳送訊息，比方說邀請、訂購商品或確認商品已經安全抵達。廣告商把電話當成更方便的電報，竭力推銷，卻沒有人建議消費者用電話跟別人通話。

高速公路、得來速餐廳、安全帶、導航工具和提高里程的數位儀表板組成了基礎，今日的汽車深陷其中，已經和百年前福特的 Model T 系列不一樣了。大多數的差異出自後續的發明，而不是歷久彌新的內燃機。同樣地，今日的阿斯匹靈也不是以前的阿斯匹靈。考慮到人體內其他的藥物、人類的壽命變長和愛吞藥丸的習慣（每天一顆！）、便宜程度等等，現在的阿斯匹靈跟從柳樹皮精華衍生的民間用藥或拜耳在一百年前首次推出的合成產品不一樣，雖然裡面都用上了同樣的化學物：乙醯水楊酸。科技成功了，也會出現變化。派上用場的同時，製造的方法也變了。在散播的同時，也讓第二第三級的結果浮現出來。變得愈來愈普遍的時候，科技幾乎一定會帶來之前無法預料的效果。

另一方面，一開始很偉大的科技想法最後幾乎都煙消雲散。不幸的少數變成嚴重的問題，雖然也可能驚天動地，但絕對不符合發明家當初的目的。孕婦服用沙利竇邁這種鎮靜劑後，或許能助她們安眠，但對未出生的胎兒卻是夢魘。內燃機讓人類自由行動，卻破壞呼吸系統。冷媒是很便宜的冷卻劑，但會破壞地球的大氣層，無法過濾紫外線。在某些案例中，這種效果的轉變只是未預料到的副作用；在很多案例中卻會一百八十度改變事業方向。

用公正的態度檢驗科技，每種科技都有好有壞。沒有一種科技完美無缺，也沒有一種科技能完全中立。科技造成的結果會跟著科技造成破壞的本質一起擴展。強大的科技在好壞兩個方向都有強勁的力量。具有強大積極力量的科技在另一個方向一定也有強大的破壞力，同樣地，再好的想法也有可能反常到了極點，帶來嚴重的禍害。畢竟，連最美好的人腦都能想到最殘忍的念頭。當然，發明或想法除非遭到嚴重的濫用，實際上不算什麼。跟科技有關的期望應該一開始就要遵守這條定律：新科技的承諾愈重大，能造成傷害的潛力也愈強。網際網路搜尋引擎、超文本和網路等受人喜愛的新科技也是如此。這些強大到無與倫比的發明釋放了自文藝復興時代以來首見的創造力，但當發明遭到濫用（並不是萬一遭到濫用），能夠追蹤和預料個人行為的能力就變得很可怕。如果新科技可能帶來前所未見的益處，也有可能帶來前所未見的問題。

要補救這個難題，最明顯的做法就是期望最壞的情況發生。這個做法源自大眾用來對待新科技的方法，叫做「預防原則」。

在一九九二年的地球高峰會議，擬定里約宣言時，首度打造出預防原則。最早的版本建議：「缺乏全然的科學確定性不應該當成理由來延後符合成本效益、防止環境惡化的措施。」換句話說，即使無法用科學證實傷害的確會發生，這種不確定性仍不應該妨礙人去阻止可能造成的傷害。從一九九二年以來，這項預防原則修改過很多次，有了不少版本，禁止範圍愈來愈廣。最近的版本陳述：「可能造成嚴重損害且可能性不確定的活動應當禁止，除非提倡人能證明活動不會帶來可觀的損害。」

另一個版本的預防原則指出歐盟的法規（包含在馬斯垂克條約中），也出現在聯合國氣候變化綱要公約內。美國的環境保護局和清潔空氣法所仰賴的是制定污染控制等級的方法。預防原則也寫入了波特蘭、奧勒岡和舊金山等綠色城市的市政法規。對生物倫理學家和批評社會快速採納新科技的人來說，這個標準也是他們的最愛。

預防原則所有的版本都繞著同樣的原理：科技必須先證明無害，才能廣為適用。在傳播前必須先證明非常安全。如果無法證明科技的安全性，就應該加以禁止、縮減、修改、拋棄或忽略。也就是說，看到新的想法，第一個反應應該是不為所動，直到能證明這個想法很安全。創新的事物出現時，我們應該停下腳步。只有用科學確認新科技沒問題以後，我們才應該運用到生活上。

表面上看，這個方法很合理，也很審慎。一定要先預料有什麼傷害，預先採取行動。可惜的是，預防原則是很好的理論，實用性卻不足。哲學家兼顧問麥可斯摩爾說：「預防原則有一個很好、極好的優點，就是停止科技進步。」桑思坦為了揭穿預防原則而寫了一本書，他說：「我們必須挑戰預防原則，並不是因為它的走向對人有害，而是因為反覆研讀後，根本看不到這個原則有什麼方向。」

所有的益處都會在某處造成禍害，因此按著專制的預防原則嚴格的邏輯，所有的科技都應該禁止。就連最開明的版本也不允許新科技及時派上用場。不論理論為何，從實用的角度來說，不管風險的可能性有多低，我們就是無法對付所有的風險，而想要對付所有不可能的風險，更妨礙了或許能出現的益處。

舉例來說，全世界有三億到五億人可能染上瘧疾，每年有兩億人因此死亡。僥倖存活的人卻變得衰弱，無法脫離貧窮。但一九五〇年代，在家居室內噴灑DDT這種殺蟲劑後，瘧疾患者減少了百分之七十。DDT的殺蟲成效太好，農夫急急在棉花田裡噴了好幾萬噸的DDT，殺蟲劑分子的副產品得以進入水循環，最後進入動物的脂肪細胞。生物學家認為DDT造成某些猛禽的生育率降低，噴灑區附近的魚類和水中生物也因此相繼死去。一九七二年，美國政府禁止DDT的使用和製造，其他國家也跟著禁止。但是，不噴灑DDT後，亞洲和非洲的瘧疾病例又開始提高到一九五〇年代之前的程度。世界銀行和其他援助機構拒絕提供資金，不肯資助瘧疾橫行的非洲重新引進DDT來噴灑屋舍。一九九一年，九十一個國家和歐盟簽訂了協定，同意分階段完全淘汰DDT。他們仰賴的就是預防原則：DDT可能有害，小心總比後悔好。事實上我們尚未證實DDT對人類有害，也尚未測量出在家中噴灑微量DDT會對環境有什麼損害。雖然DDT的益處已經證實，但無人能證明DDT無害。

說到規避風險，我們沒辦法保持理性。我們會選擇要全力對付的風險。我們可能會把焦點放在飛行的風險上，卻沒想到駕駛的危險。牙齒照X光的微小風險或許會引起我們的反應，但沒發現我們忽略了風險更高的蛀牙。我們或許擔心接種疫苗有風險，卻不擔心傳染病。殺蟲劑的風險或許一直纏擾我們，但有機食品的風險卻被忽略。

心理學家發現了不少關於風險的道理。我們現在知道，如果出於自願而不是強制，人類可以接受的科技或情境風險可以高出一千倍。你沒法選擇自來水來自何處，所以你對自來水的安全性容忍度比較低，但比較能容忍自己選購的手機。我們也知道，如果我們已經知道某項科技有哪些益處，對相關風險的接受度也會成正比。收益愈高，愈值得冒險。最後，我們知道，若能很輕易地想到最糟糕的情況和最好的益處，會直接影響到我們對風險的接受程度，而教育、廣告、謠言和想像力會決定你能想到什麼。如果很容易就能想到例子，在最糟糕的情況中風險真的發生了，那就是公眾認為最值得注意的風險。如果可能會造成死亡，就「很值得注意」。

萊特兄弟裡的弟弟寫信給他的發明家朋友福特，敘述他從一位駐在中國的傳教士那邊聽到的故事。萊特會告訴福特這個故事，跟我會寫在這裡的原因一樣：這是一個有關投機性風險的警世故事。傳教士看到該省農夫收割穀物的方法十分費力，想要幫忙改善。當地的農夫手裡拿著小剪刀剪斷稻稈。傳教士便從美國運來長柄大鐮刀，展現更優秀的生產力，讓民眾看得目瞪口呆。「但是，第二天早上，村民代表來找傳教士，要求立刻摧毀鐮刀。他們說，要是鐮刀落入盜賊手中怎麼辦？一個晚上就能割下整片田裡的作物，然後全部偷走。」因此，他們放棄了鐮刀，停止進步，因為不用的人雖然完全沒有實據，卻能想到鐮刀對他們的群體可能帶來什麼樣嚴重的損害。（今日為了「國家安全」而建立的戰區，破壞力非常強，便建立在類似的最壞情況上，但這最壞的情況不太可能發生。）

努力地達到「小心總比後悔好」，預防原則失去了遠見。最想要放大的只有一個價值：安全。安全贏過了創新。最安全的做法就是讓有成效的東西變得完美，絕對不要去嘗試可能會失敗的東西，因為失敗基本上就不安全。創新的醫學程序或許不像已經證實的標準那麼安全。創新不等於審慎。但由於預防原則僅賦予特權給安全，除了削弱其他的價值觀，實際上也降低了安全性。

科技體中的嚴重意外通常一開始時不像機翼脫落或大規模的水管出問題。近代最嚴重的一次航海意外起因是船員廚房裡的咖啡壺燒壞了。某區的電網關閉，並非因為電塔倒塌，而可能是不重要的幫浦墊片破掉了。在網路空間裡，網頁訂購單上很少見、微不足道的錯誤就可能會讓整個網站失靈。在以上的案例中，微小的錯誤會引發或結合系統中其他未預見的結果，結果或許也不怎麼嚴重。但是由於每個部件都緊密地互相依賴，小故障若正好按著不太可能發生的順序出現，便跟滾雪球一樣，最後變得不可收拾，進展到災難般的規模。社會學家培羅稱之為「正常的意外」，因為它們「自然地」從大型系統的動態中浮現出來。系統才是罪魁禍首，不能怪操作的人。培羅詳盡研究過五十次大規模科技意外（比方說三哩島核泄漏事故、印度博帕爾毒氣泄漏事件、阿波羅十三號任務失敗、愛克森瓦拉茲號油輪漏油事件、公元兩千年資訊年序危機等等）的每一分每一秒，他結論說：「我們產生的設計複雜到無法預料必然會失敗的情況有哪些可能的互動，我們加入安全裝置，卻被系統中隱藏的路徑蒙蔽、撤銷或打敗了。」事實上，培羅的結論是，安全裝置和安全程序本身就常創造出新的意外。安全元件更有可能引發問題。比方說，在機場增加安全人員，可能會讓能進入重要區域的人數變多，反而降低安全性。多餘的系統一般用於安全備份，卻很容易產生新型的錯誤。

這些叫做替代風險。想要降低風險，卻直接引起新的風險。防火的石綿有毒，但大多數替代品也一樣有毒，或毒性更強。此外，要移出建築物裡的石綿，只會更加危險，還不如保持原狀。預防原則完全忽略了替代風險的概念。

一般來說，預防原則相當偏頗地反對新事物。很多現有的科技和「自然的」過程也有未經檢驗的缺陷，就跟新科技一樣多。但預防原則為新事物制定的門檻拉得太高了。實際上，預防原則無法限制舊有事物的風險，也可說是「自然的」風險。舉幾個例子來說：沒有殺蟲劑屏障時，種出來的作物會產生更多天然的殺蟲劑來對抗昆蟲，但這些生來就有的毒素不受預防原則的限制，因為不是「新的」。新的塑膠水管會帶來的風險不用跟舊塑膠水管的風險比較。DDT的風險並未和死於瘧疾的舊風險相互對應。

要解決不確定性，最可靠的方法就是更快更好的科學研究。在科學的測試過程中，絕對不會完全消除不確定性，對特定問題的共識也會隨著時間變化。但實證科學的共識比其他的東西都可靠，也比預防原則的預感可靠。抱持懷疑態度和充滿熱誠的人會公開做更多科學研究，讓我們更快得到結論：「這可以用」或「這不可以用」。一旦達成共識，我們就可以合理地制定規則，就跟含鉛汽油、菸草、安全帶，以及社會上其他許多法定的改善措施一樣。

但是，同時我們也該依靠不確定性。就算我們懂得，對每一項創新都要期望出乎意料之外的結果，通常沒有人看得見某些不在計畫中的結果。溫納在他的書中提到：「科技的效能總超過我們的期望；我們深知這一點，事實上也期望得到驚喜。假設在這個世界上，科技只能達成你心目中事先想到的目的，別無它物。這個世界一定極度受限，跟我們現在居住的世界完全不一樣。」我們知道科技會產生問題，只是不知道是什麼樣的新問題。

由於所有的模型、實驗室、模擬或測試原本就充滿不確定性，要測試新科技，唯一可靠的方法就是實地運作。想法必須充分地習慣新形式，才能開始表現出次要的效果。科技誕生後立刻開始測試，只會顯現出主要的效果。但在大多數情況下，科技不在計畫中的次級效果才是後續問題的根源。

通常會壓倒社會的就是次級效果，很難靠預測、實驗室測試或白皮書找到。科幻小說大師艾西莫夫的觀察非常入微，在靠馬拉車的時代，一般人很想要也很容易想像沒有馬的馬車。預期汽車出現自然不言而喻，因為馬車主要的動力延伸出去就是汽車，一輛會自動向前走的車子。馬車有什麼功能，汽車就有什麼功能，但是不需要馬匹。但是艾西莫夫更進一步發現，要想像無馬馬車有哪些次級結果多半很難，這些次級結果包括汽車電影院、癱瘓交通的塞車和超車糾紛。

次級效果通常需要某種程度的稠密，近乎無所不在，才能被大眾看見。汽車一出現時，最重要的安全考量是車上人員的安全，擔憂汽油引擎會爆炸或煞車會失靈。但汽車真正的挑戰在數目增加後才出現，路上有幾十萬輛車子在跑，次級效果就出現了——我們長期暴露在微小的污染物中，高速駕駛時可能造成死傷，郊區和長途通勤的不便就更別提了。

科技無法預測的效果有個共同的源頭，衍生自科技和其他科技互動的方式。二〇〇五年，在分析現已廢止的美國技術評估局（一九七二年設立，一九九五年廢止）為何在評估新科技時無法發揮更大的影響力，研究人員在簡報中做出結論：

> 雖然可以針對特定和發展良好的科技（例如超音速傳輸、核子反應爐、某種藥品）提出看似可信（但一直無法確定）的預測，科技根本的轉化能力並非來自個別的製品，而是已經滲入社會的科技分支互動的結果。

簡單地說，在小規模的精確實驗和新科技的真實模擬中，看不到重要的次級效果，所以新興的科技必須透過行動測試，即時進行評估。亦即某項科技的風險必須用真實生活中的實驗和錯誤來決定。

對新想法要有適切的回應，應該立刻嘗試。在想法的生命周期內，不斷嘗試和測試。事實上，和預防原則相反，絕不可能宣稱某項科技「證實非常安全」。必須持續測試，不可掉以輕心，因為使用者會一直改變科技，科技所在的科技體也跟著演化，亦會帶來改變。

溫納說，科技系統「需要持續關注、重新建造和修復。人類創造出複雜科技的代價就是得永遠保持警覺。」布蘭德寫了一本有關生態現實主義的書《完全地球紀律》，把持續評估提升到警覺原則的層次：「警覺原則的重點在於自由，自由嘗試新事物。新問題的修正一直受到最精密的監督。」然後他建議把試用的科技指派到三個類別內：「一、在證實安全前暫時視為不安全；二、在證實安全前暫時視為安全；三、在證實有益前暫時視為有益。」**暫時**是這裡的關鍵詞。布蘭德的方法還有另一個說法：**永恆的暫時**。

田納的著作《科技反撲——萬物對人類展開報復》討論到科技不在計畫中的結果，他詳細說明了持續保持警覺的本質：

> 科技樂觀主義實際的意思是能夠及早察覺令人不悅的意外，以便採取行動……。國界愈來愈模糊，問題很快就蔓延到世界各地，因此也需要第二種警覺程度。但警覺沒有界限，應該無所不在。火車司機已經停用「緊急制動手柄」，因為他們現在隨時都可能碰到機警測試，所以會隨時保持警覺。電腦備份的儀式、法律規定所有物品的測試（從電梯到家用煙霧警報器）、定期X光篩檢、保護和載入新的電腦病毒定義，都是警覺的措施。還有檢查入境旅客

是否帶有可能藏匿害蟲的產品。敏捷穿過街道現在已經是都市居民的第二天性，但在十八世紀前一般說起來沒有必要。有時候警覺不是實際的預防措施，而是提供安慰的儀式，但幸運的話就能看到成效。

阿米希人的做法非常類似。他們對待科技體的手法是以最基本的宗教信仰為基礎；他們的神學驅動他們的科技。但矛盾的是，對他們採用的科技，阿米希人比現世大多數的專業人士更具科學精神。沒有信仰的典型消費者容易按著媒體的說法，「靠著信念」接納科技，完全不做測試。相反地，對於可能採用的科技，阿米希人會進行四個層級的經驗測試。阿米希人不依賴假設最糟糕情況的預防原則，他們採用有實證的科技評估。

首先，他們會先討論（有時在長老會議中），期望創新的物品給社群帶來什麼結果。要是農夫米勒開始用太陽能板來汲水，會有什麼結果？裝了太陽能板後，他會不會很想把電力接到冰箱上？然後呢？太陽能板要從哪裡來？一言以蔽之，阿米希人先假設科技會帶來哪些衝擊。第二，他們密切監督一小群搶先使用的人，看看實際上有什麼效果，決定觀察結果是否證實假設。開始用新產品後，米勒一家人跟鄰居的互動有變化嗎？第三，如果根據觀察到的效果，新科技似乎令人不悅，長老會不會決定要放棄，然後再評估放棄後的影響是否進一步確認他們的假設？整個團體不用這項科技是否過得更好？他們會一直重新評估。今天，花了一百年的時間辯論和觀察後，阿米希人仍在討論汽車、電力和電話的長處。沒有量化的資料，結果都壓縮成奇聞軼事。用這種跟那種科技後，發生了這個跟那個結果，相關的故事變成了鄰里間的八卦，或印在時事通訊裡，變成經驗測試的流通方法。

科技幾乎等於生物。跟有生命的物體一樣，必須用實際行動來測試。要能睿智評估科技產物，唯一方法就是從原型開始嘗試，然後打造成試驗性方案。與科技共存，我們可以調整期望，改變、測試，重新發布。在行動中細心觀察變化，然後重新定義目標。最後，和我們的創造物一起生活。不喜歡科技的成果時，我們可以改變方向，讓它做新的工作。我們與科技一起前行，不會彼此牴觸。

持續參與的原則叫做「占先原則」。由於重點在於暫時的評估和持續的修正，也是精心設計，和預防原則完全相反。激進的超人類主義者麥可斯摩爾於二〇〇四年首次發表這個架構。麥可斯摩爾一開始時有十條指導方針，但我把他的十條方針簡化成五個積極的做法。每個積極的做法都有啟發性，在評估新科技時給我們引導。

下面說明五個積極的做法：

一、預期

預期是件好事。所有的預期工具都有根據。用的技術愈多愈好，因為不同的技術適合不同的科技。情境、預報和純粹的科幻小說提供了局部的寫照，也是我們能期待最好的情況。衡量模型、模擬和對照實驗的客觀科學方法應該占更高的比重，但也只提供局部的寫照。實際的早期資料應該勝過推測。預期的過程應該儘量想像出可怕和可誇耀的情況，兩者要同等看重，可能的話也要預期普遍的情況，要是每個人都能免費取得，會是什麼情況？預期不應該帶有判斷的成分。預期的目的並非正確地預測科技會帶來什麼結果，因為所有確切的預言都錯了，但我們要透過預測為下面四個步驟奠定基礎，用來預演未來的行動。

二、持續評估

或稱永恆警覺。我們有愈來愈多的方法，隨時可以量化測試日常生活使用的東西，不只測試一次而已。靠著植入的科技，每日使用科技，同時也能進行大規模的實驗。不論新科技一開始時接受了多少測試，仍應該持續進行即時測試。科技提供更精確的方法，讓我們能夠測試利基在哪裡。使用通訊科技、便宜的基因測試和自我追蹤的工具，我們可以把注意力放在創新產品在特定的街坊、次文化、基因集合、群組或使用者模式中的表現。測試可以持續不斷，一天二十四小時每周七天進行，而不光是在第一次發布前測試。此外，社交媒體（今日的臉書）等新興科技讓民眾可以組織自己的評估，進行自己的社會調查。測試變得積極，再也不被動。持續警覺已經和系統結合。

三、排定風險的優先順序，自然風險也考慮在內

風險確實存在，但無窮無盡。並非所有的風險都有相同的地位，必須權衡輕重，排出優先順序。已經知道、經過證實、危害人類和環境健康的威脅優先順序應該高過假設的風險。此外，不行動的風險和自然系統的風險必須對稱。麥可斯摩爾說：「處理科技風險時的基礎應該跟自然風險一樣；避免低估自然風險，也不要高估人類科技的風險。」

四、快速修正損害

萬一出了問題（問題一定會出現），就應該快速補救傷害，按著真實損害的比例加以彌補。假設所有的科技都會造成問題，在創造這項科技時就應該想到了。軟體產業或許能提供快速修正的模型：

程式錯誤難免會出現，但它不是廢止產品的原因，而是用來提升科技的工具。想想看其他的科技出現了預料之外的結果，就算非常嚴重，也跟程式錯誤一樣需要修正。科技知覺度愈高，愈容易修正。將造成的傷害快速復原（不過軟體產業不會這麼做），也能間接輔助未來科技的採納過程。但復原要公平。以假設的損害或甚至有可能發生的損害來處罰創造者，便貶低了正義，也會削弱系統，降低誠實的程度，懲罰到行為真誠的人。

五、不要禁止，但要轉向

禁止和廢除可疑的科技無法行得通，不如尋找新的用途。科技在社會上可以扮演不同的角色。表達的方法不只一個，也可以用不同的基準來設定，政治角色也不只一種。既然無法禁止，不妨把科技轉到更適合的形式。

回到本章一開始時的問題：科技體必然會進步，在操控進步的方向時，我們有什麼選擇？我們可以選擇如何對待我們創造出來的東西，給它們什麼樣的地位，如何賦予我們的價值觀。要了解科技，最恰當的比喻或許是把人類當成父母，把科技當成小孩。就跟對待親生子女一樣，我們可以（也應該）持續尋覓科技的「良朋益友」，調教出科技小孩最好的一面。沒辦法改變孩子的本質，但可以引導他們走向最符合天賦的工作和職務。

拿攝影舉個例子。假設彩色照片的顯影要由專人處理（柯達就集中處理了五十年），攝影術因此有了不同的趨向，不是用相機內的晶片處理顯影。集中由專人處理，會讓你在拍照時更謹慎選擇拍攝的對象，也要等一段時間才能看到結果，學習的腳步就此慢了下來，突如其來的想法也被打消了。要能拍攝彩色照片並立即看到結果，且不要花太多錢——玻璃鏡頭和快門雖然沒變，性質卻改變了。再舉一個例子。要檢查馬達內的零件並不難，一罐油漆裡的東西就沒辦法檢查。但化學產品可用額外的資訊揭露內含的成分，就跟馬達的零件一樣；貼標後即可追蹤生產過程，一路回到最初在土壤內或油內的色素，變得更容易控制和互動。油漆科技更公開的資訊可能會改變，也可能更有用。最後一個例子：無線電廣播，這種科技很古老，製造過程也很簡單，目前在大多數國家都列入管制最嚴格的科技。在各國政府的嚴峻管制下，目前的發展是在所有頻寬中，只有少數頻寬可供使用，大多數派不上用場。在非主流系統中，無線電頻譜可用風格迥異的方法來分配，很有可能我們用手機就能直接跟別人的手機溝通，不需要透過附近的基地台。隨之出現的點對點廣播系統就是把無線電應用在非常不一樣的地方。

我們給科技的第一份工作通常一點也不合適。比方說，把DDT當成從空中噴灑到棉花田裡的殺蟲劑，就造成了生態災難。但限定成在家中對抗瘧疾的方法，就變成了公共健康的英雄。同樣的科技，更好的工作。或許要經過很多次嘗試、不同的用途、繁多的錯誤，然後我們才能為特定的科技找到最好的角色。

孩子愈能自主（科技後代跟親生的孩子都算在內），愈有犯錯的自由。孩子創造災難（或傑作）的能力可能比我們還強，這就是為什麼教養子女一方面是全世界最挫折的事，另一方面報酬卻也最豐厚。照這個基準，最令我們恐慌的後代，應該是已經擁有強大自主潛質的自我複製的科技類型。在我們創造出來的東西裡，這一類會不斷測試我們的耐心和愛心，遠超過其他的創造物。我們在未來影響、操控和引導科技體的能力也會接受這些科技產品的測試，其他的科技都無法趕上。

自我複製在生物學上不算新聞。這神奇的力量已經延續四十億年，讓大自然得以自行補充，比方說雞生蛋孵出小雞，然後再生出雞蛋，綿延不絕。但在科技體中，自我複製是極端的新力量。透過機械能力，完美複製出自己，有時在複製前還能稍作改善，人類很難控制從中誕生的獨立力量。無窮無盡、不斷加快再生、變種和自行發展的過程可能會讓科技系統加速過度，乘客反而跟不上腳步。乘客拚命往前衝的時候，科技產品可能會產生新的錯誤。無法預見的成果或許會讓我們驚愕，或許會讓我們害怕。

自我複製的力量目前出現在高科技的四個領域中：基因、機器人、資訊和奈米。基因類包括基因治療、基因改造生物、人工生命以及人類譜系極端的基因工程。有了基因科技，我們可以發明和推出新的小動物或新的染色體；理論上還能永遠繁殖下去。

機器人當然跟機器有關。機器人已經在工廠裡工作，製造其他的機器人，至少有一間大學實驗室已經造出能自行組裝的機器。給這台機器一堆零件，它就能組裝出跟自己一樣的機器。

資訊類會自我複製，例如電腦病毒、人工智慧以及透過資料累積而建造出來的虛擬人物。大家都知道電腦病毒已經精通自我複製的方法。數千個病毒感染了數億台電腦。研究人工學習和智慧最神聖的目標當然是製造出人工頭腦，聰明到能製造出另一個更聰明的人工頭腦。

奈米類指小得不得了的機器（跟細菌一樣小），設計用來消除油漬、進行循環或清理人類的動脈。由於奈米機器這麼小，可以發揮機器電腦電路的效用，就理論而言，奈米機器能像其他的電腦程式一樣，自行組裝和繁殖。或許有點像不需要水的生物，不過還要等很多年才會出現。

在這四個領域中，自我複製的自我強化循環把這些科技的結果快速推向未來。機器人造出能夠製造機器人的機器人！創造周期加快後，很快就遠遠超越了我們的目的，不禁令人擔心。機器人的後代由誰控制？

再來看基因，假設我們在基因譜系中編入變化，這些變化就會永遠流傳給下一代。而且不僅限於同一家族。基因可以不費吹灰之力，在物種間水平移動。所以新基因的副本不論好壞，都可能在時空中散播。在數位時代中我們看見，一旦副本傳播出去，就很難收回。如果我們能設計出不斷延續的人工智慧，讓它們發明出比它們更聰明（也比我們更聰明）的頭腦，我們對創造物的道德判斷力能控制到什麼程度？要是它們一開始就帶有有害的偏見該怎麼辦？

資訊類產物也有同樣一發不可收拾的複製效應，無法掌控。電腦安全專家聲稱，到目前為止，駭客發明蠕蟲和電腦病毒能夠自我複製的已經有數千種，全部都還健在。它們不會消失，只要世界上還有兩台可以互相感染的機器。

最後，奈米科技為我們帶來奇妙的超級小玩意，精細的程度就跟一顆原子一樣。這些奈米生物也帶來威脅，會無限繁殖，直到把所有東西蓋滿，也就是所謂的「古格瑞」（灰黏物質）。根據幾個原因，我覺得古格瑞沒有科學基礎，但是某幾種自我複製的奈米玩意一定會出現。但也很有可能，至少有少數幾種脆弱的奈米科技（非灰黏物質）若有精密、受保護的地位，就能在野外繁殖。一旦奈米蟲變成野生動物，便很難消滅。

隨著科技體愈來愈複雜，自治程度也愈來愈高。自我複製的GRIN（基因、機器人、資訊和奈米的頭字語）科技目前的成果顯露出這種不斷上升的自治性需要我們注意，也需要尊敬。新科技常見的難處有功能改變、角色出乎意料之外、結果無法察覺。除此之外，自我複製的科技帶來另外兩個難題：擴大和加速。微弱的影響快速升級成嚴重的劇變，一代比一代更擴大，就像對著麥克風輕聲說話，原本無害的回音也能爆發成震耳欲聾的刺耳聲音。採取和自行生殖同樣的周期，複製科技衝擊科技體的速度不斷加快，造成的影響勢頭又猛又快，我們要想馬上測試和實驗科技，很難搶得先機。

這是老調重彈。生命本身令人感到驚奇和振奮的力量便在於能夠利用自我繁殖，但這股力量卻誕生自科技之中。世界上最強大的力量增加了自行生殖的能力後，會變得更強大，但想要加以管理，卻面對艱鉅的挑戰，因為力量潛在的性質非常不穩定。

看到基因、機器人、資訊和奈米等科技即將失控，一般的反應就是要求暫停發展。頒布禁令。電腦科學家喬伊引導潮流，發明了好幾種網際網路執行所需的重要程式語言，西元二〇〇〇年，他要求研究基因、機器人、資訊和奈米這些領域的科學家棄絕可能會用於武器製造的GRIN科技，就跟我們放棄生物武器一樣，放棄這些科技。根據預防原則的指導，加拿大的監察團體ETC要求停下所有跟奈米科技相關的研究。德國的環保局也要求禁止製造含有銀奈米粒子（用在抗菌塗層上）的產品。也有人要求禁止自動駕駛的車輛在公共道路上行駛、規定基因工程疫苗不得使用在孩童身上，或停止人類基因療法，直到這些發明都能證實對人類無害為止。

要真的禁止，那就大錯特錯了。這些科技必然會出現，也一定會導致某種程度的傷害。畢竟，只看上面的一個例子，人類駕駛的車輛也造成嚴重的傷害，每年在全世界造成數百萬人死亡。如果機器人控制的車輛每年「僅僅」造成五十萬人死亡，也算進步了！

但這些科技產物最重要的結果不論是正面還是負面，都要等好幾代才能看到。我們無法選擇世界上是否會有基因改造的作物。一定會有。我們無法選擇基因食品系統的性質；創新發明是否會公開上市、由政府還是產業管理、用途遍及整個世代還是只延續下一個業務季度。昂貴的通訊系統環繞全球，同時織出了一件材料結實的斗篷，包覆整個地球，導致某種電子「世界腦」一定得出現。但這個世界腦還沒開始運作前，全盤的壞處跟好處都無法估計。不過人類可以選擇，我們要從這層東西生出來什麼樣的世界腦？要不要參與是否可以按照自己的意願？修改程序以便分享是否很簡單，還是修改很困難耗力呢？控制的方法有沒有專利？容易避開嗎？這個網路的細節可以有好幾百種不同的說法，但科技本身卻容易引領我們踏上某些方向。但要陳述無可避免的全球網路時，我們顯然有所選擇。與科技接合，用雙臂攬著科技的脖子騎乘其上，才能左右科技的表達方法。

要做到這一點，表示我們現在必須擁抱科技。創造、打開開關、嘗試。跟暫停活動正好相反，比較像是提早開始。最後，我們必須和新興的科技對話，深思熟慮地採納。科技衝向未來的速度愈快，我們愈要及早加以駕馭。

複製、奈米科技、網路機器人和人工智慧（幾個GRIN的例子）需要在我們的歡迎下問世。然後我們才能加以操控。更恰當的比喻是我們要訓練科技。就跟最佳的動物和幼童訓練一樣，利用資源加強正面的質素，儘量消除反面的地方直到完全消失。

在某種意義上，自我擴大的GRIN科技是惡霸流氓。我們要竭盡心力，訓練這些科技做好事。我們需要發明適當的長期訓練科技，引導科技度過世世代代。最糟糕的結果就是排除和隔離它們。我們應該要想辦法救助有問題的惡霸小孩。高危險的科技需要讓我們有更多機會發現它們真正的長處。我們需要投資更多，提供更多實驗機會。禁止這些科技只會迫使它地下化，凸顯最可怕的特質。

已經有幾項實驗把引導啟發教學嵌入人工智慧系統，以便製造出「有道德的」人工智慧，也有其他實驗把長程控制系統嵌入基因和奈米系統。現在有證據證明，這種嵌入的原則有效，在我們身上就可以看到。我們的孩子終究也會成為渴望權力、自治、有繁殖能力的惡棍，如果我們能訓練他們變得比我們更好，那我們也能訓練GRIN科技。

就跟撫養小孩一樣，真正的問題和爭論都來自我們想要傳下去的價值觀。這一點很值得討論，我猜就跟在真實生活中一樣，雙方不會有一致的解答。

科技體告訴我們，有選擇總比沒選擇好。因此即使科技產生了這麼多問題，總會稍微傾向好的那一端。假設我們發明了一種新科技，可以讓一百個人長生不老，但要付出的代價是讓另一個人提早結束生命。我們可以爭論要「平衡」的話實際該取什麼數字（或許一個人死了，可以讓一千個人或一百萬個人長生不死），但在記帳的時候我們忽略了重要的事實：由於現在有了這項延續生命的科技，出現了新的選擇，一個人死掉可以讓一百個人不死。在永生與死亡之間出現了這種新的可能性（另一種自由或選擇），**本質為善**。因此，即使這獨特的道德選擇（一百人長生不死，一個人付出生命）帶來的結果需要洗刷罪惡，選擇本身仍會讓平衡朝著好的那邊移動幾個百分比。把小小的向善趨勢乘以每年一百萬、一千萬或一億個科技發明物，就能看出科技體為何寧可要棄惡揚善，即使只擴大了一點點。世上的善增加了，因為科技體的弧形除了直接行善，還增加了世界上的選擇、可能性、自由和自由意願，那就是更偉大的善。

最後一點，科技是一種思維；科技便是表達出來的思緒。並非所有的思緒或科技都占有平等的地位。當然，一定有無聊的理論、錯誤的答案和愚笨的想法。軍隊的雷射武器和甘地的不合作主義都是人類想出來很有效的成品，雖然兩者都屬科技，卻大不相同。有些可能性會限制未來的選擇，有些可能性則能孕育其他的可能性。

然而，碰到討厭的想法時，最好的回應就是不要停止思考；才能生出更好的想法。的確，壞想法也比沒有想法更好，因為不好的想法至少還能改革，沒有想法就沒有希望。

科技體也一樣。碰到糟糕的科技，不要停下科技的腳步，不要放棄科技，才是恰當的回應。如此才能發展出更好、更具同樂性的科技。

同樂是一個很好的詞彙，原文的字根表示「與生命相容」。教育家兼哲學家伊利奇在著作《同樂工具》中將同樂工具定義為「放大有資助能力的個人和初級團體的貢獻……」的工具。伊利奇相信有些科技本質上就具同樂性，而有些科技則像「多線道高速公路和義務教育」，不論誰來執行都具有破壞性。因此，對人類來說，只有好工具跟壞工具的分別。但研究科技體的規則後，我相信同樂性不僅出於某種科技的本質，也在使用的方法、背景資訊以及我們為科技建構的表達方式裡。工具的同樂性反覆無常。

科技表現出同樂性時，我們會看到：

- 合作。促進人類和機構之間的合作。
- 透明度。起源和所有權都很清楚。不是專家也看得懂運作的方法。並不會有某些使用者因為知識的優勢而占了上風。
- 反集中化。所有權、生產和控制權分散四處。不會由專業菁英份子獨占。

- 有彈性。使用者可以輕鬆修改、適應、改善或檢驗其核心。個人可以自由選擇要使用還是要放棄。
- 冗餘。不是唯一的解答，不是壟斷，但提供好幾種選擇。
- 效率。儘量降低對生態系統的衝擊。能源和材料能有效利用，要重複使用也不難。

有生命的生物和生態系統的特色便是高度的間接合作、功能透明化、權力分散、靈活度和順應性、重複的角色和自然的效率；這些特質正是生物學有用的地方，也是為什麼生命可以無限期地供養自身的演化。所以若能訓練科技變得更像生物，就能提升同樂性，就長期而言，科技體也變得更容易維護。科技的同樂性愈高，愈能配合自己作為第七個生物界的本質。

沒錯，某些科技確實有些比其他科技更明顯的特質。有些科技很容易分散，有些卻傾向集中。有些天生就很透明，有些卻晦澀難懂，或許需要更強的專業知識才能使用。但所有的科技不論源自何處，都可以加以引導，變得更透明、更能促進合作、更有彈性、更加開放。

這就是我們能做選擇的地方。新科技一定會演化，我們無法停下科技的腳步。但科技的特質則能由我們決定。

第四部　方向

第十三章　科技的軌道

所以科技想要什麼？科技想要的東西跟我們一樣——那一長串人類渴望的優點。科技發現了自身在世界上最理想的角色後，就變成活性劑，為其他的科技提供更多的選項、選擇和可能性。我們的工作就是要鼓勵新發明物朝著這與生俱來的的優點發展，和世界上所有的生物朝著同一個方向前進。我們在科技體中的選擇很真實、很重要，就是要引導我們創造出來的東西以正向的形式展現，儘量放大科技的益處，防止科技自我阻撓。

起碼在當下這個時刻，我們身為人類的目標就是要耐心引領科技走向原本就該走的方向。

但我們怎麼知道科技要往哪裡去？如果科技體的某些層面早已命定，某些層面則取決於我們的選擇，我們怎麼分辨這些層面呢？系統理論家斯瑪特建議，我們需要科技版的「寧靜禱文」。參與十二步驟打破成癮方案的人常念誦這篇據說於一九三〇年代由神學家尼布爾寫成的禱文，內文如下：

主啊！求祢賜我寧靜的心，去接納我不能改變的事物；
賜我無限勇氣，去改變我有能力改變的東西；
並賜我智慧去認清兩者的差異。

那麼，我們怎麼得到智慧去分辨科技發展必然的階段和取決於人類意志的形式兩者之間的差異？要用什麼技巧才能凸顯必然的結果？

我認為能察覺到科技體的長期宇宙軌道，就有了恰當的工具。科技體想要演化創造的成果。不論哪個方向，科技都會延伸演化走了四十億年的路。從演化來看科技，我們可以看見這些宏觀的規則如何在眼前展現出來。也就是說，科技必然的形式會聯合起所有十幾種反熵系統（包括生命在內）共有的動力。

我認為，在科技的某種形式中觀察到愈多反熵特質，必然性和同樂性就愈高。舉例來說，比較使用蔬菜油蒸氣動力的汽車，和使用稀有地球金屬的太陽能電動車，可以檢驗兩種機械表現形式對這些趨勢的支持程度有多高，亦即不僅止於跟隨趨勢，還要加以延伸。科技和反熵力量的軌道貼近的程度變成「寧靜禱文」的篩選條件。

照我推論，科技想要的跟生命一樣：

更有效率
更多機會
更高的曝光率
更高的複雜度
更多樣化
更特化

更加無所不在
更高的自由度
更強的共生主義
更美好
更有知覺能力
更有結構
更強的演化能力

這串反熵趨勢可以當成檢查清單，幫我們評估新科技和預測它們的未來發展。我們可以用這份清單引導我們來引領科技。比方說，邁入二十一世紀時，科技體進入獨特的階段，我們建造了很多精細複雜的通訊系統。要在全球接線有好幾種方法，但我的預測很謹慎，最能持續下去的科技做法是傾向能最大幅度增加多樣性、知覺能力、機會、共生主義、普及程度的表現方法。我們可以比較兩種互相競爭的科技，看哪一種有利於比較多的反熵特質。會開啟多樣性，還是加以關閉？指望能增加機會，還是假設機會愈來愈少？是否能增加內在的知覺能力，或完全忽略？普及度會成為助力，還是毀滅的力量？

從這個觀點出發，我們或許可以問：大規模使用石油的農業必然會出現嗎？拖拉機、肥料、育種、種子生產商和食品加工商組成高度機械化的系統，提供豐富的便宜食物，奠定根基讓我們有閒暇去發明其他的東西。人類因此愈來愈長壽，更有時間來發明，最後食物系統也增加了人口，進而產生了更多新的想法。這個系統對科技體軌道的支持程度是否超越了之前的食品生產體制，也就是生存農業和畜力混合農業達到高峰的時候？我們或許會發明另類的食品系統，相較之下又如何？一開始粗略地說，機械化農業一定會出現，因為能夠增加不少優點，例如能源效率、複雜度、機會、結構、知覺能力和專業化。然而，多樣性和美感卻沒有增加。

根據許多食品專家的說法，目前的食品生產系統高度仰賴少數幾種主要農作物（全世界只有五種）的單種栽培技術（不夠多樣化），因此需要用病理方式加以干預，使用藥物、殺蟲劑和除草劑，還有土壤翻動（減少機會），也會過度依賴便宜的石油燃料來提供能源和營養物（降低自由度）。

其他規模擴及全球的情境則很難想像，但從一些蛛絲馬跡可以看出，比較沒那麼仰賴政府津貼或石油或單種栽培技術的分散型農業或許能行得通。演化出來的超在地化專業農場系統或許會雇用真正在全球各地移動的移民勞工或機警靈巧的機器人勞工。也就是說，我們不會在高科技的量產農場中看到科技體，而是在高科技的個人或地區農場上。和愛荷華州種植玉米那一帶的工廠化農場相比，這種先進的園藝更能帶來多樣性、更多的機會、更高的複雜度、更有結構、更加專業、更多選擇和更強的知覺能力。

同樂程度更高的新農業會「領先」工業農業，就跟工業農業超越自給式農業一樣，後者仍是目前大多數農夫的生產模式（大多數農夫住在發展中國家）。利用石油的農業在接下來的幾十年內，必然還是全球最大的食物製造來源。科技體的軌道指向更有感情、更多樣化的農業，巧妙地把科技體包覆起來，就像大腦內負責語言技能的一小塊區域控制了我們的一大塊動物腦。如此一來，農業一定會變得更多元化、更分散。

但如果科技體的軌道是由一長串必然性組成，為何我們需要費神去激發這些必然性？不會自發展現出來嗎？事實上，如果這些趨勢必然會出現，我們費盡全力也無法遏止，不是嗎？

我們的選擇可以減緩必然性的速度，想辦法拖延，想辦法阻擋。正如北韓黑暗的天空所示，選擇避開必然性絕對沒問題，但無法永久。另一方面，也有幾個不錯的原因要我們加快必然性的腳步。想一想，要是一千年前的人接受了地方自治、大規模都市化、女性受教育或自動化的必然性，現在的世界會變得多不一樣？提早接納這些軌道，很有可能加快了啟蒙運動和科學的到來，讓數百萬人脫離貧窮，幾個世紀前的人就得享長壽。反之，在世界各地不同的時期，這些運動受到抗拒、延後或積極鎮壓。而抗拒、鎮壓的結果，成功創造出缺乏這些「必然性」的社會。從身在系統內部的人的角度來看，這些趨勢似乎並非必然。但從後來的時空往前回顧，我們同意，它們顯然是長期的趨勢。

長期的趨勢當然不等於必然性。有些人認為，這些特殊的趨勢到了未來仍不是「必然的」，黑暗時代隨時可能出現，扭轉這些趨勢。也有可能出現這樣的情況。

能夠歷久不衰，才會變成必然。這些傾向並非注定在某個時刻出現。應該說這些軌道就像重力對水的引力。水「想要」從水壩底部漏出來。水分子一直在想辦法流下去跟漏出去，彷彿著了魔般無法自拔。就某種意義來說，即使被水壩阻擋了數個世紀，總有一天一定**會**漏出來。

科技的規則並非暴君，不會要求我們古板守舊。必然發生的事也不是排好時間表的預言，比較像是牆後面的水，鬱積了一股無比強大的衝力，等待被釋放的時刻。

或許讀者會覺得我描繪的超自然力量，類似在宇宙中漫步的神靈，但事實上幾乎相反。這股超自然力量跟重力一樣，融入了物質和能量的構造。跟隨物理學的走向，遵守熵的終極定律。這股力量等著爆發到科技體的科技產物中，最早的動力來自反熵，藉由自我組織慢慢累積，逐漸從無生命的世界投射到生命中，再從生命投射到心智，再從心智投射到心智的創造。在資訊、物質和能量交錯之際，就能看到這股力量，雖然最近才有人考察，仍可以重現和測量。

記入本章的趨勢是這股衝力的十三個面。上面列出的不算全面。其他人或許會用不同的方法描繪。我也期待，在接下來的幾個世紀，科技體會擴張，我們也愈來愈了解宇宙，就能將更多面加入這股反熵的推力。

在前面的章節，我粗略描述了其中三個趨勢，說明它們在生物演化中展現出來的方法，現在則延伸到不斷成長的科技體中。在第四章，我追溯能量密度的長期成長，從天體到目前的能源效率冠軍，也就是個人電腦的晶片。在第六章，我描述科技體擴張可能性和機會的方式。在第七章，我重新訴說生命興起的故事，告訴讀者「較高」等級的組織如何從「較低」的地方結晶而成。在接下來的小節內，我會簡短描述另外十種推動我們前進的普遍傾向。

複雜度

演化展現出好幾種傾向，但其中最明顯的趨勢就是長期以來萬事萬物皆走向複雜。如果要用簡單的語言描述宇宙的歷史，大多數現代人都能扼要描述這個偉大的故事：在大爆炸之後，創造從最基本的簡單明瞭改變成在少數幾個熱門地點慢慢累積分子，直到最初的微小生命火花出現，然後更複雜的生物愈來愈多，從單細胞生物到猴子，然後從簡單的大腦迅速發展成複雜的科技。

從旁觀察的人大多數都覺得生命、心智和科技日漸提升的複雜度符合直覺。事實上，不需要論據就能讓現代公民相信，過了一百四十億年，萬事萬物都變得愈來愈複雜。在一生中，他們清楚看到了複雜度持續增加，感覺跟上面的趨勢方向相同，所以很容易相信之前的情況就是這樣。

但我們對複雜度的概念不夠明確，基本上也不符合科學。波音七四七客機跟小黃瓜，哪個比較複雜？當下我們只能回答不知道。根據直覺，鸚鵡的構造應該比細菌複雜得多，但複雜程度是十倍還是一百萬倍？我們沒有可試驗的方法來測量兩樣生物之間的構造差異，也沒有恰當的方法來定義複雜度，幫我們表達問題。

目前最有希望勝出的數學理論認為複雜度跟「精簡」主題資訊內容的難易程度有關。在不磨滅本質的前提下，愈能濃縮，複雜度就愈低；愈無法精簡，就愈加複雜。這個定義也有爭論：橡實和巨大的百年老橡樹含有相同的DNA，表示兩者都能精簡或濃縮成同樣一串最簡單的資訊符號；因此，橡實和橡樹的複雜度一樣深。但我們覺得那葉片呈獨特細齒狀、枝幹彎曲的茂密大樹比橡實複雜多了，所以想要更好的定義。物理學家洛依德算出複雜度還有四十二個理論定義，但在現實生活中都一樣地不恰當。

等待複雜度出現實用的數學定義時，已經有很多事實證據可以證明人類直覺感受到的「複雜度」確實存在，同時不斷提高。有些最為傑出的演化生物學家不相信演化中原本就有傾向複雜度的長期趨勢，他們也不相信演化有任何方向。但一群相對來說還算初出茅廬的生物學家和演化學家卻變節了，他們集攏出來的案例令人相信在每一個演化時期中都能看到複雜度明顯上揚。

洛依德和一些人認為，有效複雜度並非始於生物，而是跟大爆炸同時開始。我在前面的章節也提過同樣的論點。洛依德的看法提供豐富的資訊，宇宙一開始的幾個飛秒內，量子能量的波動導致物質和能量凝結在一起。隨著時間過去，這些群聚被重力放大了，形成大規模的銀河結構，銀河的組織便展現出有效複雜度。

換句話說，複雜度出現後，生物才出現。複雜度理論家葛登納稱之為「生物的宇宙論起源」。生物複雜度緩慢的成長來自之前出現的結構，例如銀河和恆星。這些自我組織的反熵系統就跟生物一樣，隱約顯現出持久的失衡。不像混亂的火焰或爆炸（具有持久性）一樣會燃燒殆盡，而能長期維持流動（失衡），不會墮入可預期的模式或平衡。這些系統的次序也沒有周期性，卻像DNA分子一樣是半規則的。這種長久延續、非隨機、不會重複的複雜度有可能出現在行星穩定的大氣層中，讓生命醞釀出長久延續、非隨機、不會重複的順序。在反熵的組織形式中，或許是恆星，或許是基因，有效複雜度會隨著時間增加。系統的複雜度在一系列的步驟中持續增加，每上一層便凝聚出新的整體。想像銀河中的一群恆星一起打轉，或一大群細胞變成多細胞生物。反熵系統就像有棘輪，鮮少倒退、退化或變得更簡單。

複雜度和自治度不斷上升，無法逆轉，可在史密斯和薩茲馬瑞的八大生物演化變遷中看見（第三章討論過）。「自我複製的分子」轉變成「染色體」能夠自給自足的更複雜結構後，演化就開始了。然後，細胞「從原核生物變成真核生物」，演化過程變得更加複雜。經過更多階段後，最後的正向自我組織讓生命從無語言的社會進步到有語言的社會。

每一次變遷都改變了複製的單元（也影響了物競天擇的作用）。一開始的時候，核酸的分子自行複製，一旦自我組織成一組互相連結的分子，就像個染色體般開始複製。然後演化同時處理整體的核酸和染色體。接下來，這些放在原始原核細胞（如細菌）裡的染色體結合起來，形成更大的自主細胞（勝任細胞變成新細胞的細胞器），現在它們的資訊透過複雜的真核共生細胞（例如變形蟲）建立構造和複製。演化開始處理三個層次的組織：基因、染色體、細胞。這些最早的真核細胞靠著自行分裂來繁殖，最後某些（例如梨型鞭毛蟲這種原蟲）開始有性生殖，所以現在生物需要類似細胞多種多樣的有性族群才能演化。

有效的複雜性新增了一個層次：物競天擇也開始影響族群。早期的單細胞生物族群能夠自給自足，但很多譜系自行組成多細胞生物，然後整個複製，就像蘑菇或海藻。既然除了所有較低層次的生物外，物競天擇也會影響多細胞生物。其中某些多細胞生物（例如螞蟻、蜜蜂和白蟻）集合成超個體，只能在集群或群棲中繁殖；在這裡，演化也出現在群棲的層級。之後，人類社會中的語言把個人的想法和文化聚集成全球的科技體，因此人類和人類的科技只能同榮同衍，表現出另一個演化和有效複雜度的自主層級，也就是社會。

每往上爬一步，產生的組織就更有邏輯、資訊和熱力學深度。要壓縮結構變得更困難，同時隨機程度跟可預期的順序也降低了；每一步都無法逆轉。一般來說，多細胞家族不會重新演化成單細胞生物；有性生殖的生物鮮少演化成孤雌生殖；社會性昆蟲不太可能去除社會化；就我們所知，有DNA的複製子從未拋棄基因。自然有時候會簡化，但很少退化到下一個層級。

在這裡必須澄清：在組織的一個層級內，趨勢不會穩定。在某個生物家族內，可能只有少許物種過了一段時間後體型變大、壽命變長，或代謝率提高。而變化的方向在同類中也可能不盡相同。舉例來說，在哺乳類動物裡，馬兒的體型隨著時間演進變得愈來愈大，而囓齒目動物卻變小了。要過了很長的時間，組織累積了新的層級，才能看見有效複雜度不斷上升的趨勢。所以，或許在蕨類植物上看不到複雜化，但蕨類和開花植物之間就能看見（從孢子繁殖到有性生殖）。

並非所有的演化物種譜系都會變得愈來愈複雜（為什麼一定要變得愈來愈複雜？），不斷提高複雜度的物種雖然無心，卻會得到新的影響力，可以大大改變將來的環境。彷彿有棘輪裝置，生物分支一旦往上移動一個層級，就不會移回來。因此有種不可逆的傾向，朝著更高的有效複雜度前進。

這道複雜度的弧形於宇宙的開端成形，又繼續流過生物，現在自行向前延伸通過科技。在自然世界中決定複雜度的因素也在科技體中發揮影響。

跟在自然界一樣，簡單的商品數目持續增加。磚頭、石材和水泥算是最早最簡單的科技，按質量而言更是地球上最普遍的科技。這三樣東西構成了地球上最大的人工製品：城市和摩天大樓。最簡單的科技填滿了科技體，有如細菌填滿了生物圈。今日的鐵鎚產量比以前更多。人眼能看到的科技體核心其實都是不複雜的科技。

但是，如同自然演化，資訊和物質愈來愈複雜的排列留下了長長的尾巴，讓我們不得不全神貫注，不過這些複雜的發明物質量都很小。（的確，去量產化就是複雜化的一個途徑。）複雜的發明物堆疊的是資訊，而不是原子。我們製造出來最複雜的科技也最輕巧、材料最少。舉例來說，軟體原則上沒有重量，也沒有實體，複雜化的速度卻十分迅速。微軟的視窗作業系統是一項很基本的工具，十三年來其中的程式碼行數增加了十倍。在一九九三年，視窗包含四五百萬行程式碼。二〇〇三年，視窗的 Vista 版本含有五千萬行程式碼。每一行程式碼就等於時鐘裡的一個齒輪。視窗作業系統如果是機器，就納入了五千萬個會動的部件。

在科技體中，到處都能看到科技世系經過重建，加入更多層資訊，產生更複雜的製品。至少在過去兩百年來，在最複雜的機器中，零件的數目不斷增加。下一頁的對數圖顯示機器裝置複雜度的趨勢。第一架原型渦輪式噴射機有幾百個零件，而現代渦輪式噴射機內的零件超過兩萬兩千個。太空梭則有數千萬個實質的零件，但最複雜的地方則是軟體，不在我們的評估範圍內。

我們的冰箱、汽車或甚至門窗都比二十年前更加複雜。科技體中的複雜化趨勢銳不可當，讓我們不禁要問：能有多複雜？複雜度長弧的終點在哪裡？一百四十億年來，複雜度不斷提升的推動力不可能在今天停下來。但想像未來一百萬年的科技體如果按著現在的速度累積複雜度，令人不寒而慄。

科技的複雜度可以有好幾個不同的方向。

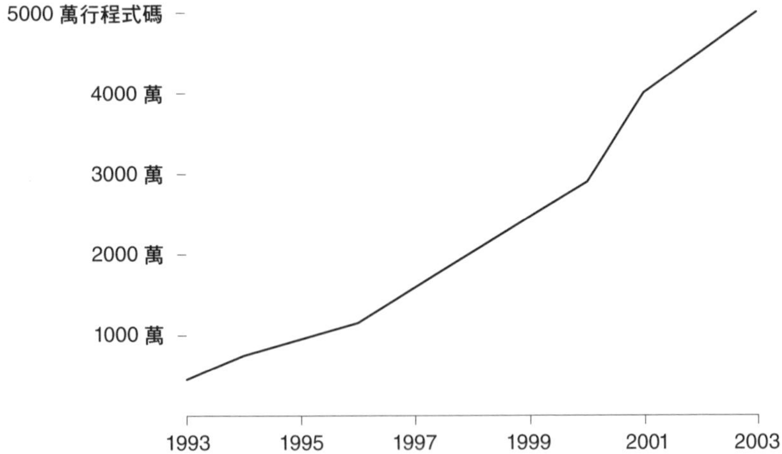

軟體的複雜度。一九九三到二〇〇三年間，微軟每個視窗版本的程式碼行數。

第一種情況

就跟自然界一樣，科技大體上保持簡單、基本、原始，因為能行得通。原始的做法行得通，為構築在其上的薄薄一層複雜科技提供了基礎。由於科技體是科技的生態系統，絕大部分仍留在等同細菌的階段上：磚頭、木頭、鐵鎚、銅線、電動馬達等等。我們可以設計出會自行繁殖的奈米級鍵盤，但對人的指頭來說太小了。大體上來說，人類能應付簡單的事物（現在便是如此），只有偶爾會和複雜到令人昏頭的東西互動，就跟我們現在一樣（一天下來，我們的雙手只會碰到相對來說很粗糙的製品）。城市和房屋的樣子大同小異，所有的平面上都放了一層進化快速的器具和許許多多的螢幕。

第二種情況

在不斷成長的系統中，複雜度就跟所有其

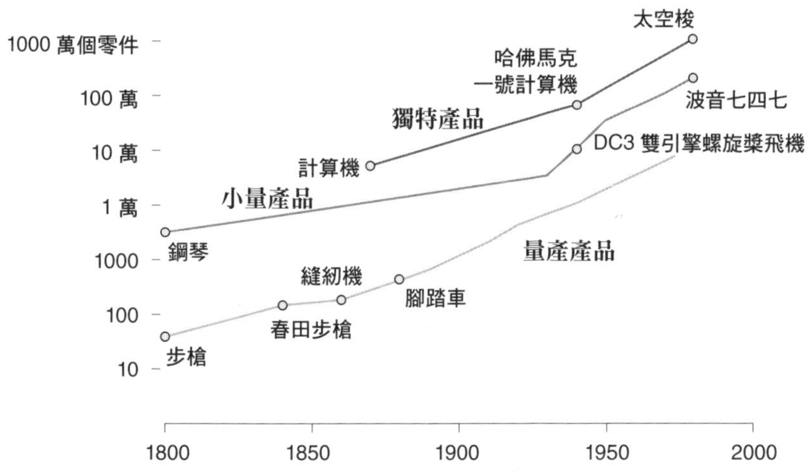

人造機器的複雜度。兩個世紀來，每個時期在最複雜的機器中用到的零件數目（以十的倍數顯示）。

他的要素一樣，到了某一點就進入穩定時期，還有一些我們之前沒注意到的特質（比如量子糾結）出現後變成最基本最顯著的趨勢。也就是說，此時此刻正是整個時代的縮影，我們或許是透過複雜度這個透鏡看世界，此刻的複雜度實際上更像是我們對自身的反省，而非演化的資產。

第三種情況

萬事萬物的複雜度都沒有上限。隨著時間過去，一切都變得愈來愈複雜，朝著終極複雜度的終點前進。建築物內的磚頭變得更聰明；手裡的湯匙會適應我們的握法；汽車會變得跟現在的噴射機一樣複雜。在一天內，所用到最複雜的東西會超越個人能夠理解的範圍。

如有必要，我會下注在第一種情況上，不考慮第二種情況，因為不太可能發生。科技的主體仍會保持簡單或近乎簡單，但有比較小的一部分繼續大幅度複雜化。我期望過了一千年後，城市和房屋仍能讓人認得出來，不要變得無法辨認。只要人類的體型跟現在差不多（一公尺多和五十公斤），圍繞我們的科技主體不需要複雜化到發狂的程度。雖然經過高度基因改造，我們最好還是保持同樣的體型。很奇怪，人類的體型幾乎正好是宇宙中尺寸的中間值。人類所知最小的東西大約是我們的十的負三十次方倍，宇宙間最大的結構則是我們的十的三十次方倍。我們的尺寸是中間值，正好能配合宇宙目前物理機制所能維持的靈活度。體型變大，可能會比較僵硬；體型變小，壽命可能變短。只要肉體不滅（快樂的生物都要有肉體吧？），現有的基礎建設科技會繼續發揮效用（一般來說）：石頭鋪成的路，改造後的植物材料建成的建築物，還有地球，這些元素從兩千年前就出現在我們的城市和住家中。打個比方，一些幻想家或許會想像未來的人住在很複雜的建築物，其中有些建築物或許會出現，但一般的建築物大多數不太可能用上比之前更複雜的材料，也就是我們現在用的植物建材，不需要更複雜。我覺得有種「夠複雜了」的限制。科技不需要為了在將來更有用而複雜化。發明電腦的希利斯曾透露，他相信就算過了一千年，電腦仍有可能運行今日的程式碼，例如UNIX系統的核心。電腦應該仍是二進位數位式。就跟細菌或蟑螂一樣，這些簡單的科技保持簡化，也保持實用，因為能派得上用場；不需要變得更複雜。

另一方面，科技體的速度加快，也會加速複雜度，因此科技界中細菌的對等物也會演化。這就是第三種情況，整個科技生態圈的複雜度一飛沖天。更奇怪的事也發生了。

在以上三種情況中，我們製造出來的複雜物品多半沒有限度。出現在許多方向的新複雜度令我們頭昏眼花。我們的生命因此變得更複雜，但我們會適應，沒有回頭路。我們會用美麗的「簡單」介面掩蓋這樣的複雜度，就跟柳橙渾圓的外型一樣高雅。但在這層膜下，一切都變得比柳橙的細胞和生物化學更加複雜。為了追上這樣的複雜化，我們的語言、稅法、政府官僚、新聞媒體和日常生活也都會變得更複雜。

這個趨勢在所難免。複雜度的長弧始於演化前，歷經四十億年的演化，現在繼續穿過科技體。

多樣性

自有時間以來，宇宙的多樣性不斷提升。在一開始的幾秒內，宇宙中只有夸克，在不到幾分鐘的時間內，夸克開始組成形形色色的次原子粒子。在第一個小時結束前，宇宙已經包含幾十種粒子，但只有氫和氦兩種元素。接下來的三億年間，漂浮的氫和氦組成了不斷成長的星雲團塊，最後崩潰變成炙烈的恆星。恆星融合後發展出幾十種更重的新元素，因此化學宇宙變得愈來愈多樣化。最後，有些「金屬」恆星爆炸變成超新星，把重元素噴到太空中，過了幾百萬年又堆在一起形成新的恆星。這些第二輪和第三輪的恆星爐一抽一吸，把更多中子加入金屬元素，創造出更多種重金屬，最後創造出一百多種穩定的元素。元素和粒子愈來愈多樣化，也創造出更多種類的恆星、銀河和行星。在板塊地殼活躍的行星上，隨著時間過去，地質力量反覆作用，把元素重新排列成新的水晶和岩石，因此新種類的礦物質也變多了。比方說，病毒生物出現後，地球上結晶礦物質的種類增加了三倍。有些地質學家相信目前的四千三百多種礦物質大多來自生物化學的過程，不光是地質作用。

生命出現後，大幅加快宇宙間的多樣性。四十億年前的物種非常稀少，隨著地質時代的演進，地球上生物種類的數目和多樣性以驚人的速度倍增到目前已經有三千多萬種。物種增加的過程有很多的崎嶇坎坷。在地球歷史的某些時期，大規模的宇宙崩潰（例如小行星撞擊）摧毀了多樣性的增益。在特定的生物分支中，多樣性有時候的進展不怎麼順利，甚至還會暫時後退。但整體而言，隨著地質時代過去，多樣性也擴大了。事實上，從距今僅僅兩百萬年前的恐龍時代以來，生物的分類形式多樣性已經翻了一倍。生物差異整體的成長呈指數上升，脊椎動物、植物和昆蟲都展現出迅速上升的趨勢。

朝著多樣性前進的趨勢又進一步被科技體加快了速度。每年發明的科技物種數目不斷增加，增加的速率也不斷升高。很難確切數出科技發明有多少種類，因為創新不像大多數生物，具備明確的繁殖界線。我們或許算得出有多少個想法，因為想法就是發明的基礎。每篇科學文章至少代表一個新想法。過去五十年來，期刊文章的數目呈現爆炸性成長。每個專利也是一種想法。最後一次計算時，光在美國就發出了七百萬個專利，總數仍呈指數成長。

在科技體中放眼看去，到處可見多樣性。水中的人造生物，例如二十一公尺長的潛水艇，有如真正的生物（比方說藍鯨）。飛機模仿鳥兒。人住的房子不過是比較舒適的巢穴。但科技體探勘到人類從未踏上的利基。我們所知的生物都不會使用無線電波，但科技體產生出數百種使用無線電溝通的物種。鼴鼠已經在地球上挖洞挖了數百萬年，而兩層樓高的挖隧道機械卻更大更快，面對堅硬的岩石也不像其他生物會感到氣餒，我們確實可以說，這些人造鼴鼠在地球上占了新的利基。世上的生物都沒有跟X光機一樣的視力。舉幾個例子，神奇畫板、夜光數位手錶或太空梭，在生物界都沒有對等的生物。科技體的多樣性在生物演化中

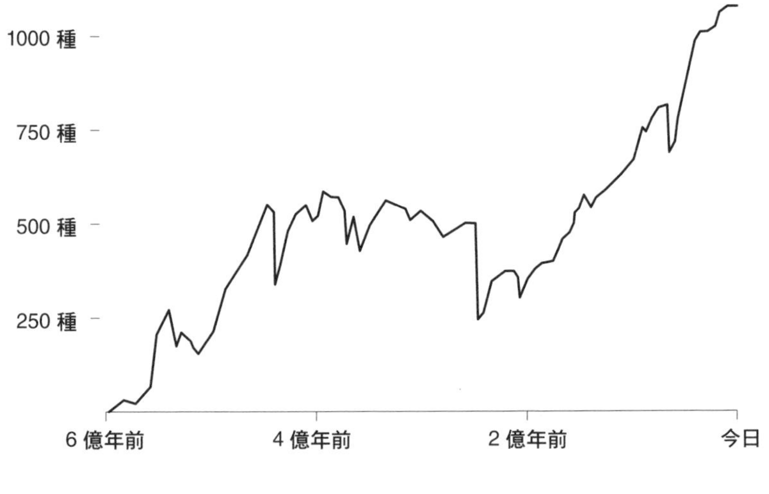

生命的總多樣性。衡量過去六億年來分類的數目，地球上物種的多樣性不斷增加。

找不到對等物的例子愈來愈多，所以科技體的多樣性的確愈來愈高。

科技體的多樣性已經超越我們的認知技能。東西種類多到沒有人能認得出所有的東西。認知研究人員發現，現代生活中能輕鬆認出來的名字類別大約有三千種。這個總數涵蓋人工製品和生物，比方說大象、飛機、棕櫚樹、電話、椅子。這些東西一眼就能辨別，不需要思考。研究人員根據數個線索算出三千種的估計值：字典中列出的名詞數目、一般六歲孩童詞彙中的物品數目、原始的人工學習機器認得出來的物品數目。他們估計，一般來說，每個名詞類別中有十個已經命名的種類。平常人或許能描述出十種椅子、十種魚、十種電話、十種床。粗略估算，大多數人生活中就有三萬種物品，或至少能認得出三萬種。甚至當我們為某個形狀命名時，生活和科技體中大多數掠過眼前的種類都沒有特定的名字。看到鳥

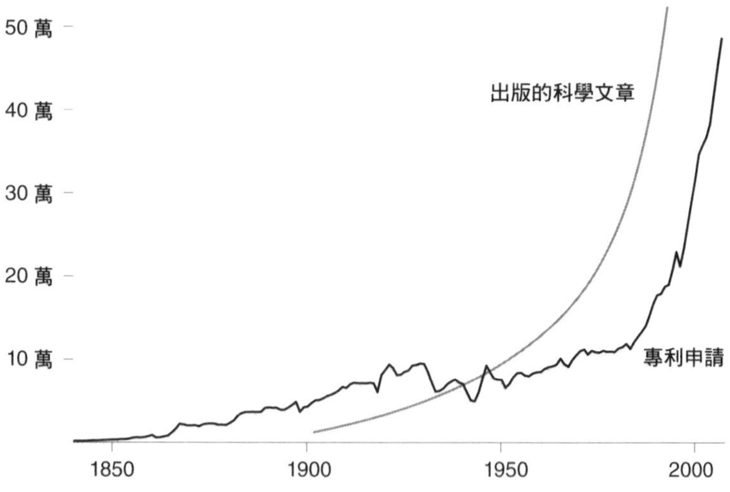

專利申請和科學文章的總數。美國專利局的專利申請和世界各地出版的科學文章數目構成幾乎相同的指數成長曲線。

兒時或許知道是隻鳥，但不知道是什麼鳥。認得出草，但不知道哪一種草。看到手機時認得出來，卻不知道型號。要被逼急了，或許能從刀片的形狀分辨主廚刀和瑞士軍刀，但燃油泵跟泵浦就不一定能順利辨認。

在科技體的一些分支中，科技物種的多樣性逐漸降低；現在，新型的滅火花器、汽車天線、手搖紡織機和牛車愈來愈少。我想過去五十年內，應該沒有人發明了新的手搖攪乳器（不過還是有很多人想發明「更好的」捕鼠器）。手搖紡織機不會消失，仍有藝術用途。牛車尚未滅種，或許在世界各地，只要有牛隻出生，牛車就不會消失。但是，由於沒有新的需求，要注意牛車已經變成很穩定的發明物，過了很長的時間也不會改變，就跟鱟這種活化石一樣。大多數近乎過時的人工製品也展現出類似的恆久不變。但此類的落後科技產物面對不斷擴展的科技體中排山倒海而來、令人心慌意亂的創新物、想法和製品時便一敗塗地。

網路零售商 Zappos 有九萬種不同的鞋子。美國的一家五金批發商 McMaster-Carr 型錄上的產品超過四十八萬種；裡面光是木頭用的螺絲釘就有兩千四百三十二種（沒錯，我親自算了一遍）。Amazon 有八萬五千種不同的手機和相關產品。到目前為止，人類創造出五十萬部電影，大約一百萬部電視影集。錄製的歌曲至少有一千一百萬首。化學家編目的化學物有五千萬種。歷史學家奈伊說：「二〇〇四年，福特出品的 F-150 皮卡小貨車有七十八種配置，駕駛座、基座、引擎、傳動系統和內裝都可以選擇，座椅顏色和外部烤漆也包括在內。車主下單後，還能改造成可說是獨一無二的模樣。」如果創造力當前的速度持續不變，到了二〇六〇年就有十一億首獨特的歌曲和一百二十億種不同的產品。

少數特立獨行的人認為多樣性多到過分了，會讓人類中毒。在《只想買條牛仔褲：選擇的弔詭》一書中，心理學家史瓦茲指出，今日典型的超市裡可以找到兩百八十五種甜餅乾、一百七十五種沙拉醬和八十五個牌子的薄脆餅乾，讓消費者麻痺了。想買薄脆餅乾的人走進店裡，看到薄脆餅乾堆了整面牆，不禁感到迷惑，想要精挑細選卻無所適從，最後離開店門，什麼也沒買。史瓦茲說：「在雜貨店裡挑果醬，跟大學生選論文題目一樣，選擇愈多，愈不可能做出選擇。」同樣地，選擇醫療保險計畫時要看數百個選項，很多消費者乾脆放棄，因為選擇複雜到令人困惑，便撤銷了計畫，但已經預設選擇（不需要做決定）的計畫，登記的人反而比較多。史瓦茲結論說：「選擇不斷增加，負面的觀點跟著上升，直到我們無法承受。此時，選擇無法給人自由，反而令人疲憊不堪。甚至是一種壓迫。」

的確，太多選擇或許會帶來懊悔，但「沒有選擇」又糟糕得多。朝著和「沒有選擇」相反的方向穩定移動，文明便出現了。科技帶來問題，比方說選擇多到令人無所適從，正如以往，解決的方法就是更好的科技。要解決超多樣性，就要利用幫忙選擇的科技。這些改良後的工具可以幫助人類在眼花撩亂的選項中做出選擇。那就是搜尋引擎、推薦系統、標籤和許許多多社交媒體最主要的目的。事實上，多樣性的選擇會產生處理多樣性的工具。（根據目前的速率，到了二〇六〇年，送到美國專利局申請的專利將高達八億兩千一百萬件，更提高了多樣性，而駕馭多樣性的工具就在其中！）我們已經發現要如何使用電腦，利用資訊和網頁來擴大我們的選擇（Google 就是這樣的工具），但還需要額外的學習和科技，搭配有形體的東西和與眾不同的媒體來達成目的。網路初現時，幾位非常聰穎的電腦科學家宣布，要從數十億個網頁中使用關鍵字搜尋來做出選擇，幾乎不可能，但我們今天隨時都要從上千億個網頁中搜尋目標。沒有人希望網頁變得愈少愈好。

不久以前，科技未來的典型形象包含標準化產品、全球無變化和不可動搖的一致性。但矛盾的是，有種一致性可以釋放多樣性。標準書寫系統（例如字母或文字）一致後，解放了文學超乎預期的多樣性。在訂定一致規則前，每個詞都要獨立創造，溝通僅限於某個地區，沒有效率且造成阻撓。但有了一致的語言後，有更多人可以充分溝通，新的詞彙、說法或想法得到激賞，能為人了解，傳播出去。字母雖然死板，能激發出的創意卻超越了沒有定見的腦力激盪練習。

英文中標準的二十六個字母生出了一千六百萬本英文書籍。詞彙和語言當然會繼續演化，但演化的過程要有永恆且為眾人共享的基本原則當作基礎；（短期內）不變的文字、拼寫和文法規則讓人創造出更多想法。科技體漸漸會合在少數通用的標準上，比方說基本的英文、現代音符、公制系統（除了美國以外！）和數學符號，還有普遍採用的科技協定，從公制系統到 ASCII 碼和 Unicode 編碼。今日世界的基礎架構建立在共享的系統上，由上面多種標準交織而成。這就是為什麼你能在中國訂購機械零件，送到南非的工廠使用，或在印度研究藥物，然後在巴西上市。基本協定的趨同也是為什麼今日的年輕人能夠直接彼此對話，十年前根本不可能。他們用手機和執行一般作業系統的筆記型電腦，也用標準的縮寫，因為看同樣的電影、聽同樣的音樂、在學校研讀相同的課程和教科書，以及承受同樣的科技，共同的文化標準也日漸增加。奇怪的是，共有的普遍現象性質愈來愈相近，他們便能傳達文化的多樣性。

在全球標準逐漸趨同的世界中，小眾文化的恐懼不斷重現，擔憂失去差異後也失去利基。他們不需要恐慌。事實上，全球溝通有愈來愈多的共同業者，更能提升小眾差異的價值。以亞馬遜流域的亞諾馬諾人或非洲的布希曼人為例，他們有特色的食物、醫藥知識和養育下一代的做法以前只是限於當地的祕傳知識。他們這種多樣性構成的差異在部落外並無法凸顯，因為他們的知識不會和其他的人類文化產生關聯。但是，有了標準的道路、電力和溝通後，他們的差異就變得更重要了。即使他們的知識只適用於當地的環境，有更多人知道他們具備知識後，差別就出現了。富裕人士想去哪裡旅遊？保留當地風味的地方。什麼樣的餐廳能吸引顧客？有特色的餐廳。什麼樣的產品能全球暢銷？想法不同的產品。

如果這種在地化的多樣性可以和相關的一切保持截然不同（這個**假設**非常難以達成），那麼在全球的基礎上，那樣的差異就變得愈來愈有價值。要維護「和而不同」的平衡，當然是項挑戰，因為這種文化差異和多樣性多半源自孤立，混入新的元素後，孤立的局面也打破了。在非孤立局面下更加繁盛的文化差異（即使最初也源自孤立），在世界更加標準化時，價值也會增加。印尼的峇里島就是一個例子。雖然和現代世界關係愈來愈密切，峇里島豐富卓越的文化卻似乎更深刻了。就跟其他融合新舊的居民一樣，峇里島人使用英語作為通用的第二語言，在家還是說母語。早晨他們會舉行供花的儀式，下午則在學校上科學課程。玩玩木琴，也會用 Google 搜尋。

多樣性放寬後，如何符合我之前提過、同樣普遍的趨勢：科技必然的順序，以及科技體趨同成某些形式？乍看之下，似乎可以引導科技體的方向，不讓科技體向外傳播到新的方向。如果科技趨同到全球的創新都只有一個順序，科技多樣性要從何得到助力？

科技體的順序就像生物發展，按著既定的順序經過不同的成長階段。舉個例子，所有的腦子都會經歷從幼年到成年的成長模式。但在成長過程中，大腦可能會產生的想法層出不窮。

大體上來說，科技會趨同到全球各地都有一致的用法，但偶爾某個團體或子團體會設計和改善出新型的科技或技術，僅能吸引到極端團體，只有邊際價值。在很少見的情況下，這種極端的多樣性會在主流中取得勝利，壓倒現有的範例，因此科技體促進多樣性的過程便得到了回報。

人類學家白特甘發現巴布亞新幾內亞的杜布雷族和伊奧族用鋼斧和鋼珠幾十年了，但「僅距離一天路程」的瓦諾族卻未採用，目前仍是如此。在日本，手機的使用顯然比在美國更廣、更深、變化更快。但兩國使用的手機來自同樣的工廠。同樣地，在美國，汽車的使用比在日本更廣泛、影響更深、變化也更快。

這個模式並不是第一次出現。自從工具誕生以後，不知怎地，人類對某些科技形式的喜愛會超越其他形式。他們也會避開某個版本或某樣發明，即使那東西似乎更有效率或更有生產力，或許只是為了身分認同：「我們的家族習慣不是那樣」或者「我們的傳統習慣這麼做」。有人或許會漠視明顯的技術改進，因為新的方法雖然更實用，卻感覺不對或令人不自在。科技人類學家勒莫尼耶審查過歷史上此類不協調的情況後，他說：「一次又一次，人類展現出的技術行為不符合材料效率或進步的邏輯。」

巴布亞新幾內亞的安加族獵捕野豬已有數千年的歷史。要殺死跟人差不多重的野豬，安加人造了陷阱，主要元素包括棍棒、藤蔓、石頭和重力。隨著時間過去，安加人不斷改良陷阱的技術，以符合地勢變化。他們發明了三種普遍的形式。一種是裝了尖頭木棍的壕溝，用樹葉和樹枝掩蔽；第二種則是在保護誘餌的矮牆後插了一排削尖的木棍；第三種陷阱則是把重物懸空掛在路上，等野豬路過踩到就會掉下來。

此類技術知識在西巴布亞高原地區很容易從一個村子傳到另一個村子。某個社區知道的事情，大家都知道（至少幾十年後就可以傳遍，不需要幾個世紀）。要感受到大家的知識出現變動，需要走好幾天的路。安加人大多數的團體有需要的時候，就可以從上面三種陷阱選一種來設置。然而，名叫藍吉瑪的群體卻從來不用第三種陷阱。勒莫尼耶指出：「這個群體的成員可以輕鬆說出構成重物陷阱的十個部件，也能描述功能，甚至能畫出草圖，但他們就是不用這種裝置。」過了河，就能看到對岸門葉族的房屋，他們會用重物陷阱，是很不錯的科技。走兩個小時的路到了卡拋族的地盤，他們也用重物陷阱，但是藍吉瑪族選擇不用。正如勒莫尼耶所述，有時候人類「自動忽略完全了解的科技。」

藍吉瑪族並不落後。從藍吉瑪族向北走，有些安加人的部落不在木製箭頭上裝倒鉤，刻意忽略藍吉瑪族用高度殺傷力倒鉤的重要科技，即使安加人「常有機會注意到敵人對他們射出來的倒鉤箭更具威力。」他們並非受限於可取得的木頭種類，或是捕獵的動物類型，但就是無法解釋整個種族對某些科技的刻意忽視。

科技除了單純的機械表現，還有社會的層次。我們採納新科技，主要為了利己的功能，但也會為了科技對我們的意義。我們拒絕新科技，也常常是為了同樣的原因：因為避開某項科技，能夠強化或塑造我們的身分。

研究人員只要細看科技傳播的模式，不論新舊，都能看到種族採納的模式。目前有兩種馴鹿套索，社會學家注意到薩米人有個群體拒絕使用其中一種，而其他的拉普蘭人兩種都用。摩洛哥各處都有人使用一種效率特別低的水平式水車，但在世界其他地方看不到，即使水車的物理學永遠不變。

我們應該期盼人類繼續表現出種族和社會的偏好。群體或個人會拒絕各種科技上非常先進的創新產品，只是因為他們可以拒絕；或者因為其他人都欣然接受；或者因為這些產品牴觸他們對自我的概念；或者因為他們寧可花更多精力去做事。我們為了區別出自己的特色，選擇避開或放棄特殊的全球科技標準。因此，全球文化雖然朝著科技趨同前進，數十億科技使用者個人的選擇卻彼此分離，在可以選擇的範圍內緩緩朝著更小、更特立獨行的選項前進。

多樣性為世界帶來力量。在生態系統中，多樣性提升，是健康的象徵。科技體的動力也來自多樣性。自創造之初，多樣性的趨勢便已經上揚，在能看得見的未來，也會繼續分枝散葉，不會終止。

特化

演化的趨勢從一般走向具體。最初的細胞沒有特定目的，只是生存的機器。隨著時間過去，演化從均一性打磨出多種特質。一開始的時候，生命的領地僅限於溫暖的池塘；但地球上大多數地區都有火山和冰河這麼極端的樣貌。演化發明出專門住在沸騰熱水或冷凍冰塊裡的細胞，也有能夠噬油或捕捉重金屬的特化細胞。特化讓生物能夠移居到這些主要且多變的極端棲息地裡，數百萬個合適的環境也充滿了生物，例如其他生物的體內，或空氣中塵埃粒子凹陷下去的地方。很快，地球上所有可能的環境都萌發出特化的生物種類，在該處生存下來。目前除了在醫院這樣的場所中可能有少數暫時無菌的環境，地球各處都能找到細菌。生物細胞特化的速度持續不斷。

多細胞生物也遵循特化的趨勢。生物體內的細胞會特化。人體有兩百一十種不同種類的細胞，包括肝臟和腎臟內的特化細胞。人體也有特殊的心肌細胞，和普通的骨骼肌肉細胞不一樣。原本的卵子細胞無所不能，用更具體的方式把每一種動物畫分成細胞，在不超過五十次的細胞有絲分裂後，你我最後便有一致的組合：10^{15}個骨骼細胞、皮膚細胞和腦細胞。

在演化的過程中，最複雜生物裡的細胞類型數目大幅增加。事實上，這些生物由於包含更多特化的部位，因此比其他生物更複雜。因此，特化跟在複雜度的長弧線後面。

生物本身也傾向更高度的特化。比方說，隨著時間過去，甲殼類動物藤壺（由五十種特化細胞組成）演化成特殊的藤壺。有六片殼板的藤壺專門住在一個月只淹水（會帶來食物）數次的極端滿潮地點。蟹奴屬藤壺只會在活螃蟹的卵囊中生長。專門吃某些種子的鳥兒會生出特化的喙：喙小的吃小種子，喙肥大的吃堅硬的種子。有幾種植物（所謂的野草）投機取巧，專門長在擾動過的土壤上，但大多數植物的生存技能只放在一個恰當的地方：深色的熱帶沼澤或乾燥多風的高山山頂。大家都知道，無尾熊只吃尤加利樹的葉子，大熊貓專門吃竹子。

生物界特化趨勢的動力來自一場軍備競賽。更特化的生物（例如生活在深海火山口的蛤蜊，能利用火山噴發的硫化物茁壯成長）表示競爭者和獵物（例如以硫化蛤蜊為食的螃蟹）都有更特化的環境，進而引起更特化的策略（例如螃蟹身上的寄生蟲）和解決方案，最後則帶來更加特化的生物。

想要特化的迫切需求也延伸到科技體中。人族最早使用的工具是塊有點圓的石頭，帶有崩開的邊緣，可以刮，可以切，也可以敲，什麼功能都有。被智人繼承後，就轉化為特化的工具：刮刀、切割工具和槌子。形形色色的工具種類隨著時間增加，專門的工作也一起增加。縫紉需要針；縫獸皮需要專門的針，縫織品又要另一種針。簡單的工具結合成複合工具後（弦＋棍＝弓），特化更上一層樓。今日的製品多到令人瞠目結舌，主要是因為複雜的裝置需要專門的零件。

同時，跟生物一樣，工具一開始通常可用於很多東西，然後也演化成有專門的用途。第一台有照相軟片的相機於一八八五年發明。有了形體後，相機的概念就開始特化。問世後沒幾年，發明家就設計出微小的間諜相機、超大的全景相機、組合鏡頭相機、高速閃光燈相機。今日有數百種特製相機，包括能在深水中使用、特別為太空環境設計，以及能補捉紅外線或紫外線的。雖然仍能購買（或製造）最初的一般用途相機，但在相機王國中占的比例愈來愈小了。

從一般到專門的次序適用於大多數的科技產品。汽車一開始的訴求也很廣泛，過了一段時間後演化出特殊的樣式，一般用途的型號慢慢淡出。你可以選擇小型車、貨車、跑車、轎車、皮卡、油電混合車等等。還有，頭髮、紙張、地毯、網線或花朵都有專用的剪刀。

展望未來，特化會繼續成長。最早的基因定序儀可用於所有的基因。下一步則是專

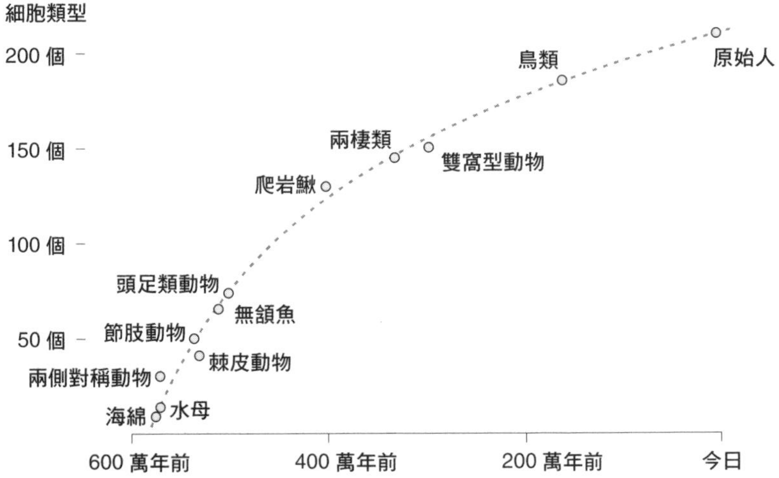

特化的細胞類型。在演化的過程內，生物體內不同細胞類型的最大數目已經增加了。

門的人類DNA定序儀，只為研究人員處理人類或另一種特定物種（比方說老鼠）的DNA。然後也會出現專門處理種族基因體（比方說非裔美籍或華裔）的定序儀，或許方便攜帶，或許速度很快能即時定序，讓使用者知道當下是否有污染物損害他們的基因。最早的市售虛擬實境操控台提供各種虛擬實境，但過了一段時間後，虛擬實境遊戲將演化出特殊的版本，比方說遊戲或軍事演習用的特殊配備，或用於電影排演或購物。

現在，電腦似乎朝著相反的方向走，容納愈來愈多的功能，要變成用途更廣泛的機器。所有的職業和工作人員似乎都納入了電腦和網路的新玩意。電腦已經整合了計算機、試算表、打字機、影片、電報、電話、對講機、羅盤和六分儀、電視、收音機、唱機、繪圖桌、混音台、戰爭遊戲、錄音室、鑄字行、飛行模擬器，以及其他許多職業設備。看看某人的工作空間，你可能看不出他的職業，因為大家的辦公桌看起來都一樣：一台個人電腦；有百分之九十的雇員使用同樣的工具。那張辦公桌後面坐的是執行長、會計、設計師還是接待人員？雲端計算出現後，更加強了這種趨同，實際的工作在整體的網路上進行，手邊的工具只是進入工作的門戶。所有的門戶都變成最簡單的窗口：某個尺寸的平板螢幕。

這樣的趨同不會持久。我們仍在電腦化的初期階段，或者該說是智慧化的初期。目前我們會用到個人智力的所有地方（也就是說我們工作和玩耍的所有地方），我們也都會快速套用人工和集體的智慧，立即翻新我們的工具和期望。已經智慧化的工作包括記帳、攝影、財務交易、金屬加工和飛機導航等等數千種。我們將要電腦化汽車駕駛、醫學診斷和語音辨認。在飛快進行大規模智慧化的同時，先安裝了用途廣泛的個人電腦，搭配了大量生產的小小處理器、中等大小的螢幕和網路通道；因此所有的勞務都有同樣的工具。可能要再等十年，才能讓智慧化完全進入所有的行業中。現在聽起來或許很蠢，我們會把人工智慧放入槌子、牙籤、堆高機、聽診器和炒菜鍋裡。這些工具分享了網路上通用的智慧後，得到全新的力量。但新增加的角色變得更清楚，工具就會特化。iPhone、Kindle、Wii、平板電腦和小型筆記型電腦就是很好的例子。顯示器和電源科技追上晶片後，無所不在的智慧化介面開始分叉和特化。士兵和其他會用到全身的運動員想要環場大螢幕，行動商務人士則想要小螢幕。遊戲玩家想要儘量減少延遲，讀者想要最高的清晰度，登山客想要防水，小孩子想要摔不壞。電腦構成了網路，進入網路的門戶要特化到非凡的程度。以鍵盤為例，將會失去獨占權。語音和手勢輸入會變成主角。眼鏡和眼球螢幕則會補強牆面和可折彎的表面。

快速製造的時代來臨（機器能夠快速按需求製造出物品，數量只有一個），特化會向前躍進，任何工具都可以為個人的特殊需求或渴望量身打造。高利基功能或許需要會組合裝置來完成某項任務，事後又打散。超級特化的人工製品可能就像蜉蝣般只有一天的壽命。利基和個人化的「長尾」再也不專屬於媒體，也變成科技演化的特色。

我們可以預測，想像今日有用的發明在未來演化發展成數十種功能有限的東西。科技會從一般走向專門。

普遍存在

在生物界及科技體中，自我繁殖帶來的結果醞釀出內在的動力，朝著無所不在前進。只要有機會，蒲公英、浣熊、火蟻就會繁殖，直到覆蓋地球表面。演化配備的複製體有招數突破所有的限制，儘量擴大散布的範圍。但由於實質資源有限，還要面對無情的競爭，沒有物種能夠真的無所不在。不過所有的生物都以此為目標。科技也一樣，想要遍布各地。

人類是科技的繁殖器官。我們讓製品成倍增加，散播想法和思想基因。由於人口有限（目前只有六十億人），要散播的科技物種或文化基因則有數千萬，只有少數器具能夠百分之百遍及全球，不過有幾項也快要達到這個目標。

另一方面，我們也不真的希望所有的科技都能無所不在。我們希望最好能透過遺傳學、藥物或飲食，讓世界上沒有人需要換人工心臟。同樣地，碳吸存（去除空氣中的碳）這樣的整治科技最好永遠不要普及各地。最好一開始全世界都有低碳能量來源，利用光子（太陽）、融合（核子）、風力或氫的科技。整治科技有個問題，一旦滿足了相關的利基，就沒有其他可發揮的餘地。如果疫苗在各處都成功了，便沒有未來。以長期來看，能夠啟發其他科技的同樂性科技通常最快升級到無所不在。

從我們的生物圈來看，農業是地球上最普遍存在的科技。農業穩定提供過剩的物資，豐饒似乎沒有盡頭，因為這樣的富足，文明得以興起，孕育數百萬種科技。農業的散播是地球上最大規模的工程計畫。地球陸地面積有三分之一由人腦和人手改變了外貌。原生植物被取代了，泥土翻開，人類培育的作物取而代之。地球表面有大面積的綿延土地已經被半馴化成牧地。從太空中也能看到地球上最劇烈的變化，例如巨大農場無邊無際的廣闊土地。以平方公里為測量單位，地球上最普及的科技為五大已經馴化的作物：玉蜀黍、小麥、稻米、蔗糖和乳牛。

地球上第二項最充足的科技則是道路和建築。在占了絕大多數陸地面積的空地上，泥土路把如同樹根的觸角延伸到幾乎所有的流域中，交叉穿越山谷，迂迴地翻山越嶺。人工建造的路網形成網狀的外衣，覆蓋全球的陸地。樹狀的道路出現後，也蓋起了一行行建築。這些人工製品由木料纖維（木頭、茅草、竹子）或塑土（泥磚、磚頭、石頭、水泥）做成。在道路的中心，可以看到用石頭和矽土構成的宏偉大都市，物質的流動路線被大都市改變了，因此科技體大多要繞著大都市循環。食物和原料源源不絕流入，垃圾不斷流出。已開發都會區的居民每人每年要移動二十噸的物質。

就全球規模來看，火的科技似乎能見度沒那麼高，但有可能更加普遍。控制好碳燃料的燃燒，尤其是煤礦和石油，讓地球的大氣層出現變化。用整體質量和趨同來計算，這些火爐（通常是在路上跑的汽車引擎）和道路一比有如小巫見大巫。雖然規模不如火爐駛過的道路或所在的家庭和工廠，這些謹慎的小火焰能轉變全球龐大大氣層的成分。集體燃燒的成果雖然分布的面積不大，卻有可能對地球帶來最大規模的科技衝擊。

接下來則是你我周遭都有的東西。在人類一天的生活中，近乎無所不在的科技產品包括棉布、鐵製刀片、塑膠瓶、紙張和無線電訊號。這五項科技物種今日幾乎每個人都唾手可得，不論是在都市，還是在最遙遠的鄉村。這五項科技開展了無限的可能：紙張給我們便宜的書寫、印刷和紙鈔；金屬刀片帶來藝術、工藝、園藝和屠宰業；塑膠帶來烹飪、水和藥物；無線電帶來連接、新聞和社群。跟在這五項科技後面的則是幾乎到處都有的金屬罐、火柴和手機。

全然的普及度是所有科技產品朝向的目標，卻一直無法達成。但有種接近飽和的實際普遍存在，已足以把科技的動能提升到另一個等級。在全球各地的都會區，新科技散播到飽和點的速度愈來愈快。

電氣化花了七十五年的時間才遍及百分之九十的美國居民，而手機只花了二十年就達到同樣的穿透度。散播的速度不斷加快。

還有更多的東西變得不一樣了。科技普及之後發生了很奇怪的事。在少數幾條路上奔馳的幾輛汽車和每個人都有幾部車的情況徹底不同；不只是因為噪音和污染增加了，數十億輛上路的車子更孕育出意外的系統，產生了自身的動態。大多數發明物也一樣。最早的幾台相機很新奇，主要帶來的衝擊是讓負責記錄時代的畫家失去了工作。但攝影術的使用愈來愈簡單，常見的相機促成了熱烈的新聞攝影，最後孵化出電影和好萊塢的另類實境。相機普及到夠便宜後，家家戶戶都有自己的相機，進而帶來旅遊業、全球化和跨國旅行。相機繼續普及，出現在手機和數位裝

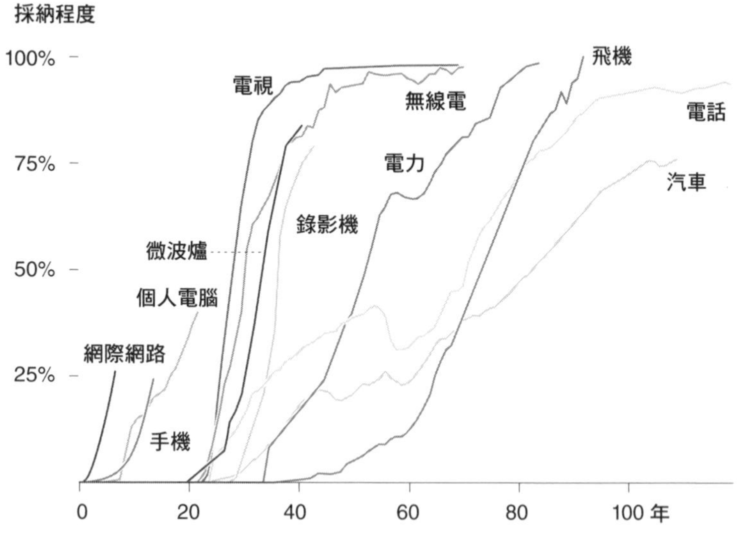

科技採納不斷加快的步調。從某項科技發明以來，在接下來的年度內美國消費者擁有或使用的百分比。

置上，全世界的人都能分享影像，「有圖有真相」的說法出現了，也讓人覺得離開了相機的視野，就等於失去了重要性。相機仍繼續傳播，變成建築物的一部分，從每個街角、每個房間的天花板四處觀看，讓社會不得不變得更透明。最後，在我們建造出來的世界中，所有的平面都會放上螢幕，所有的螢幕都兼備眼睛的功能。等相機無所不在，不論何時，一切都會被記錄下來。人類會出現群體的察覺和記憶。普及存在所帶來的這些影響並不只是取代了繪畫而已。

無所不在，一切也跟著改變。

一千部汽車讓行動變得更容易，創造隱私，提供冒險。**十億**部汽車創造出郊區，消滅了冒險，破除狹隘的想法，造成停車問題，引發交通堵塞，改變了建築物的人性尺度。

一千台永不停止運作的相機讓扒手無法在市中心做案，抓到闖紅燈的人，記錄警察不當的行為。**十億**台永不停止運作的相機變成社群的監視器和記憶，業餘人士也能扮演證人，自我的概念也重新接受塑造，當局的權威因此降低。

一千個遠距傳輸站為假期旅遊賦予全新的活力。**十億**個遠距傳輸站顛覆了通勤，重新塑造全球化，帶來遠距時差，重新引入大觀景象，扼殺國家觀念，終結個人隱私。

一千個人類基因定序加速個人化藥物問世。每小時**十億**個基因定序讓我們能即時監看基因損傷，造成化學產業的混亂，重新定義疾病，讓系譜學變成流行話題，並推出「超清潔」的生活型態，連有機生活都相形見絀。

一千個建築物大小的螢幕賦予好萊塢動力。**十億**個散落各地的螢幕變成新的藝術，創造出新的廣告媒體，讓夜間的城市再度恢復生氣，加快定位計算，公共用地也重拾活力。

一千個人型機器人改寫了奧運的歷史，娛樂產業得到助力。**十億**個人型機器人大幅改變就業型態，蓄奴制度和反對蓄奴的人再次出現，推翻根深蒂固的宗教。

在演化的過程中，所有的科技都要經過這個問題：變得無所不在時會是什麼情況？每個人都有的時候會怎麼樣？

通常，無所不在的科技最後都會消失。一八七三年，人類發明出現代的電動馬達，過了不久就遍及製造業。每家工廠都配置了又大又昂貴的馬達，用以取代之前的蒸汽機。從此光靠一個引擎，就能推動車軸和輸送帶構成的複雜網路，進而推動工廠各處的數百台小機器。建築物內流轉的能量只有一個源頭。

一九一〇年代，電動馬達開始必然的旅程，普及到家庭中。電動馬達被馴化了，不像蒸汽機會冒煙滴水和噴氣。一塊重量兩公斤多的東西，發出簡潔穩定的呼呼聲。和在工廠裡

無所不在的馬達。一九一五年，在福特汽車廠打磨機軸的機器。

一樣，這些單機「家用馬達」設計成要為家中所有的機器提供動力。漢米爾頓一九一六年出品的「家用馬達」有六速變阻器，使用一百一十伏特的電力。設計師諾曼指出，西爾斯羅巴克一九一八年的型錄中有家用馬達的廣告，售價是八點七五美元（約等於今日的一百美元）。這座方便的馬達會運轉你的縫紉機。你也可以插上隨附的攪拌裝置（「適合多種用途」）以及緩衝器和研磨器（「在家中的用途非常廣泛」）。電扇裝置「可以快速接上家用馬達」，還有可以攪打奶油和雞蛋的打蛋器。

一百年後，電動馬達普及各地，也失去了可見度。並非每家都有家用馬達；現在有幾十種馬達，但我們幾乎看不到。電動馬達再也不是獨立的裝置，現在已經融入許多器械中。馬達帶動我們的器具，變成人造工具的肌肉。馬達無所不在。在我寫作的時候，我很隨意算了一下這個房間裡可以找到多少台看不見的馬達：

五個正在運轉的硬碟
三部類比卡帶錄音機

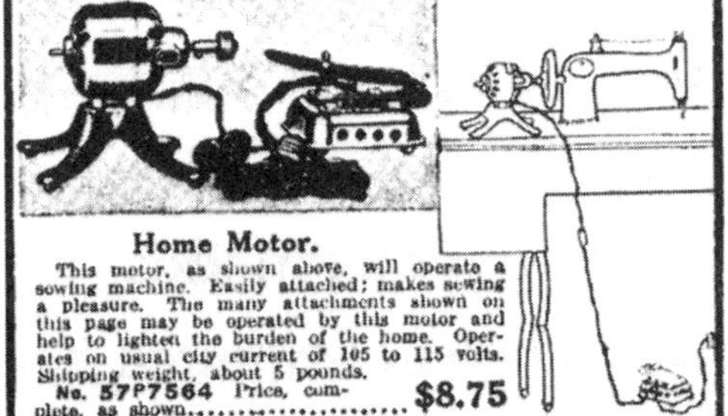
Home Motor.
This motor, as shown above, will operate a sewing machine. Easily attached; makes sewing a pleasure. The many attachments shown on this page may be operated by this motor and help to lighten the burden of the home. Operates on usual city current of 105 to 115 volts. Shipping weight, about 5 pounds.
No. 57P7564 Price, complete, as shown.................... $8.75

家用馬達的廣告。一九一八年，西爾斯羅巴克家用馬達的雜誌廣告。

三台相機（負責伸縮鏡頭）
一台攝影機
一支手錶
一座鐘
一台印表機
一台掃描器（移動掃描頭）
一台影印機
一台傳真機（移動紙張）
一台CD播放機
一個地板輻射暖氣的幫浦

在我家的一個房間裡，有二十具家用馬達，現代的工廠或辦公大樓則有上千具。我們不會想到馬達；即使要仰賴馬達的工作，也察覺不到馬達的存在。馬達很少失靈，卻改變了我們的生活。我們察覺不到道路和電力，因為它們無所不在，通常也不會失效。我們不會想到紙張和棉質衣物也是科技，因為它們很可靠，到處都看得見。

除了深層嵌入，無所不在也孕育出確定性。新科技的優勢一定會帶來分裂。創新產品的第一個版本挺笨拙，也過分講究。我們可以再度引用希利斯對科技的定義：「尚無法發揮效用的東西。」新奇的犁、水車、鞍、燈具、電話或汽車只能提供不明確的優勢，且會帶來某些問題。即使某項發明物在某地已經達到完美，首次引進到新地區或文化時，仍需要重新訓練舊有的習慣。新型的水車或許不需要那麼多水就能轉起來，但也需要不同類型的磨石，或許很難找到，或許會製造出品質不一樣的麵粉。新型的犁或許能加快耕種的速度，但必須延後播種的時間，擾亂舊有的傳統。新型的汽車或許有更高的行程，但比較容易故障，或者效率提高，但行程變短，改變駕駛和燃油的模式。第一個版本和這個版本想要取代的事物相比，幾乎總是只有那麼一點點好處。那就是為什麼只有少數幾名熱心的先鋒想要第一個採用新產品，因為新產品只會帶來麻煩和未知的問題。創新產品臻於完美後，大家都知道有什麼好處，也學會如何使用，不確定性就降低了，科技也開始傳播。傳播絕對不會立刻開始，也不會到處都一樣。

在所有科技產品的壽命中，總有一段「有」和「沒有」的時期。個人或群體率先冒險採用未經證明的槍枝、字母、電氣化、雷射眼睛手術後，或許能明白這些東西的益處，不敢嘗試的人就不知道了。財富、權勢或幸運的地理位置，以及欲望，都會影響這些優勢的分布。二十世紀即將結束之時，網際網路開始盛行，給我們一個最近、最明顯的例子來說明「有」和「沒有」之間的分水嶺。

網際網路於一九七〇年代發明，一開始並沒有什麼好處。主要的使用者是發明的人，一小群嫻熟程式語言的專業人士，他們想用網際網路來改善網際網路。在剛開始的時候，網際網路的建構是為了更有效地討論網際網路的想法。同樣地，最早的業餘無線電玩家主要在廣播業餘無線電的討論；市民波段無線電早期的世界都在討論市民波段無線電；最早的部落格都和寫部落格有關；推特出現後的幾年，使用者都在討論推特。到了一九八〇年代早期，為了找到志同道合者一起來討論這項工具而精通網路協定晦澀指令的早期採用者移到初期的網際網路上，並告知自己的宅男朋友。但其他人都對網際網路沒興趣，把它歸類成少數青少年的興趣。連接費用昂貴，要有耐心和打字能力，也要願意面對含糊不清的技術語言，除了著迷的人以外，沒有幾個人上線。大多數人就是不感興趣。

但是，早期採用的人加以修改後，加上圖片和點選介面（網路），變得更完美，大家就看得到網際網路的優勢，也想要使用。數位科技的優點變得顯而易見後，眾人便開始爭辯該怎麼處理「沒有」。科技產品價格依然高昂，需要個人電腦、電話線和月租費，但是採用的人卻因為知識而得到了力量。專業人士和小型企業對其潛能趨之若鶩。這項科技產品給人力量，全球各地最早使用的人也是資產豐富的人，他們可能有車、生活安寧、受過教育、有工作、有機會。

有愈來愈多證據顯示網際網路具備提升的力量後，數位「有」和「沒有」之間的分水嶺也愈加明顯。一項社會學研究做出結論，「兩個美國」出現了。一個美國的居民很窮困，買不起電腦，另一個美國則住著配備了電腦的有錢人，所有的好處都被他們占走了。在一九九〇年代，像我這樣大力推動科技的人也努力促進網際網路的出現，常有人問我們：那道數位分水嶺該如何處理？我的回答很簡單：不需要處理。什麼也不用做，因為網際網路此類科技的自然歷史會自我應驗。「沒有」只是暫時的不均衡，科技的力量會加以療癒（而且不光是治療而已）。和全世界連線的利益說也說不完，還沒連線的人也急著要加入，和「有」的人相比他們已經付了更昂貴的電信費用（等到服務就位以後）。此外，電腦和連線的成本皆逐月降低。那時候美國大多數的窮人都有了電視，也要付有線電視的月費。擁有電腦和網路連線不比電視貴，很快就變得更便宜了。十年內，必要的花費變成只要一百美元就可以買到筆記型電腦。過去十年內出生的人在他們的一生結束前，應該可以看到某種類型的電腦（事實上就是用來上網的電腦）只需要五美元。

正如電腦科學家明斯基的說法，這只是「有」和「比較晚有」的問題。「有」的人（早期採用者）付出過於昂貴的價格購買科技產品低劣的初期版本，幾乎不能用。他們買了新產品古裡古怪的第一版，提供資金給更便宜更好的版本，讓「比較晚有」的人可以使用，不久之後新產品就便宜得要命，而且運作優良。本質上，「有」的人為「比較晚有」的人提供科技發展的資金。不就該這樣嗎？有錢人為窮人提供便宜科技發展所需的資金。

手機出現後，我們更清楚看到這種「比較晚有」的循環。最早的手機比磚頭還大，非常昂貴，而且效果不好。我記得一位電腦通朋友最早採用，花了兩千美元買最早出現的手機；他把手機裝在專屬的皮箱裡，到處帶著走。我真不敢相信，會有人花那麼多錢買個看起來跟玩具一樣、不像工具的東西。那時候要是知道二十年內，兩千美金的裝置會變得便宜到可以用完就丟，小到可以放在襯衫口袋裡，普及到就連印度的清道夫都隨身攜帶，似乎也一樣滑稽。雖然加爾各答的遊民不可能享有網際網路連線，科技固有的長期趨勢目標卻要達成無所不在。事實上，從很多方面而言，這些「比較晚有」的國家手機覆蓋率已經追上了美國舊有系統的品質，所以手機變成「有」和「比較早有」的案例，因為後來採用的人更快享受到手機的理想好處。

最殘酷的科技批評家仍把焦點放在「有」和「沒有」的短暫分水嶺上，但那脆弱的界線只會帶來困惑。科技發展最明顯的起點出現在普通和無所不在的界線上，以及「比較晚有」和「什麼都有」的界線。批評家問到我們這些率先使用網際網路的人要怎麼處理數位分水嶺，我說「不需要處理」，也加了一項挑戰：「要是你心存憂慮，別擔心那些現在還沒上網的人。他們蜂擁向前的速度超乎你的想像。你反而該擔心要是**大家**都上網後我們要怎麼辦。網際網路上有六十億人，大家同時送出電子郵件，沒有人下線，大家都日夜連著網路，一切都是數位，沒有東西不在線上，網際網路普及每個角落。那才會帶來未曾料想到的後果，值得我們擔憂。」

今日，同樣的道理也適用於DNA定序、衛星定位追蹤、便宜得要命的太陽能板、電動車，或甚至營養品。光纖網路還沒有通到某些學校，不用擔心；等到處都有光纖網路時，才需要憂慮。我們太過注意那些糧食不夠的人，反而不在乎大家都有足夠的食物時會發生什麼事。科技產品少少幾次與世隔絕的展現能夠顯露出一級的效果。但等到科技滲透了文化，二級和三級的結果才會爆發出來。科技帶來人類不想要的結果，讓我們無比恐懼，但大多數結果通常會蔓延到所有的地方。

大多數好東西也會變得無所不在。嵌入的普及性是現在的趨勢，在共榮同樂程度沒有限制的科技上最為突出：訊息、電腦化、社會化和數位化。可能性似乎無窮無盡；可以塞進物質和材料中的電腦化和訊息似乎沒有上限。到目前為止，人類所發明的東西似乎還沒有一樣會讓我們說：「夠聰明了。」因此，這種類型的科技就算已經無所不在，也無法令人滿足。這些科技產品的普遍程度持續提高，所遵循的軌道會讓一切的科技走向無所不在。

自由

自由意志跟其他的東西一樣，並非人類獨有。原始動物就已經擁有無意識的自由意志選擇。所有的動物都有原始的欲望，會透過選擇來滿足。但自由意志甚至比生物更早出現。包括戴森在內的一些理論物理學家認為，自由意志出現在原子的粒子中，因此自由意志誕生於大爆炸引起的巨焰，從那時候開始便不斷擴展。

舉個例子，戴森注意到，次原子粒子衰變或改變旋轉方向的確切時刻一定要描述成自由意志的行動。怎麼可能？好，該宇宙粒子所有其他微小的行動都絕對預先取決於粒子之前的位置或狀態。如果你知道粒子的位置以及其能量和方向，就一定能確切預料下一刻的位置，不會失誤。完全遵守之前的狀態預先決定的路徑，奠定了「物理學定律」的基礎。但粒子自行分解成次粒子和能量射線，並無法預測，也不由物理學定律預先決定。我們會把這種衰變成宇宙射線的現象稱為「隨機」事件。數學家康威提出證據，指出隨機性的數學或決定論的邏輯皆無法恰當解釋宇宙粒子突然（為什麼在此時？）衰變或改變旋轉方向。唯一剩下的數學或邏輯選擇只有自由意志。粒子只是做出選擇，而選擇的方法卻跟自由意志難分軒輊。

理論生物學家考夫曼認為，這個「自由意志」出自宇宙神祕的量子本質，按照這個本質，量子粒子可以同時出現在兩個地方，或者同時是波和粒子。考夫曼指出，當物理學家把光子（同時是波和粒子）射過兩條狹小的平行隙縫時（很出名的實驗），光子只能以波或粒子的形式穿過，不能同時有兩個狀態。光子粒子必須「選擇」要表現的形式。但這個實驗進行過很多次，波和粒子穿過隙縫，在另一側接受測量**之後**，只會「選擇」一個型態（不是波就是粒子），很奇怪，但也告訴我們一些道理。根據考夫曼的說法，粒子從未決的狀態（所謂的量子去相干）到決定的狀態（量子相干）是一種選擇，因此我們的腦子裡出現了自由意志，因為這些量子影響出現在所有的物質中。

康威寫道：

有些讀者或許會反對我們用「自由意志」的說法來描述粒子反應的非決定論。我們刻意將之歸為自由意志而引起反彈，因為我們的原理斷言，如果實驗人員有某種程度的自由，那麼粒子也有同樣的自由。沒錯，大家自然都會認為粒子的自由是我們最終的解釋。

生命激發出大幅度的組織增加，也利用到粒子中固有的微小量子選擇。宇宙粒子自行「有意志的」衰變或許會通過細胞，在途中觸發DNA分子高度有秩序的結構，造成突變。假設會從胞嘧啶基敲出氫原子，那麼間接選擇（生物學家用來稱呼隨機突變的說法）有可能生出創新的蛋白質序列。當然，大多數粒子選擇只會讓細胞的生命更早結束，但幸運的話，突變後整個生物會得到生存優勢。由於DNA系統會留存和累積有用的特質，自由意志的正面影響就能積聚下來。有意志的宇宙射線也會觸發神經元內的突觸放電，讓新的訊號（想法）進入神經和腦部細胞，其中有些細胞會間接刺激生物做一些事情。按著演化複雜的機械裝置，這些從遠方引起的「選擇」也會被抓住、留存和加強。粒子自由意志觸發的突變聚集起來，過了幾十億年，演化出有更多感官、肢體、自由度的生物。一如往常，這是個符合道德觀的自我強化循環。

在演化過程中，「選擇性」不斷增加。細菌的選擇很少，或許要朝著食物滑過去，或許需要分裂。浮游生物比較複雜，細胞機制更多，選擇也更多。海星可以擺動管足、逃走（快快地或慢慢地？）或對抗天敵，選擇要吃東西還是要交配。老鼠一生中有數百萬個選擇。可以移動的部位更多（鬍鬚、眼球、眼皮、尾巴、腳趾），可以運用選擇的環境更大，也有更長的壽命可以做決定。複雜度愈高，可能的選擇就愈多。

大腦當然是選擇的工廠，一直發明出新的方法供自己選擇。哈佛大學的科技哲學家梅西里宣稱：「有更多選擇，就有更多機會。有了更多機會，就會更自由，有了更多自由，我們就更有人性。」

創造出便宜、無所不在的人工大腦後，主要的結果是在人造的環境中注入更高層次的自由意志。當然，我們為機器人裝上大腦，但汽車、座椅、門、鞋子和書本也植入了做選擇的人工智慧，這些東西擴大自由選擇的領域，能做選擇的事物愈來愈多，雖然這些選擇只有粒子那麼大。

有了自由意志，就會犯錯。當我們釋放無生命的物品，脫去它們天生動彈不得的桎梏，給它們選擇的粒子，也給它們犯錯的自由。我們可以想像，新出現的人造知覺就代表新的犯錯方法、做蠢事、犯錯。也就是說，科技教我們如何犯下創新性的錯誤，而我們之前沒辦法做到。事實上，問問自己，人性如何才能犯下全新的錯誤，或許就是最好的制度，來發現選擇和自由有哪些新的可能性。改造我們的基因體，是為了準備創造出新型的錯誤，因此象徵著新層次的自由意志。改造地球的氣候也表示會犯下新的錯誤，因此帶來選擇。透過手機或電線即時連接世界上所有的人，也會釋放出選擇的新力量，和驚人的犯錯潛能。

所有的發明物都擴大了可能性的範圍，延伸了做選擇的因素。但同樣重要的是，科技體創造出新的機制，可以運用無意識的自由意志。每次送出電子郵件時，資料伺服器上看不見的精巧演算法決定訊息在全球網路中要經過的路徑，以便避開堵塞，用最快速度送到目的地。在這些選擇中，量子選擇或許無關緊要，但數十億個互動的決定因素則會發揮影響力。因為解開這些因素是個棘手的難題，這些選擇事實上就是網路中的自由意志決定，網際網路每天都要做出數十億個選擇。

帶有模糊邏輯的裝置會做出真正的決定。微小的晶片腦袋權衡互相競爭的因素，然後模糊邏輯電路以不確定的方式來決定何時要關閉烘衣機或用什麼問題來加熱米飯。許多複雜、適應力強的新玩意產生人類或其他生物無法觸及的新行為，擴展了自由意志的領地，比方說你前幾天搭的七四七噴射機，或許就由精密的電腦化自動駕駛儀操作。麻省理工學院的實驗性機器人可以用腦子和手臂抓住網球，比人類大腦和手臂合作的時間快了一千倍。機器人決定要把手放在哪裡的動作太快了，甚至連肉眼都看不到。在這裡，自由意志擴展到新的速度領域。

將關鍵字輸入 Google 時，Google 會考慮大概一兆個文件，然後選擇（「選擇」是很恰當的說法）你應該會想要的頁面。沒有人能涵蓋那遍及全球的資料量。因此，搜尋引擎帶來的自由選擇規模遠超過人類。一旦機器釋放可能性的速度快到跟我們思索的速度一樣，就不用等我們了，可以直接迎接新的可能性。

在明日世界中，會自動停車的高科技汽車會做出的自由意志選擇，就跟我們在停車時會做出的選擇一樣多。和今日比起來，科技或多或少都會提高自由意志的程度。

首先，科技體帶來更多可能的選擇，然後又擴展了能做選擇的媒介範圍。新科技愈強大，就能開啟愈高的自由度。選擇成倍增加，表示自由也成倍增加。在這個世界上，有很多經濟選擇、大量的通訊選擇和高等教育機會的國家通常提供的自由度也最高。但在擴展同時，也可能出現濫用。新科技一定有可能讓人犯下新的錯誤。在科技體成長時，各方面的選擇自由也增加了。

共生主義

在地球上，有一半以上的生物都屬寄生生物。也就是說，在生命中至少有一個階段要靠其他物種才能生存。同時，生物學家相信每種現存的生物（包括寄生蟲在內）也是至少一種生物的宿主。因此自然世界也是共同經驗的溫床。

在連續的共生主義中，寄生狀態只是其中一個程度。在連續體的一端，所有的生物都要靠其他生物（直接依賴父代，間接依賴其他物種）才能生存，在另一端，藻類和菌類兩個截然不同的物種共棲共生，組成地衣這種共生體。在兩端之間則有不同類型的寄生狀態，有些完全不會傷害宿主，有些寄生生物則會協助宿主（例如牛角刺槐上的螞蟻）。

演化（或許說共同演化比較恰當）過程中織入了三股愈來愈強的共生主義：

一、生物在演化過程中愈來愈依賴其他生物。最古老的細菌靠著沒有生命的岩石、水和火山煙來維持生活；只會接觸到不會動的物質。之後，如大腸桿菌般更複雜的微生物一生都住在我們的腸子裡，周圍是人的活細胞，吃我們的食物。它們只接觸到其他的生物。過了一段時間後，生物發源的環境比較有可能充滿生氣，不會死氣沉沉。整個動物王國就是一個很好的例子，可以說明這個趨勢。要是可以從其他生物身上偷來食物，何苦要從元素中自行製造呢？以這個角度來看，動物的共生主義高過植物。

二、在生物演化時，大自然創造出更多機會讓**物種之間**彼此依賴。每個為自己創造出成功利基的生物也會為其他物種創造出有潛能的利基（都有可能進入寄生狀態！）。假設高山草原過了一段時間後，有新品種的蜜蜂為番紅花授粉，增加了當地的物種數目。新增加的物種有可能讓草原上所有的生物建立更多種關係。

三、在生物演化時，**同一物種**的成員彼此合作的機會提高了。蟻群或蜂窩的超級生物就是物種間合作和共生的極端例子。生物間的群居性提高，為演化提供穩定的機制。一旦社會化出現，就不太可能走回頭路。

人類生活浸潤在所有三種共生主義中。第一，我們的生存極度仰賴其他的生物。我們吃植物和其他的動物。第二，地球上沒有其他物種像人類這樣大量運用其他種類的生物來保持健康和繁盛。第三，人類是出名的社交動物，需要其他人來扶養我們長大、告訴我們如何生存和保持清楚的頭腦。因此，我們的生活共生程度極高，深入其他的生物。科技體把這三種共生主義又向前推了一步。

今日大多數的機器不會碰到地球，或不碰到水，甚至不接觸空氣。在我寫下這些字的時候，個人電腦核心中跳動的微電路心臟與元素隔絕，周圍全是其他的人工製品。這微小的人造物靠著巨大渦輪（天氣好的時候，則是屋頂上的太陽能板）產生的能量生存，把輸出送到另一台機器（我的電腦螢幕），要是幸運的話，等它的壽命結束，珍貴的元素還可以由其他機器吸收。

有很多機械零件從來不接觸我們的雙手。由機器人製造，塞入裝置（例如汽車裡的水幫浦），然後放入更大的科技發明物裡。不久以前，我跟兒子拆解了一台很老的CD播放機。當我們打開雷射盒時，我相信我們是首先看到那精細內部零件的非技術人士。之前播放機的內部只被機器碰過。

科技體朝著人類和機器共生程度愈來愈高的方向移動。這個主題很適合拍成令人熱血沸騰的好萊塢科幻鉅作，但在真實生活中也能在上百萬個小地方見證。大家都看得到，現在我們正用網路和Google 一類的科技創造共同的回憶。當 Google（或其他衍生物）能夠了解口語的問題，寄居在人類的衣物上，我們就能把這項工具快速吸收到腦海裡。我們會依賴這樣的工具，工具也依賴我們，生存下去並變得更聰明，因為用的人愈多，工具的聰明程度愈高。

有些人覺得這種科技共生很可怕，甚至到了駭人的地步，但跟使用紙張和鉛筆來做長除並沒有什麼兩樣。對大多數普通人來說，沒有科技，就無法做長數目的除法。我們的大腦接線天生無法成就這項工作。我們用書寫和算數技法來乘除或處理很大或很多的數字。可以在腦子裡計算，但我們會把問題用虛擬方法寫在腦海裡的虛擬紙張上。我妻子小時候會用算盤來算數。算盤是四千年前發明的類比式計算機，這種科技輔助工具計算的速度比紙筆還快。要是沒有算盤，她會用同樣的方法，用手指撥弄虛擬的算珠來找出答案。有時候，完全仰賴科技來加減數字並不會讓我們覺得恐懼，但要仰賴網路來記得事情有時候就會讓我們覺得很糟糕。

科技體也提高了機器間的共生主義。世界上的電信流量大多不是人類彼此傳遞的訊息，而是機器之間的通訊。世界上的非太陽能（也就是透過科技方法創造的能量，在科技體的管線間流動），幾乎有百分之七十五用於移動、儲藏和維護機器。大多數卡車、火車和飛機用於貨運而不是客運。大多數冷暖空調不是給人類使用，而是給其他東西。科技體只有四分之一的能量用在人類的食衣住行上，其餘由科技創造的能量則用於科技。

科技體與人類之間共生程度增加的旅程才剛開始。就跟用紙筆做加法一樣，要熟悉這種共生狀態，需要透過教育。反熵趨勢朝著共生主義前進，最明顯的地方就是科技體提高了人與人之間的社交性。我想加以描繪，因為這條軌道馬上就要出現了。在接下來的十到二十年間，科技體的社會面向會變成最主要的特質，也是人類文化的重大事件。

人與人愈來愈緊密，也是自然的進展。一群人一開始的時候只是分享想法、工具、創作，然後進步到合作、協力，最後達到集體主義。每走一步，協調度便跟著增加。

在今天，網路上的群眾分享意願非常高。臉書和 MySpace 上張貼的個人照片已經到達天文數字。可以說用數位相機拍攝的照片幾乎都會用某種方法分享。維基百科也很值得注意，它是個共生科技的好例子；而且不只維基百科，其他的維基網站也一樣。現在其他的維基高達一百四十五種，每種都驅動無數的網站，讓使用者可以共同寫作和編輯。網路上也能發表狀態更新、地圖位置和不完整的想法。此外，每個月光在美國，發表在 YouTube 上的影片就高達六十億，有相同興趣的人發表在同人小說網站上的故事則有數百萬個。分享組織的名單長到無法勝數：Yelp 的評論、Loopt 的位置和 Delicious 的書籤。

分享奠定了基礎，接下來就能晉升到社群參與的下一個層次：合作。當眾人一起朝著大規模的目標努力，群體的力量會產生群體的結果。業餘人士在 Flickr 上分享的照片超過三十億張，此外大家還協力標注了類別、標籤和關鍵字。社群裡的其他人把照片揀選成集。創用CC授權條款大受歡迎，表示在社群上（並非徹底的共產主義）你的照片就是我的照片。大家都可以使用照片，就像公社成員可以使用社裡的手推車。我不需要再去拍一張艾菲爾鐵塔的照片，因為社群可以提供拍得更好的照片。

演化把共生主義設計在生物學中，因為共生主義的好處帶來雙贏的結果。個人得益，團體也得益。今日的數位科技也在數個層次上出現了同樣的效應。首先，在臉書和 Flickr 等聚合網站中的社交媒體工具直接帶給使用者好處，他們可以設標籤、書籤、分等，把自己的資料歸檔好方便取用。他們花時間分類自己的照片，就能更方便地找到舊照片；這是個人得益。第二，個人的標籤、書籤和其他東西或許能方便其他使用者；一人的努力讓其他人使用影像時更不必費力。因此，個人得益時，整個群體同時得益。有了更先進的科技，群體共同的努力會出現額外的價值。比方說，許多遊客在同一個旅遊場景從不同的角度拍照，把所有的相片標記下來，或許能組合成令人讚嘆的立體成像。光靠一個人或許做不到。

貢獻給社群新聞網站的認真業餘作家帶來的價值遠超過個人的獲益，但他們會繼續貢獻，一個理由是這些合作工具散發出來的文化力量。投稿人的影響遠遠超過個人的投票，社群的集體影響力並非按著投稿人的數目成比例增加。那就是社會組織的重點，總和的表現比組成部分更好。科技醞釀的力量就在這裡，即將浮現。

額外的技術創新可以讓為了特定目的而合作的過程增長為一種慎重的協力合作。看看那數百種自由軟體計畫，例如維基百科。在努力的過程中，經過微調的社群工具協調了成千上萬成員的工作，帶來高品質的產品。一項研究估計，Fedora Linux 9 軟體發行前，總共耗費了一個人六萬年的工作時間。全球各地約有四十六萬人目前參與了四十三萬項自由軟體計畫，數字非常驚人。人數幾乎是通用汽車公司員工數目的兩倍，但沒有主管。協作科技的成效太好，許多合作的人從未碰面，或許來自很遙遠的國家。

科技體中的共生主義趨勢讓我們朝著古老的夢想邁進：儘量抬升個人自主和群體工作的力量。誰會相信貧困的農夫能從地球另一端的陌生人處借到一百美元的貸款，然後還錢？那就是 Kiva 這個網站的用途，利用網際網路社群網站的共生主義科技，讓陌生人可以互相借款。每個公共健康照護專家都很有自信地宣稱，分享照片沒問題，但沒有人肯分享病歷。但在 PatientsLikeMe 這個網站上，父母把治療結果聚合在一起，提升自己的照護品質，證明集體行動可以戰勝醫生和個人的恐懼。愈來愈多人習慣分享想法（推特）、在讀什麼書（StumbleUpon 推薦引擎）、財務（Wesabe 記帳網站）、所有一切（網路），已經變成科技體的基礎。

協調不是新的概念，但有一度很難讓全體一起執行。合作不是新的概念，但很難到達數百萬人的規模。有了人類之後就有分享，但陌生人很難彼此分享。共生主義不斷提高，從生物學延伸到科技體，指出另一波社交性以及社會主義即將現身。現在我們用科技來協力打造百科全書、通訊社、影片檔案和軟體，參與者遍布五大洲。橋梁、大學和特設城市也能用同樣的方法建造嗎？

在上一個世紀，每天都有人問，自由市場有什麼做不到？我們列下長長一串問題，似乎需要理性規畫或父權政府來解決，而不是運用市場邏輯驚人有力的發明。在大多數情況下，市場解決方案的效果顯然更好。把市場力量釋放到科技體中，造就了近幾十年來的繁榮。

現在我們想用同樣的方法來運用近來浮現的協力科技，用這些技術來滿足愈來愈多的願望，或許也能處理自由市場無法解決的問題，好看看這些科技是否有效。我們問自己，科技共生主義有什麼做不到？到目前為止，結果令人吃驚。幾乎在每個轉折點，社交化的力量（分享、合作、協力、開放性和透明度）都證明了實用度超過大家的想像。每一次的嘗試，都讓我們發現共生主義的力量比我們想像的更強大。每次重新發明某樣東西，就會提高其共生程度。

美

大多數演化出來的事物都很美，演化到了頂點的最美。今日每種生物都從四十億年的演化中獲益，從球狀矽藻到水母到美洲豹，呈現出來我們視為美的深度。因此我們會受到自然生物和材質的吸引，也正因如此，很難創造出帶有類似光澤的合成物品。（人類的面孔美麗則是完全不同的現象。臉孔愈接近標準的中等容貌，會讓我們覺得愈有吸引力。）生物的複雜歷史賦予一種神態，不論靠多近，都經得起考驗。

我在好萊塢做特效的朋友為《阿凡達》和《星際大戰》系列等電影創造出栩栩如生的虛擬生物，他們也有同樣的想法。一開始時他們會按著物理學的邏輯來設計虛構的生物，然後做舊以平添美感。二〇〇九年的電影《星際爭霸戰》中，冰凍星球上的怪獸一度是白色（在虛擬演化的過程中），但之後在雪白世界裡變成最頂級的掠食者後，再也不需要掩護色，因此身上有的地方就變成了亮紅色，展現優越的地位。同樣的生物一度有幾千隻眼睛，在電影裡看不到，但這些器官會影響牠的外型和行為。在銀幕上觀賞時，這奇幻演化的結果在我們心目中「解讀」成可靠的、美麗的。有時候導演甚至會把生物的發展從某個設計師轉給另一個，風格就不會那麼單一，而能給人更深刻、更錯綜複雜、演化更久的感覺。

創造世界的法師用同樣的方法創造出美好的事物。他們疊上「小插件」（greeblies），讓道具有種仿真的重量，或複雜的表面細節，反映出虛構的歷史。在最近一部電影中為了造出令人咋舌的電影城市，他們依據故事背後的故事，描述過去的災難和重生，用腐朽的底特律建築物照片搭配現代的結構。細節的解析度和具有歷史意義的層次比起來，後者比較重要。

真實的城市也會展現出同樣的原則，演化帶來美感。在歷史上，人類都覺得新的城市很醜陋。多年來，許多人對拉斯維拉斯望而卻步。幾百年前，新風貌的倫敦在大家眼中難看到可憎的地步。但過了數代，倫敦的每個都會街區每天都要接受考驗。能發揮效用的公園和街道留下來，無用的則被拆除。建築物的高度、廣場的大小、懸挑物的斜度都經過改變調整，符合當前的需要。但並非所有不完美的地方都移掉了，也不可能全部移掉，因為城市有許多面向要改變其實不容易，比方說街道的寬度。因此都會裡逐步改變的過程和建築的補整會經過好幾代，讓城市的複雜度提高。在大多數真實的城市中，例如倫敦、羅馬或上海，最窄的巷道被搶占，然後改成公共空間使用，最隱蔽的地方變成商店，橋下最潮濕的拱門也住了人家。幾個世紀後，這不斷填滿、替換、更新和複雜化的過程（也就是演化），創造出令人非常滿意的美學。威尼斯、京都、伊斯法罕等以美出名的地方也會揭露出複雜交錯的悠久歷史。城市的久遠歷史藏匿在每個角落，宛若立體浮現的影像，經過時或許能瞥見。

演化並不只是複雜化。一把剪刀或許經過高度演化，非常美麗，而另一把剪刀卻不美。兩把剪刀都需要兩塊可以搖擺的金屬片，中間接合在一起。但高度演化的剪刀，剪了數千年而累積下來的知識留存在剪刀經過鍛造精鍊的外型上。金屬中細微的扭轉蘊含了相關的知識。我們庸俗的心智無法解讀為什麼，但那古老的學問在我們心目中很美。主因並不是平滑的線條，而是經驗的順利傳承。吸引人的剪刀、漂亮的槌子、豪華的汽車，外型中都含有祖先留下來的智慧。

演化之美對我們施了魔咒。根據心理學家佛洛姆和知名的生物學家威爾遜指出，人類天生就有親生命性，一生下來就深受生物吸引。這固有遺傳下來對生命和生命過程的喜好培育人類更熟悉自然，因此前人能存活下來。學習到荒野中的祕密，讓我們充滿喜悅。人類祖先世世代代在林中行走，尋找夢寐以求的藥草，或追蹤少見的綠色青蛙，感到滿心歡喜；問問採集狩獵的人在野外消磨的時光吧。懷著滿腔熱愛，我們發現每種生物都慷慨付出，還有生物教導我們的偉大課程。愛意仍瀰漫在我們的細胞中。這就是為什麼我們會在都市裡養動物伴侶和種盆栽，即使超市的食物比較便宜仍要自己種菜，喜歡在擎天大樹下靜坐沉思。

但同樣地，我們天生也有親科技性，受到科技吸引。從聰明的人族轉變成智人，中間的促成因素就是人類的工具，在人類的核心，我們天生就喜愛人造物品，就某種程度來說因為人也是造出來的。也因為所有的科技都是我們的下一代，所以我們愛自己的孩子，每個都愛。我們不好意思承認，但至少在某些時刻我們對科技充滿熱愛。

工匠一定很愛自己的工具，啟用時有特定的儀式，不讓沒有經驗的人亂碰。工具是很私人的物品。當科技的規模超越人手，機器變成共同的體驗。到了工業時代，一般人也有不少機會接觸到愈來愈複雜的科技，比他們看過的自然生物更大，讓他們屈服於機器的影響下。一九〇〇年，歷史學家亨利亞當斯到巴黎參觀萬國工業博覽會，而且進場不只一次，有座大廳展示驚人的新電動發電機（馬達），令他流

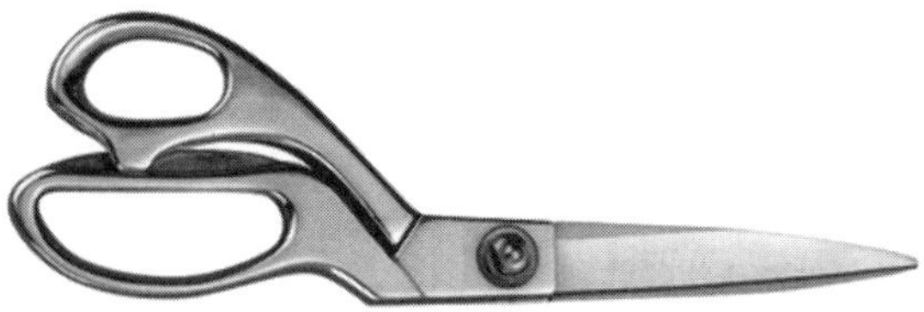

人體工學剪刀。高度演化的裁縫剪刀，用來在桌子上剪布。

連忘返。他以第三人稱寫信給自己，重述啟蒙的經過：

〔給亨利亞當斯〕發電機變成了無限的象徵。愈來愈習慣展示機器的長廊後，他開始感受到四十英尺高的發電機是一股道德力量，宛若早期的基督徒對十字架的感受。地球本身的自轉和公轉很守舊、很從容，和這巨大輪子比起來，似乎沒能留下那麼深刻的印象，輪子旋轉的範圍在我們觸手可及的距離內，速度快到令人眼花，而且幾乎沒有噪音，鮮少會哼出一聲聽得見的警告，要人站遠一點，尊重它的力量，卻不會驚醒躺在骨架旁的嬰孩。在結束前，禱告也開始了。

將近七十年後，加州來的作家蒂蒂安前往胡佛水壩朝聖，這次旅途被她寫入《白色相簿》散文集。她也感受到發電機有心臟。

一九六七年的那個下午，我第一次看到胡佛水壩，從那時候起，水壩的影子從未全然離開我內心的眼睛。假設我在洛杉磯（或說是紐約吧）跟別人談話，突然之間，水壩的形象浮現，那純樸的凹面閃耀著白色的光澤，對照著幾百幾千英里外我眼前岩石峽谷上粗糙的鐵鏽色、褐灰色和淡紫色。

……再次去水壩參觀，我和墾務局的人一起走完全程。幾乎沒看到其他人。頭上的起重機似乎有自由意志，任意移動。發電機轟鳴。變壓器嗡嗡作響。腳下的格柵不斷振動。我們看著重達百噸的鋼軸俯衝到水面上。最後我們下到靠近水面的地方，從米德湖吸進來的水怒吼著穿過三十英尺高的水門，然後進入十三英尺高的水門，最後進入水輪機。墾務局的人說：「摸摸看。」我伸手摸了，然後傻站著，手留在水輪機裡。很特別的時刻，但是僅止於此，別無他想。

……走過大理石星圖，上面描繪出春秋分點和方位的恆星運轉軌道，涵蓋從古至今，只要看得懂星圖的人就能看懂，墾務局的人也告訴我水壩落成的日期。他說過，當我們全都離開人世，而水壩依然留存，那時星圖就能派上用場。他說的時候我沒想太多，但後來回想起來，記憶中有嗚咽的風聲，太陽落到台地後方，那是宇宙間最後一次日落。當然那就是我一直看到的影像，看得到卻不明白自己看到了什麼，原來是脫離人手操作的發電機，最終孑然孤立，光輝燦爛，把動力和水源傳送到一個沒有人的世界裡。

當然，水壩令人畏懼厭惡，同時也引發敬畏和讚美。飛騰暴漲、令人屏息的水壩讓一心一意想回家的鮭魚和其他要產卵的魚類找不到路，同時不加選擇地淹沒所有人的家園。在科技體中，強烈的反感和敬畏常常齊頭並進。我們最龐大的科技創造在那方面跟人類一樣；它們引發出最深刻的愛與恨。另一方面，紅杉木蓋成的教堂卻不會讓人覺得討厭。在現實中，包含胡佛水壩在內，沒有一座水壩能在恆星下永存不朽，因為河流有自己的想法；河流把泥沙堆積在水壩的地基旁，最後河水就能攀過水壩。但人造的事物依然聳立時，總能贏得我們的讚嘆。我們認同永久運轉的發電機，因為這認同應該發自內心。

對人造事物的熱情如野火般蔓延。幾乎所有人造物品都有愛慕者。汽車、槍枝、餅乾罐、捲線器、餐具，能想到的都算。時鐘「難以駕馭的精巧、熱情和實用性」抓住了某些人。有些人則覺得吊橋或者高速飛機（SR71黑鳥式偵察機或接下來的新版本）是人造物的極致。

有人很崇敬科技產品的特殊樣本，麻省理工學院的社會學家特克稱之為「啟發情感的物品」。科技體的這些小東西等於圖騰形象，被當成身分、抒發或想法的開端。醫生或許很愛自己的聽診器，是身分識別，也是工具；作家或許會特別珍愛某支筆，感受到那順手的重量自動寫出字來；快遞員或許很愛自己的無線電，喜愛它得之不易的細微差別，宛若通往其他領土的神奇門戶，只為他一個人敞開；程式設計師很容易愛上電腦最基本的操作程式碼，因為它充滿了基本的邏輯之美。特克說：「喜愛的物品變成思緒的源頭，我們也愛有助於思緒的物品。」她猜想，大多數人都有某種科技可以當成自己的試金石。

我就是這種人。我會承認我熱愛網際網路，再也不覺得尷尬。或許我愛的是網路，反正就是我們上線後去的那個地方，我覺得美極了。愛上某個地方，會愛到犧牲生命來保護它，人類可悲的戰爭歷史就證實了這一點。第一次上網的經驗讓我們看見網際網路是分布範圍廣泛的電動發電機（可以接通的東西），事實也果真如此。但網際網路成熟後，比較像一個科技性的場所；或像地圖上未標明的野生領域，你真有可能在裡面迷路。有時候我上網只是為了迷失在裡面，臣服的感覺很愉快，網路吞噬我的確信，帶來未知的結果。雖然人類創造者費了不少心思去設計，網路仍是一片荒原。沒有已知的界限，神祕之處數也數不完。糾纏不清的想法、連結、文件和影像宛若荊棘，形成的異物如叢林般難以穿越。網路散發出生物的氣息。博學多聞。連結的藤蔓迂迴滲入一切，到處都是。網路現在比我寬闊得多，也比我能想像的寬闊得多；因此，雖然我身陷其中，我也跟著放大了。離開了網路，彷彿失去了肢體。

網路惠我良多。網路是固定不變的捐助人，永不離開。我用顫抖的手指撫摸它，它像愛人一樣服從我的欲望。機密？找得到。預言？找得到。神祕地點的地圖？找得到。網路很少讓我們失望，更不可思議的是，似乎一天比一天更好。我想要繼續沉浸在其深不可測的富足中。留下來。被包圍在如夢幻般的擁抱中。臣服於網路，就像參與原始的徒步旅行。夢境令人欣慰的不合邏輯成了主宰，在夢中你從某一頁某個想法跳到另一個。一開始在螢幕上，你在墓園裡，眼前有台用磐石雕刻出來的汽車；下一刻則有個人用粉筆把新聞寫在黑板上，然後你在監獄裡，旁邊有個哇哇大哭的嬰兒；接下來戴著面紗的女人長篇大論地演講告解的好處；接著城市裡的大廈樓頂碎裂成無數的碎片，慢動作隨風而逝。今天早上才上網幾分鐘，我就看到了這些如夢境般的時刻。網路的白日夢影響了我的夢，觸動了我的心。貓咪沒辦法告訴你到陌生人的家要怎麼走，你卻真的很愛貓，那麼為何不能愛網路呢？

科技體固有的美驅動了我們的親科技性。無可否認地，之前在開發的最原始階段，這種美還不夠美，被隱藏起來了。工業化始於生物學，但和母體相比，很骯髒、很醜陋、很愚笨。科技體的那個階段仍有很多東西留了下來，繼續噴散醜陋。我不知道這種醜陋是不是科技體成長必經的階段，也不知道比我們更有智慧的文明能否更早加以馴服，但科技之弧的起源是生物的演化，現在速度加快了，表示科技體含有所有生物與生俱來的演化之美，等待發掘。

科技想要脫離功利主義，想要變成藝術，變得美好且「無用」。由於科技誕生於用途，這是一段很長的旅程。實用的科技愈來愈成熟，也可能變得愈來愈具娛樂性。帆船、敞篷車、鋼筆和壁爐就是很好的例子。燈泡已經這麼便宜了，誰猜得到仍有人會點蠟燭呢？但點蠟燭現在是個奢華無用的象徵。今日工作最努力的科技未來會達到美好無用的境地。或許再過一百年，大家隨身攜帶「電話」，只是因為他們喜歡帶個東西，即使他們可能用身上的某個配件連線上網。

在未來，我們發現自己更容易愛上科技。機器在演化中繼續前行，就能贏得我們的歡心。不管你喜不喜歡，像動物的機器人（一開始可能是當我們的寵物）會得到人類的喜愛，即使那些一點也不像生物的已經大受歡迎了。網際網路也有可能變成熱愛的對象。跟很多喜愛的事物一樣，一開始時或許是痴迷和沉溺。全球的網際網路如生物般互相依賴，慢慢出現知覺能力，變得難以駕馭，而這無法無天的特質引發了我們的喜愛。我們深受網路之美吸引，而美的地方正在演化中。

人類是地球上最複雜、最高度演化的生物，所以我們完全以這個形式為模仿對象（很自然），但親科技性基本上不針對人類，對象是所有高度演化的事物。

人性最先進的科技很快就會脫離模仿，創造出顯然非人類的智慧和顯然非人類的機器人，以及顯然不是來自地球的生物，這些都會散發出演化上的吸引力，讓我們目眩神迷。

因此，我們更容易承認自己對科技的喜好。此外，數千萬的新製品到來的速度增快，會讓科技體更有層次，雕琢現有的科技，增添更多歷史，加深內在知識的組織層次。年復一年，科技不斷進步，會變得愈來愈美好。我願意斷言，在不久的未來，科技體修補了某些地方後，壯麗程度可匹敵自然世界的光彩奪目。我們會吟誦科技的魅力，對其微妙之處嘖嘖稱奇。我們會帶著下一代去欣賞科技之美，或靜靜坐在科技的高塔下。

知覺能力

岩蟻個頭很小，在螞蟻界也算小了，一隻螞蟻大概只有書頁上的逗點這麼大。牠們的蟻巢也很小，一個巢裡約莫有一百隻工蟻加一隻蟻后，通常在崩裂的岩片間築巢，因此叫做岩蟻。一整群岩蟻可以裝進玻璃錶盒裡，或載玻片一英寸大的蓋子上，通常在實驗室裡也會用載玻片的蓋子培養岩蟻。岩蟻大腦內的神經元不到十萬個，小到幾乎看不見。但是岩蟻大腦進行計算的技藝非常驚人。為了評估某個地點是否適合築巢，岩蟻能在黑暗中測量空間大小，然後計算（真的計算，不是打比方）此處的容積以及有利條件。岩蟻熟悉這套數學伎倆已經幾百萬年了，而人類到了一七三三年才發現。岩蟻會在空間的地面上留下一條有氣味痕跡的基準線，「記錄」那條線的長度，然後在地面上畫出其他的對角線，數數看會跟氣味的蹤跡交錯幾次，藉此估算出空間的面積，即使形狀不規則也沒問題。空間的面積恰好跟交叉次數與基準線長度的乘積成反比。也就是說，岩蟻在貫穿對角線時，發現了近似圓周率的值，而現在我們知道這個技巧在數學裡稱為「浦豐的針」。在可能建造蟻巢的地方，岩蟻用身體計算出淨空高度，然後「乘」上計算出來的面積，算出洞穴的容積。

但這些小小的螞蟻腦還有其他招數。牠們會測量入口的寬度和數目、光線量、到鄰近蟻巢的距離，以及空間的衛生程度。然後清點這些變數，用類似電腦科學中「權重加總法」的模糊邏輯公式，計算出可能建造巢穴的地點有利分數多高。一切，只靠十萬個神經元。

動物腦數量眾多，就連相當駑鈍的都能讓人稱奇。亞洲象會剝下樹枝做成蒼蠅拍，趕走在屁股上飛來飛去的討厭蒼蠅。海狸只是囓齒類動物，但我們知道牠們會在建造水壩前儲備建材，表示牠們能預料到未來的念頭。甚至能想辦法防止水壩洩洪到稻田裡，比人類還聰明。另一種能思考的囓齒類是松鼠，智力常常勝過擁有大學學位的郊區居民，搶走後院鳥兒餵食器的主控權。（我常跟我的黑松鼠愛因斯坦作戰。）肯亞的嚮蜜鴷會引人找到野蜂巢，等人取走蜂蜜，牠們就可以享用剩下的蜂巢，鳥類學家說，有時候嚮蜜鴷會「欺騙」獵人，如果蜂巢在兩公里以外的地方，牠們會騙人實際距離沒那麼遠，鼓勵他們繼續走。

植物也有種分散化的智慧。生物學家屈華瓦斯在他卓越的論文〈植物智慧面面觀〉中指出，植物展現出一種緩慢的解決問題能力，和我們對動物智力的定義若合符節。植物對周圍環境的感知非常細緻，會評估威脅和競爭，然後採取行動，適應環境或補救問題，也會預測未來的狀態。加快葡萄藤蔓探測鄰近地區動作的間隔定時短片讓我們清楚看到，植物的行為跟動物很像，但我們的生活步調太快，所以看不到。第一個觀察到的人或許是達爾文。一八二二年他寫道：「植物的根尖動起來很像低等動物的大腦，這麼說其實不誇張。」就跟敏感的手指一樣，根部擁抱土壤，尋找水分和營養物，就像草食性動物用鼻子挖土一樣。葉片跟著太陽走（向日性）好儘量曬到陽光，這種能力也能複製到機器上，只是要用非常精細的電腦晶片，跟大腦一樣。植物思考時不用到腦，而是透過能把分子信號轉變型態的巨大網路，不用電子神經傳輸和處理資訊。

植物展現出智慧的所有特質，但是植物沒有集中的大腦，而且一切都是慢動作。分散或緩慢的腦事實上在自然界相當常見，也出現在六大生物界的許多層級。用軟泥塑出巢穴，就可以在迷宮中用最短的距離找到食物，老鼠就是這樣。動物免疫系統的主要目的在於分辨敵我，記下曾在過去碰到的外來抗原。在達爾文定義的過程中，免疫系統會學習，就某種意義而言，也會預料未來的抗原變種。在動物界，集體智力的表現方式有數百種，包括社會性昆蟲知名的蟲巢意志。

資訊的操縱、儲存和處理是生活的重要主題。在演化歷史中，學習風潮一波一波出現，宛若等待釋放的力量。我們常認為人猿和猩猩的機靈程度幾乎跟人一樣，這種引人注意的智力不僅出現在靈長類動物身上，也至少出現在另外兩種沒有關聯的動物上：鯨和鳥類。

海豚很聰明的故事大家都聽過。海豚和鯨魚除了展現出智慧，偶爾也讓人發覺牠們和無毛的靈長類（也就是人類）具備相同的智慧風格。比方說，我們知道被馴養的海豚會訓練其他剛到池子裡來的海豚。但靈長類、鯨魚和海豚的共同始祖最近的也出現在兩億五千萬年前。靈長類和海豚之間的許多動物分科都沒有這一類的思維。我們只能臆測，這種智慧風格是獨立演化出來的。

鳥類也一樣。按智慧來衡量，烏鴉、渡鴉和鸚鵡是鳥類中的「靈長類」。牠們的前腦跟非人類的人猿猩猩一樣，相對來說比較大，而且腦部和身體的重量比例也跟靈長類差不多。跟靈長類一樣，烏鴉可以活很久，住在複雜的社會團體裡。新喀理多尼亞烏鴉跟黑猩猩一樣，會打造小矛來挖隙縫裡的蛆。有時候牠們會留下製好的矛，帶到別的地方去。用鴉科的灌叢樫鳥做實驗時，研究人員發現，如果第一次藏食物的時候，有別的鳥在看，樫鳥會把食物藏到新的地方，但只有被搶過的樫鳥會這麼做。博物學家奎曼認為，烏鴉和渡鴉的行為很聰明很特別，評估牠們的工作應該「由心理學家來進行，而不是鳥類學家。」

因此，吸引人的智慧獨立演化了三次：有翅膀的鳥兒、回到大海裡的哺乳類，以及靈長類。

但是，能散發魅力的智慧相對而言很稀少。可是不論到哪裡，智慧都是競爭優勢。我們看到智慧在各處重複出現、重新發明，因為在有生命的宇宙中，學習會帶來不同。在六大動物界的每一個地方，智慧都演化了很多次。事實上，多到似乎智力必然會出現。然而，雖然自然喜愛智力的程度超乎尋常，科技體卻超越了自然。科技體用投機取巧的方法孕育智力。所有我們造出來的發明物都是為了協助我們的大腦，比方說許許多多的儲存裝置、信號處理、資訊流動和分散的通訊網路，也是製造新智力的必備原料。因此，新的智力在科技體中以非凡的程度迅速萌發。科技想要正念。

渴望愈來愈強的知覺，在科技體中可以看到三種顯露的方法：

一、智力盡可能滲透所有的物質。
二、反熵繼續組織成更複雜的智慧類型。
三、知覺盡可能變成更多種類的智力。

科技體已經準備好攔截物質，重新安排原子，讓知覺滲入。頭腦似乎隨處都能誕生，隨處都能插入。心智的後代一開始時很小很不明顯，也不聰明，但微小的腦變得更好，更充足。二〇〇九年，刻在矽上的電子「腦」高達十億個。這些微小的腦有很多光一個裡面就包含十億個電晶體，而全球半導體產業的製造速度則是每秒三百億個？最小的矽腦含有最少十萬個電晶體，就跟岩蟻腦內的神經元一樣多。這些小小的腦子也能成就驚人的功績。微小的人造腦不比螞蟻腦大，它們知道自己身在何處，如何走回你家（全球定位系統）；它們記得你朋友的名字，會翻譯外國的語言。這些看不見的腦滲透了所有的東西：鞋子、門鈴、書本、燈具、寵物、床鋪、衣服、汽車、電燈開關、廚房器具和玩具。科技體若繼續盛行，某種程度的知覺便會進入所有創造出來的物品。再小的螺栓或塑膠旋鈕都會跟蟲子一樣，含有許多做決定的電路，因此從無生命變成有生命。這些科技腦（集合體）當中最厲害的一年比一年聰明，跟荒野中的數十億個腦不一樣。

我們看不見科技體中爆發出如此大量的智慧，因為人類對於跟我們不完全一樣的智慧總抱著嗤之以鼻的態度。除非人造腦的行為能跟人腦完全一樣，否則就不算聰明。有時候我們稱之為「機器學識」，不放在心上。因此，當我們沒注意的時候，數十億個如昆蟲般的微小人造腦進入科技體的深處，負責看不見的低調雜務，例如可靠地偵測信用卡盜用、過濾垃圾電子郵件、從文件讀取文字。這些不斷激增的微型腦在電話上執行語音辨識、輔助重要的醫學診斷、協助股市分析、為模糊邏輯設備提供動力、引導汽車內的自動排檔和煞車。少數實驗性的腦子甚至能自行開車走上一百多公里。

乍看之下，科技體的未來趨勢似乎是更大的腦子。但體積大的電腦不一定更聰明更敏銳。即使生物腦的智力確實更優越，腦子裡有多少個細胞並不是主因。在自然界中，動物腦大大小小都有。螞蟻的腦很小，重百分之一克；抹香鯨的腦重達八公斤，比螞蟻腦大十萬倍以上。但我們不清楚，把純粹的細胞數目當成比較規則，鯨魚是否比螞蟻聰明十萬倍，或人類是否比黑猩猩聰明三倍。我們巨大的人腦裝滿了無窮無盡的想法，只有抹香鯨腦的六分之一大；甚至比一般尼安德塔人的腦更小。此外，最近在印尼佛羅勒斯島發現的矮小人類腦部只有我們的三分之一大，或許智力也跟我們差不多。純粹的腦部規模和聰明程度之間的關聯並不明顯。

人類大腦的構造指出，或許在不同類型的大頭腦裡面能找到人工知覺的未來。一直到最近，傳統的看法認為特製的大腦袋超級電腦會先變成人工智慧的家，或許我們在家會用小電腦，也會把小電腦裝進私用機器人的頭部。小電腦跟機器人密不可分。我們便知道人類思維跟機器思維的交界在哪裡。

然而，過去十年來，Google 之類的搜尋引擎大大成功，表示即將到來的人工智慧很有可能不僅限於獨立的超級電腦，而會從數十億個中央處理器（我們所知的網路）構成的超級生物中誕生。執行的平台是全球的超大型電腦，涵蓋了網際網路、所有的服務、所有的周邊晶片和相關裝置（掃描器、衛星等等）和糾纏在全球網路中的幾十億人腦。能碰到這套網路人工智慧的裝置就可以分享智力，同時也做出貢獻。

這座龐大的機器目前已經出現了原始的型態。想想看全球已經上線的電腦構成的虛擬超級電腦。上線的個人電腦有十億台，就跟一台電腦中英特爾晶片裡的電晶體數目一樣。所有連線的電腦中的電晶體加起來，有十萬兆個（10^{17}）電晶體。這套全球虛擬網路有很多地方就像一台龐大無比的電腦，運作速度跟早期個人電腦的每秒周轉次數差不多。

這台超級電腦每秒要處理三百萬封電子郵件，基本上表示網路電子郵件的速度是三兆赫。即時傳訊的速度是一百六十二千赫，手機簡訊則是三十千赫。在一秒內，十兆位元的資訊就能流過超級電腦的樞鏈，每年會產生將近兩千萬兆位元組的資料。

遍及全球的超級電腦不僅容納筆記型電腦。今日也含有大約二十七億支手機、十三億台室內電話、兩千七百萬台資料伺服器和八千萬台無線掌上型電腦。每台裝置都是形狀不同的螢幕，讓我們得窺這座全球電腦。要有十億個視窗，才能模糊看見它在想什麼。

網路上有數以兆計的網頁。人腦則有一千億個神經元。每個生物神經元都會冒出突觸連結，連到其他幾千個神經元上，而每個網頁平均也會連到其他六十個網頁。加起來，網路上的靜態頁面間就有了上兆個「突觸」。人腦的連結大概是一百兆個，但人腦不會每過幾年就大小加倍，而全球超級電腦卻會不斷成長。

誰負責寫出軟體，讓這新奇的玩意有用又有生產力呢？正是我們每一個人，每天都在寫。在社群相簿 Flickr 上貼相片和加入相片標籤時，我們教會機器幫影像取名字。說明和圖片之間的連結愈來愈稠密，形成有學習能力的神經網路。想像一下，**每天**人類在網頁上點擊的次數高達一千億次，告訴網路我們認為哪些東西很重要。每次在字詞之間打造連結後，就教會網路新的想法。我們以為不費心思地逛網路或寫部落格只是浪費時間，但每次按一個連結，就強化了超級電腦中的某個節點，連上超級電腦的機器也因此被改寫了程式。

不論這種大規模知覺的本質是什麼，一開始在人類眼中甚至不算是智力。因為無所不在，本質遭到掩蓋。我們會把愈來愈強的聰明智慧用在所有單調無聊的雜務上：資料探勘、記憶存檔、模擬、預測、類型比對，但是，由於聰明智慧存留在程式碼的細小片段上，分散在全球各地不見天日的倉庫裡，缺乏聯合的形體，因此沒有面孔。你可以接觸到這種分散式智慧的方法有上百萬種，在地球上任何地方透過數位螢幕，因此很難說出一個定點。此外，由於這種人工智慧是人類智慧（包括過去人類學習到的，以及現代人類在網路上獲取的）和數位記憶的組合，沒辦法精準確定到底是什麼。是我們的記憶，還是眾人同意的說法？我們搜尋人工智慧，還是變成被搜尋的對象？

有一天，或許我們會在銀河中遇見外來的智慧。但在那之前，我們會在人類世界中製造出數百萬種新的頭腦。這是演化長期軌道中的第三道航線，目標是更強的知覺。首先，讓智慧滲入所有的物質。接下來，把這些嵌入的頭腦聚集在一起。第三，增加智慧的多樣性。智慧的種類或許會跟甲蟲的種類一樣多，非常有意義。

有很多理由要我們去建造出非常多種不同類型的人工智慧。專門的智慧會執行專門的工作，其他的人工智慧則是一般用途的智慧，用跟人類不一樣的方法完成日常的工作。為什麼？因為有差異，才有進步。我想，我們會大量製造的人工智慧其實只有一種，就是像人類的那種。要重新構造出能發育的人腦，只能用組織和細胞，但是生育嬰兒這麼容易，何必繞遠路呢？

有些問題需要好幾**種**不同的腦袋才能破解，我們的工作是要發現新的思考方法，把智慧的多樣性釋放到宇宙中。全球規模的問題需要某種全球規模的頭腦；用幾兆個活動中的節點構成的複雜網路需要網路智慧；例行的機器操作在計算時需要不屬於人類的精確。由於說到機率，我們的大腦就一無是處，發現能輕鬆處理統計學的智力確實能為我們帶來好處。

我們需要形形色色的思考工具。不使用電力、獨立運作的人工智慧跟具備蟲巢意志的超級電腦比起來，簡直寸步難行。前者學習的速度不夠快，範圍不夠廣泛，無法立刻接觸到六十億個人腦、幾百萬兆個線上電晶體、幾億兆位元組的真實資料，以及整個文明能自我修正的回饋循環，所以不夠聰明。但消費者仍可能選擇付出代價，使用比較不聰明的工具，換取在偏遠地區使用獨立人工智慧的機動性，或者有其他私人的原因。

目前我們對機器有偏見，因為我們用過的機器都不怎麼有趣；等機器的知覺增加，無聊的程度也會降低。但我們不會覺得每一種人造頭腦都具備同等的吸引力。我們覺得某些自然生物更具魅力，也是同樣的道理，有些頭腦就是比較有吸引力（吸引我們的思維），有些就是很乏味。事實上，許多最強大的智慧類型本質十分古怪，或許會讓我們產生反感。如果**什麼**都能記住，或許會讓人感到害怕。

科技想要什麼？科技想要愈來愈強的知覺。這並不是說演化只會讓我們朝著更普及的超級腦邁進。而是說，過了一段時間後，科技體很有可能自我組織成各種不同的頭腦，種類愈多愈好。

反熵的主要動力是為了揭開智慧的完整多樣性。每種思維不論放大到什麼樣的規模，都只能了解有限的東西。宇宙何其大，蘊含的祕密無窮無盡，因此需要形形色色的智力才能明白宇宙。科技體的責任便是要發明數百萬或十億種的理解能力。

聽起來神祕，事實上不然。將形成現實的資訊片段組合起來，便是高度演化的智力該做的事。當我們說，腦子理解後會產生秩序，就是這個意思。在反熵衝過歷史的同時，將物質和能量自我組織到更複雜的程度和更多的可能性，要創造秩序，心智是目前最快、最有效率、最懂得探索的科技。現在，我們的行星擁有植物模糊不清的智力、常見動物腦的多種展現方式，以及人腦永不休止的自我意識。就在一秒前，從宇宙的角度來說，人腦開始發明了第二代的知覺。他們把創造性套入了世界上最強大的力量，也就是科技，想要複製自己的訣竅。大多數這些新發明的腦袋不比植物更聰明，少數跟昆蟲一樣機伶，有幾個說不定以後會有更偉大的想法。而科技體持續組合如大腦般的網路，所形成的規模絕非一人能夠獨力完成。

在科技體軌道的另一頭，是上百萬種占據了微量物質的智力，有上百萬種新的思維，和形形色色的人腦一起構成全球思維，最終的目的是為了要了解自己。

結構

智人用了幾百萬年的時間演化，脫離人猿祖宗的模樣。在過渡到人類的時候，我們的DNA改變了幾百萬個位元。因此，用資訊累積的角度來看，人類生物演化的自然速率是每年約一個位元。現在，過了近四十億年一個位元一個位元的生物演化後，我們解開束縛，讓演化變身，這種演化型態使用語言、書寫、印刷和工具創造出大量的變種，也就是我們口中的科技。人猿時代人類一年只能改變一個位元，而現在，每年我們加入科技體的新資訊高達四億兆位元組，因此我們的科技演化速度比DNA的演化快上不知多少倍的速度。人類只要不到一秒的時間就可以處理DNA花了十億年來處理的資訊。

我們飛快累積資訊，快到資訊現在是地球上數量增加最快的東西。每隔二十年，美國郵政系統傳送的信件數量就會加倍，這個趨勢已經持續了八十年。相片影像（密度很高的資訊平台）的數目自從媒介在一八五〇年代發明以來，便呈指數成長。同樣地，一天內用電話通話的分鐘數，一百多年來也遵循指數型曲線。資訊流只有成長，沒有縮減。

Google的經濟學家范里安和我做了一次計算，幾十年來，全世界的資訊總量以每年增加百分之六十六的速率成長。和這個爆炸性的數字相比，水泥或紙張等最普遍的製品幾十年來每年只增加百分之七。資訊的成長速率幾乎比地球上其他的製品快了十倍，甚至比同樣規模的生物成長還要快速。

用發表的科學論文數目來測量科學知識的量，自一九〇〇年以來，每十五年就會加倍一次。如果我們只算出版的期刊數目，會發現自科學開始的一七〇〇年代以來，期刊的數目也呈指數成長。我們製造出來的每樣東西都會產生一個品目，以及和品目相關的資訊。即使我們從創造某項資訊性物品開始，也會生出和其資訊相關的更多資訊。長期的趨勢很簡單：和過程相關並來自過程的資訊會比過程本身成長得更快。因此，資訊的成長速度會繼續超越我們所製造出來的東西。

科技體基本上是個系統，從資訊和知識爆發後累積下來的成果得到養分來源。同樣地，生物也是系統，組織流過自身的生物資訊。我們可以把科技體的演化解讀為自然演化啟動的資訊結構變得愈來愈龐大。

這個不斷擴大的結構在科學中最為明顯。雖然也有浮誇的說法，但科學的建構並不是為了增加資訊的「真實性」或總量。我們產生了和世界相關的知識，科學的設計，是為了提高知識的次序和組織。科學創造出「工具」，包括用來操縱資訊的技巧和方法，以便能測試、比較、記錄、有次序地回想資訊，並和其他知識建立關聯。「真實」其實只是一個手段，衡量特定的事實如何能發展、延伸和互相連接。

偶爾我們會提起一四九二年「發現了美洲」、一八五六年「發現了大猩猩」或一七九六年「發現了疫苗」。然而，疫苗、大猩猩和美洲在「發現」前沒有人知道。哥倫布到達美洲前，原住民已經在當地住了一萬年，他們對美洲大陸的探索早已超越了歐洲人。有些西非部落早已熟諳大猩猩的存在，也熟悉很多尚待「發現」的靈長類動物。歐洲的酪農和非洲的牧人早就發現相關疾病給人保護的預防效果，只是他們沒有起名字。同樣的論證也適用於可以放滿整座圖書館的知識：藥草知識、傳統做法、心靈洞察，原住民和老百姓早就熟知許久，卻等待菁英人士來「發現」。這些被信以為真的「發現」似乎發揚了帝國主義，降低當地人的身分——通常也沒錯。然而，有個合理的方法可以宣稱哥倫布發現了美洲，法裔美籍的探險家杜謝呂發現了大猩猩，金納發現了疫苗。他們「發現」了當地人之前就有的知識，但他們將其加入不斷增長、有結構的全球知識庫。現在我們則把那累積下來的結構化知識叫做**科學**。在杜謝呂去加彭探險前，只有當地人才知道大猩猩的存在；當地部落對這些靈長類動物非常熟悉，但他們的知識並未融入科學對所有其他動物的知識中。和「大猩猩」有關的知識仍未進入結構化的已知範疇。事實上，在動物學家把杜謝呂的大猩猩標本弄到手前，科學界認為大猩猩跟大腳雪人一樣是神祕的生物，只有沒受過教育、容易上當的當地人才看得到。杜謝呂的「發現」事實上是科學的發現。動物標本含有極少的結構資訊，正符合動物學檢驗過的系統。一旦存在變成「已知」，關於大猩猩行為的必要資訊和自然歷史就有可能擴張。同樣地，某地的農夫知道牛痘可以預防天花，但只有當地人知道，並未和其他人的醫藥知識連接起來。因此治療的方法沒有外人知道。金納「發現」牛痘的效果時，他吸收當地的知識，把效果連結到醫學理論以及科學對感染和細菌的貧乏知識。應該說他「連結」疫苗，而不是「發現」了疫苗。美洲也一樣，哥倫布的遭遇讓美洲出現在世界地圖上，把美洲和世界已知的其餘地方連結起來，將其固有的知識體融入驗證過的知識慢慢累積、聯合起來的主體內。哥倫布把兩塊知識大陸結合成繼續成長的一致結構。

科學會吸收地區性的知識，但反向卻行不通，因為科學是我們發明用來連接資訊的機器。我們建造科學，將新知識和舊的網路整合。如果新的看法提出來時，有太多不符合已知事物的「事實」，那麼要等到這些事實都有了解釋，新的知識才會為人接納。（這個說法把孔恩推翻科學典範的理論過度簡化了。）新理論不需要解釋所有預料不到的細節（事實上也很難做到），但必須融入既有的秩序，且達到某種滿意度。每一段猜測、假設、觀察都受限於仔細檢查、測試、懷疑和驗證。

統一的知識由複製、印刷、郵政網路、圖書館、索引、目錄、引用、標籤、交叉參照、書目、關鍵字搜尋、注釋、同儕評論和超連結等科技機制構成。每一項和知識有關的發明都擴展網路上可以驗證的事實，把一小段知識連結到另一段。知識因此變成網路現象，每項事實都是一個節點。我們說知識增加時，不僅是事實的數目增加，也因為事實之間的關係數目和強度增加了，第二個原因尤其重要。相關性為知識帶來力量。我們對大猩猩的理解加深了，也更能發揮效用，因為牠們的行為經過比較、索引和比對，和其他靈長類的行為建立了關聯。知識的結構擴張了，因為大猩猩的構造和其他的動物產生關聯，牠們的演化整合到生命之樹內，牠們的生態和其他共同演化的動物產生了連接，有很多不同的觀察家注意到牠們的存在，最後，和大猩猩有關的事實被納入知識的百科全書後，有數個相互交叉和自行校準的方向。每一次啟蒙，除了強化和大猩猩有關的事實，也讓整體的人類知識更有力量。這些連接的力量就是我們所謂的真實。

今日，仍有不少知識尚未建立關聯。原住民部落長久以來，近距離擁抱自然環境，獲得了傳統智慧獨有的資源，而這種資源很難（或者根本不可能）離開原生的環境。在他們的系統中，敏銳的知識緊密纏繞在一起，但和其餘人的集體知識卻沒有關係。很多通靈的知識大同小異。在現代，科學沒有方法能接納這些屬靈的資訊並將其納入目前已經融通的知識裡，因此相關的真實仍「未經發掘」。某些邊緣科學，例如第六感，一直留在邊緣，因為相關的發現在它們自己的架構中十分連貫，但無法融合到更大規模的已知事實中。不過，更多事實會及時進入這個資訊結構。更重要的是，把資訊結構化的方法本身也在演進，結構也改變了。

知識的演化一開始只是很簡單的資訊排列。最簡單的組織就是事實的發明。事實上，事實由發明而來，並非靠著科學，而是靠著一五〇〇年代的歐洲立法系統。在法庭上，律師必須把眾人同意的觀察制定為之後不能改變的證據。科學採用了這項實用的創新。過了一段時間，可以用來排列知識的新奇方法增加了。把新資訊和舊知識建立關聯的複雜機構便是我們口中的科學。

科學方法並不是一個統一的「方法」，而是集合了已經演化好幾個世紀的技巧和過程（並且還會繼續演化）。每個方法都是一小步，逐漸提高社會中知識的一致性。科學方法中少數發展性較高的發明物包括：

西元前二八〇年　**將書籍編目的圖書館**（位於埃及的亞歷山大港），可用索引來搜尋有紀錄的資訊

一四〇三年　眾人合力寫成的**百科全書**，集合許多人的知識

一五九〇年　培根使用的**控制實驗**，改變測試中的一個變數

一六六五年　**必要的重複性**，波以耳認為實驗結果必須能夠重複，才算有效

一七五二年　**同儕評論審閱的期刊**，為共享的知識加上一層確證和批准

一八八五年　**盲目隨機的設計**，用來減少人類偏見；隨機性是一種新的資訊

一九三四年　**可以否定的可檢驗性**，波普爾的概念，有效的實驗都必須有種能讓實驗失敗的方法，而且這種方法可以通過檢驗

一九三七年　**受控制的安慰劑**，讓實驗更加精細，消除參與者有偏見的知識可能帶來的影響

一九四六年　**電腦模擬**，創造理論和產生資料的新方法

一九五二年　**雙盲實驗**，更進一步改善、消除實驗者的知識可能帶來的影響

一九七四年　**綜合分析**，在指定領域中，對之前所有的分析進行第二級分析

這些指標性的創新攜手創造出現代的科學研究方法。（先後次序或許會有點不同，但我不在意，因為就本書目的而言，確切的日期並不重要。）今日的典型科學發現要依賴事實和可以否定的假設，在能重複、受控制的實驗中接受測試，或許也有安慰劑和雙盲控制，並在經過同儕評論的期刊中發表，在放了相關報告的圖書館中加上索引。

科學方法跟科學本身一樣，是累積而成的結構。新的設備和工具增加了組織資訊的新方法。最近的方法以早期的技術為基礎。科技體不斷增加事實間的連接，及想法之間更複雜的關係。這短短的時間軸讓我們清楚看到，在我們心目中認為「就是」科學方法的許多重大創新都是最近出現的。比方在經典的雙盲實驗中，受試者和測試者都不知道用了什麼治療法，這種實驗方法到一九五〇年代才發明出來。一九三〇年代，才開始有人用安慰劑。很難想像今日的科學沒了這些方法會變成什麼樣。

這些最近出現的方法讓我們疑惑接下來會發明哪些「必要的」科學方法。科學的本質仍在流動；科技體正在快速發現增加知識的新方法。考慮到知識加速、資訊爆炸和進步的速度，在接下來的五十年內，科學過程的本質會經歷的變化將會超過過去四百年來的演變。（幾個可能出現的新方法：納入負面結果、電腦驗證、三盲實驗、維基日誌。）

科技位於科學自我修正的核心。新工具讓我們有新方法來發現，用不同的方法組織資訊。那稱為組織知識。科技創新出現後，人類知識的結構也會演化。科學的成就在於發現新事物；科學的演化是為了用新方法組織發現的成果。工具的組織本身也是一種知識。目前，隨著通訊科技和電腦的進步，我們得到新的學習方法。科技體的軌道向前推，更進一步組織我們產生出來的大量資訊和工具，讓人造的世界更結構化。

演化能力

自然演化是調適系統（此處指生物）尋找新生存方式的方法。生物嘗試了不同大小的細胞、圓形或長形的軀幹、緩慢或快速的代謝、去掉腿或裝上翅膀。大多數生物遇到的形式只能存活短短的時間。但過了無數的歲月後，生物系統選定了非常可靠的形式，比方說球形的細胞或DNA染色體，奠定了穩定的平台，能夠實驗更多的創新。演化會尋找能讓搜尋遊戲不斷進行的設計。因此，演化也要演化。

演化的演化？聽起來像是廢話。乍看之下，這個想法有點矛盾（自我牴觸）或冗贅（不必要的重複）。但再仔細看看，「演化的演化」並不比「網路的網路」冗贅，而後者正是網際網路。

生物持續演化了四十億年，因為生物發現了可以提高演化能力的方法。一開始的時候，有可能出現的生物並沒有多大的空間。變化的餘裕很小。比方說，早期的細菌能改變基因、變化基因體的長度，以及和其他細菌交換基因。演化了幾十億年後，細胞仍能變化和交換基因，但也能重複整個分子（比方說昆蟲一節一節重複的肢體），也能管理自己的基因體，關閉或打開特定的基因。演化中出現有性生殖後，細胞基因體裡的整個基因「詞」能夠用混搭的方法重新組合，比一次單單改變一個基因「字母」更快達成改善的目的。

在生物剛開始出現時，分子必須接受自然的選擇，之後選擇的對象變成整體的分子，最後則是細胞及細胞群體。到了最後，演化從總體中挑選生物，偏好適應力最強的。因此生物出現了幾十億年後，演化的焦點向上移到更複雜的結構上。也就是說，過了一段時間，演化過程變成許多不同的力量聚集在一起，在不同的層次發揮作用。演化系統的竅門慢慢累積下來，獲得了形形色色適應和創造的方法。想想看，要是有種生物能自由變化形體，在變化時也改變周圍的區域！誰能跟得上這樣的變化？如此一來，演化從自身獲得力量，從不停止自我改變。

但上述說法無法抓住這個趨勢的精髓。沒錯，生物得到了不只一種的適應方法，但實際上改變的卻是生物的演化能力，也就是創造變化的習性和靈活度。或可說是生物的易變化性。演化的聚合過程正在演化，也演化出更高的演化能力。演化能力提升，有如在電動遊戲中找到升級的門戶，進入更複雜、速度更快的等級，還充滿了預料不到的力量。

拿雞來打個比方好了，自然生物就是基因能繁殖出更多基因的機制。從基因自私的觀點來說，能產生並存活的生物（雞群）數目愈多，這些基因就愈普及。我們可以把生態系統看作演化自行傳播和成長的工具。少了為數眾多的多樣化生物，演化就無法演化出更高的演化能力。因此演化產生了複雜度和多樣性，還有數百萬種生物，以便為自身提供原料和空間，演化成更強大的演化工具。

「某物要如何在這個環境中生存？」如果把每一種生物都想成這個問題的答案，演化就成了公式，提供用物質和能量來賦予形體的具體答案。我們或許會說，演化是尋找生命解答的方法；不斷嘗試各種可能，藉此尋找出最有效的設計。

從開始到現在的四十億年間，演化用來尋找解答的訣竅沒有一種能超越頭腦。人類和其他生物的知覺能力給予生物極快速的方法學習和適應。聽起來應該不奇怪，因為智力的發展是為了找到答案，而找到答案的關鍵或許是要用什麼方法學得更快更好，才能生存下去。如果頭腦適合用於學習和適應，那麼學習如何學習，會加快你的學習速度。因此生物有了知覺，演化能力也能大大提升。

演化能力不斷擴展，最近的延伸則是科技。人腦會探索可能性的空間，改變搜尋解答的方法，用的就是科技。過去一百年來科技在地球上帶來的變化就跟生物在過去十億年帶來的變化一樣多，這種說法早就是老生常談了。

說到科技，我們可能會想到煙囪和閃爍的燈光。但長期而言，科技只是演化的進一步演化。科技體延續了四十億年來不斷追求更高演化能力的力量。科技體在宇宙中發現了全新的形式，例如生物演化無法發明的軸承、無線電和雷射。同樣地，科技體也發現了全新的演化方式，是生物無法達成的。演化改變了生物，同樣地，科技演化利用其多產的力量，演化得更廣更快。「自私」的科技體產生出數百萬種器具、技術、產品和精巧的發明，以便有足夠的原料和空間來繼續演化自身的演化能力。

演化的演化就是變化的二次方。現在大家都由衷感受到，科技變化如此快速，我們根本想像不到三十年內會發生什麼事，更不用說一百年了。有時候我們覺得科技體像個黑洞，充滿不確定性。但人類已經體驗過好幾次類似的演化變革。

我在前面說過，第一次是語言的發明。語言讓人類放下演化的重擔，脫離遺傳特徵的束縛（對其他大多數生物來說，遺傳特徵是唯一的演化學習路線），讓語言和文化流傳人類共同學習的結果。第二項發明則是書寫，讓想法更容易傳播到不同的時空，改變人類學習的速度。解決方法可以保存在耐用的紙張上，傳送到其他地方。人類演化因此大幅加速。

第三項變遷是科學，或者該說科學方法的結構。這項發明讓更偉大的發明得以出現。不再仰賴隨意的成功機率或不斷嘗試和接受錯誤，科學方法有條不紊地探索宇宙，有系統地發表新奇的想法。透過科學方法，發現的速度沒快上一百萬倍，起碼也快了一千倍。科學方法的演化讓我們現在能享受到呈指數成長的進步。毫無疑問地，科學揭開了新的可能，以及發現可能性的新方法，光靠生物或文化演化就做不到。

但在同時，科技體也加快了人類生物演化的速度。在人口密集的城市中，人口增加也造成疾病感染上升，加快生理適應的速度。人類很聰明，到處移動，能夠選擇的對象也更多。新型食物也加快人體的演化。比方說，等到人類成功馴養草食性動物後，成人可以喝牛奶，而且這種能力快速地演化和傳播。今日，根據人類DNA突變的研究，跟農業社會出現前比起來，我們的基因演化速度是以前的一百倍。

光在過去幾十年來，科學又演化出另一種演化方式。我們深入人體，去調整最重要的開關。人類大膽拿自己的原始碼做實驗，包括讓腦部發育和心智成長的代碼。基因重組、基因工程和基因療法讓人類能夠直接控制基因，達爾文進化論四十億年來的霸權畫下休止符。現在人類也能傳承養成的跟想要的特質。緩慢演化的DNA再也無法主宰科技體。這全新的共生演化帶來的結果無邊無際，讓我們啞口無言。

同時，每一項科技創新都會為科技體創造新的機會，改變成新的模樣。科技帶來的每一種新問題也會創造機會，讓新的解決方法出現，還有找到這些解決方法的新途徑；這也是一種文化革命。在科技體擴張時，也會加快與生命同時出現的演化速度，因此現在會演化出自我改變的想法。這不只是世界上最強大的力量，演化的演化是宇宙間最強的力量。

愈來愈多的機會、乍現的事物、複雜度、多樣性等等這些鋪天蓋地的揮擊提供了一個答案，告訴我們科技往何處去。在比較小的日常規模上，不可能預測出科技的未來。很難過濾掉商業貿易不時發出的噪音。推斷歷史的趨勢，有些案例要追溯到數十億年前，看看這些趨勢如何穿越今日的科技，或許更有機會找到答案。這些趨勢很微妙，輕推科技慢慢朝著一個方向移動，即使一下子過了一年的時間，還看不到明顯的變化。

移動得這麼慢，因為驅動的力量並不是人類活動。相反地，這些趨勢是科技體的系統糾結產生出來的傾向。趨勢的動力宛若月球的引力，微弱卻持續不懈，幾乎感覺不到最後卻能拉動海洋。過了數代之後，這些趨勢變成人類熱中的事物、一時的風尚和財務趨勢攪動的噪音，朝著某些根深蒂固的方向推拉科技。

這些科技趨勢並非曲折向著既定的未來前進，可以想像成從現在向外爆發的箭頭。太空正朝著所有的方向向外擴展，放大宇宙，這些愈來愈強的力量也一樣，像是膨脹的球體，在擴展時創造出領域。科技體是劇增的知識、組織、複雜度、多樣性、知覺、美和結構，在擴展的同時不斷自我改變。

這種自我加速的現象令人振奮，就像神話中的銜尾蛇，咬住自己的尾巴，把自己翻開來。充滿了矛盾，也充滿了承諾。的確，不斷擴張的科技體，包括其宇宙軌道、永不止息的重新發明、必然性、自行繁殖，從一開始就不受到任何限制，召喚我們參與這場無止境的遊戲。

第十四章　沒有結局的遊戲

科技召喚我們，但科技要**給**人類什麼東西？在科技漫長的旅程中，我們能得到什麼？

梭羅隱居在華爾騰池的時候，發現附近有工程師沿著火車軌道建造長途電報的纜線，他心想，不知道人類是否真有那麼重要的事情要傳達，需要工程師付出這麼多精力。

從自家在肯塔基州的農場，貝瑞看到蒸氣引擎等科技接手了農夫的人力工作，他想，不知道機器要教人什麼：「十九世紀的人認為機器是股道德力量，會讓人變得更好。蒸氣引擎要怎麼讓人變得更好？」

很好的問題。科技體正在重新發明我們，但複雜的科技真能讓人類變得更好嗎？不論在何處，真有人類思維展現出來的樣子能改變人心嗎？

有一個答案或許能得到貝瑞的贊同，就是說法律的科技讓人變得更好了。法律系統讓男男女女都要負責、促使他們走向平等、遏制令人不快的衝動、培養信任。西方社會以詳盡的法律系統為基礎，和軟體沒什麼兩樣。這個系統是一組複雜的代碼，不在電腦上運作，而是運行紙上，也會慢慢計算出公平度和制度（在理想的情況下）。這就是一項讓人類變得更好的科技；但事實上，沒有什麼能**讓**我們變好。我們不能被強迫去做好事，但我們可以得到機會。

我覺得貝瑞無法欣賞科技體的禮物，因為他對科技的想法太狹隘了。他只能想到冰冷、堅硬、噁心的東西，例如蒸氣引擎、化學物和硬體，這些東西尚未成熟，之後還會有更自然的版本。從更廣的角度來看，蒸氣引擎只占整體的一小塊，能與人同樂的科技真的會讓我們變得更好。

科技如何讓人變得更好？只有一個方法：提供機會給每一個人。有機會勝過個人與生俱來的獨特天賦、有機會聽到新的想法和新的意見、有機會變得和自己的父母不一樣、有機會獨力創造出作品。

我要先站出來補充一句，不論在什麼樣的情況下，光靠著這些可能發生的事，並不足以為人類帶來快樂，更不用說變好了。有了價值觀的引導，選擇才能發揮最高的成效。但是，貝瑞似乎認為，有了精神上的價值觀，甚至不需要科技就能感到快樂。換句話說，他的問題是，要讓人類變得更好，真的需要科技嗎？

因為我相信科技體和文明都扎根在同樣自給自足的宇宙趨勢裡，我想另一個問法是：人類要進步，真的需要文明嗎？

追蹤科技體的完整進程時，我可以斬釘截鐵地說：需要。人類進步需要科技體。不然我們要如何改變？特殊的一小群人可能會發現修道院裡的小房間或池塘旁邊隱士的小屋中有限的選擇，或四處流浪的大師刻意加以限制的視野，會成為通往進步的理想路線。但在歷史上大多數的時刻，大多數人看到豐饒文明中累積起來的可能性才會讓他們變得更好。這就是為什麼我們創造出文明／科技。這就是為什麼我們有工具。科技和工具帶給我們選擇，包括變好的選擇。

沒錯，沒有價值觀的選擇無法產生高度的效益，但沒有選擇的價值觀也一樣無趣。科技體已經贏得一系列完整的選擇，我們需要這些選擇來釋放人類最高程度的潛力。

科技讓個人有機會可以明白自己的身分，更重要的是我們能變成什麼樣的人。每個人終其一生都會獲得個人獨有的一組潛能、靈活的技巧、未成熟的洞察力和別人無法分享的潛在體驗。就連共有DNA的雙胞胎也不會有一模一樣的生活。盡可能放大自己的才能時，你就會發光，因為其他人都沒有你的能力。全力發揮獨特的技能組合，沒有人能模仿你，那就是你最受人重視的地方。把才能釋放出來，不表示你能上百老匯唱歌、參加奧林匹克運動會，或者贏得諾貝爾獎。這些備受矚目的角色只是三種成為明星的老掉牙方法，經過精心設計，是受到限制的特殊機會。流行文化誤把明星角色當成成功人士的命運。事實上，這些傑出的地位和明星身分可能會變成監牢，別人勝出的方式反而變成你的束縛。

在理想的情況下，每個來到這世界上的人，都會找到適合自己的長處定位。一般對機會的看法並非如此，但這些讓人有所成就的機會叫做「科技」。琴弦振動的科技為小提琴音樂名師開展了（創造了）可能性。數個世紀以來，油畫和帆布的科技釋放了畫家的天賦。膠卷的科技創造出電影奇才。書寫、立法和數學等軟性科技都擴展了我們創造完善和做好事的潛能。因此在我們的一生當中，我們不斷發明，創造出別人還能延伸利用的新作品，我們（可能是朋友、家人、宗族、國家和社會）能直接啟發其他人，讓他們的才華登峰造極；或許不會變成名人，而是在個人獨特的貢獻上無人能比。

然而，如果我們無法放大其他人的機會，就會縮減他們的機會，這是不可原諒的缺失。因此，為其他人擴展創造力的規模，是我們的責任。我們擴展科技的機會，發展出更多科技，用更多共榮同樂的方法表現科技，就能擴展其他人。

要是人類史上首屈一指的教堂建築大師生在現代，而不是一千年前，他仍會找到好幾座正在建造中的教堂，讓他的驕傲變得更醒目。仍有人寫十四行詩，仍有人在手稿中加上裝飾畫。但要是法蘭德斯人發明大鍵琴的科技前一千年，巴哈就已經出世，想想看我們的世界將變得多貧乏？萬一莫札特比鋼琴和交響樂的科技更早出生呢？如果在便宜的油彩發明前五千年，梵谷就來到這個世界上，人類的集體想像力會變得多空洞？如果愛迪生、格林和狄克森在希區考克和卓別林長大前尚未發展出電影科技，現代世界會變成什麼樣？

跟巴哈和梵谷一樣的天才，他們的天分扎根所需的科技還沒出現，就離開人世，這樣的人有多少？有多少人還沒碰到他們或許能大放異彩的科技就去世了？我有三個孩子，雖然我們儘量提供機會給他們，他們的終極潛能或許會受到挫折，因為適合他們才能的理想科技還沒發明出來。今日有個天才，可說是我們這個時代的莎士比亞，但她的傑作不會為社會擁有，因為能彰顯她偉大的科技尚未誕生（《星際爭霸戰》中的全像甲板、蟲洞、心電感應、魔幻畫筆）。這些可能的科技尚未製造出來，她就得不到該有的聲譽，影響所及，所有人的力量都跟著縮減了。

在歷史上隨時可見，一個人獨特的天賦、技能、洞察力和經驗的組合找不到出口。如果你老爸是烘焙師父，你也是

失蹤的科技。鋼琴發明前就出生的小男孩莫札特，比電影攝影機更早出現的希區考克，被我兒子泰溫超前的下一項偉大發明。

烘焙師父。科技擴展了空間的可能性，同時也擴展了個人為自身特質找到出口的機會。因此我們要負起道德責任，增加最好的科技。放大了科技的種類和可及範圍，除了為自己和其他同時代的人增加選擇，在接下來的世代，科技體變得更複雜更美好的同時，也給後代子孫更多的選擇。

世界上的機會增加了，就有更多人能來製造更多的機會。那就是自主創造奇妙的循環，讓下一代不斷地強過自己。手中的每項科技都代表文明（所有活著的人）得到另一種思考方式、對生活的看法和選擇。實現出來的想法（科技）放大了我們必須在其中建構生活的空間。輪子這種簡單的發明釋放了數百種相關的新想法。從輪子發出了馬拉運貨車、製陶轉輪、轉經輪和齒輪。這些發明又啟發了數百萬有創意的人去釋放出更多想法。在過程中很多人透過這些工具寫出了他們的故事。

這就是科技體的意義。能讓個人發出和參與更多想法的東西、學識、做法、傳統和選擇累積下來，就變成了科技體。八千年前，從人類最早定居的流域開始的文明可以當成一個過程，隨著時間累積給下一代的可能性和機會。今日擔任零售業店員的一般中產階級所繼承的選擇比古代的君王更多，而古代的君王所繼承的選擇又比之前只求生存的遊牧民族更多。

我們會積聚可能性，這麼做是因為宇宙本身也在經歷類似的擴展。人類知識所及的範圍內，宇宙一開始只是一個沒有明顯特徵的小點，慢慢展開成複雜的細微差別，也就是我們口中的物質和實境。過了幾十億年，宇宙過程創造出元素，元素生出分子，分子組成銀河，各自放大了可能性的範圍。

從空無一物到豐富的有形宇宙，這段旅程可說是自由和選擇的擴展，也展現出可能性。一開始是沒有選擇，沒有自由意志，除了空無外什麼也沒有。大爆炸以後，物質和能量可能的排列方法愈來愈多，最後透過生命的過程，有可能的行動也享有更高的自由度。想像力出現後，就連有可能的可能性也變多了。彷彿整個宇宙就是自行組合的選擇。

一般來說，科技的長期趨勢讓創造選擇的人工製品、方法和技巧變得愈來愈多樣化。演化的目標就是要讓可能性的遊戲一直玩下去。

開始寫這本書的時候，我想要找到一個方法，或起碼能夠了解如何引導我在科技體中的選擇。我需要更廣闊的視野，才能選擇可以帶給我更多利益，但要求更少的科技。我的目標事實上要調和科技體的自私本質和慷慨本質，前者對自我需求更高，後者會幫我們更通曉人性。透過科技體的眼睛看世界，我愈來愈能領會科技體自私的自主權高到何種令人無法置信的地步。科技體內在的動力和方向比我一開始猜想的更深刻。同時，從科技體的眼睛看世界，也讓我更能欣賞科技體能夠變換形體的正面力量。沒錯，科技得到了自主權，會逐漸放大自身的目標，但這個目標包括為人類放大可能性，這也是科技體最重要的成果。

因此我得出結論，科技這兩面之間的困境無可避免。只要科技體存在（只要地球上有人在，科技體也必須存在），科技體給我們的禮物和對我們的要求之間的這種張力就會繼續纏住我們。三千年後，大家都有了個人飛行器和空中飛車，科技體增長和人類增長之間固有的這種矛盾仍會讓我們苦苦掙扎。這持久不衰的張力又是科技的另一面，我們必須接納。

舉例來說，我學會了為自己尋求最少量的科技，同時能為自己和其他人創造出數目最多的選擇。控制論專家佛斯特把這個做法稱為「倫理規則」，並且解釋說：「行動一定要增加選擇的數目。」我們可以利用科技來為其他人增加選擇，比方說提倡科學、創新、教育、識字率和多元論。就我自己的經驗來說，這項原理從不失靈：在遊戲中，增加你的選擇。

宇宙中有兩種遊戲：有限的遊戲和無限的遊戲。玩有限的遊戲是為了要贏。紙牌、撲克牌、機會遊戲、賭博、足球等運動、大富翁等桌上遊戲、比賽、馬拉松、拼圖、俄羅斯方塊、魔術方塊、拼字遊戲、數獨、魔獸世界和最後一戰等線上遊戲，都是有限的遊戲。遊戲結束時，一定有贏家。

另一方面，無限的遊戲則要一直玩下去。沒有贏家，因此不會終止。

有限的遊戲需要保持不變的規則。如果在玩的時候規則改變了，遊戲就失敗了。在玩遊戲時改變規則非常不公平，因此不可原諒。所以，在有限的遊戲中，大家很努力地事先明訂規則，在玩遊戲時堅持規則。

然而，無限的遊戲要玩下去，就只能改變規則。要維持無限制，遊戲必須玩弄規則。

棒球、西洋棋或超級瑪莉等有限的遊戲一定要有空間、時間或行為的界限。這麼大，這麼長，這麼玩，或不可以這麼玩。

無限的遊戲沒有界限。神學家卡斯在他傑出的著作《有限和無限的遊戲》中發展出這些想法，他說：「有限的玩家在界限內玩遊戲；無限的玩家玩弄界限。」

演化、生命、心智和科技體則是無限的遊戲。玩法是要讓遊戲一直繼續下去。要讓所有玩遊戲的人玩愈久愈好。操弄遊戲的規則就可以達成這個目的，所有無限的遊戲都採取這個方法。演化的演化就是那種遊戲。

未經改革的武器科技產生有限的遊戲。這些科技製造出贏家（和輸家），並去掉選項。有限的遊戲充滿戲劇性，比方說運動和戰爭。兩個人在打架，跟兩個人相安無事比起來，前者可以讓我們想到數百個更刺激的故事。但兩人打架相關的刺激故事若有上百個，問題則是結局都一樣，一個人死掉或兩個人死掉，除非在某一點他們轉性了，願意攜手合作。然而，關於和平的那個無聊故事沒有結局。可以引發出上千個出乎意料之外的故事；或許兩人變成夥伴，建造新城鎮或發現了新元素或寫出了驚人的歌劇。他們的創造會變成未來故事的大綱。兩人開始了無限的遊戲。和平降臨在世界各地，因為有了和平才能生出更多的機會，有限的遊戲跟無限的遊戲不一樣，含有無限的可能。

在生活當中（包括生活本身）我們最愛的就是無限的遊戲。玩起生命的遊戲，或說是科技體的遊戲，目標並未固定，不知道規則，規則也一直變化。要怎麼進行？增加選擇，就是很好的選擇。個人和社會都會發明方法，產生出最大量新的好機會。好機會會生出更多好機會……在自相矛盾的無限遊戲中不斷延續下去。最佳的「無限制」選擇能夠帶來最多後續「無限制」的選擇。不斷循環的體系就是科技的無限遊戲。

無限遊戲的目標在於持續玩下去，探索每種玩遊戲的方法，納入所有的遊戲和所有能參加的玩家，擴大遊戲的意義，花掉所有的資源，什麼都不貯存下來，在宇宙間播下種子，萌發出未必能成真的玩法，如果有可能，還要勝過之前的一切。

科茲威爾是多產發明家、科技狂熱份子和滿不在乎的無神論者，他在神話般的著作《奇異點已近》中宣布：「演化朝著更高的複雜度、優雅度、知識、智力、美感、創造力和更高度的細緻屬性（例如愛）前進。在一神論的傳統中，也同樣把神描述成具備所有這些特質，只是沒有限制……因此演化毫不寬容地朝著這個對神的概念前進，只是一直無法達到這個理想。」

如果有神，科技體的弧線就會把目標對著神。我要再說一次這條弧線的偉大故事，最後一次簡要敘述，因為弧線的目標超越了我們的理解能力。

大爆炸發生時，不明顯的能量在宇宙空間擴張後冷卻下來，結合成可以測量的實體，過了一段時間後，粒子濃縮成原子。進一步的擴張和冷卻後，複雜的分子得以成形，自行組合成會自我繁殖的實體。時鐘指針每滴答一下，這些初期的生物就增加了複雜度，加快改變的速度。演化在演化的時候，繼續堆積不同的方法來適應和學習，直到最後動物腦產生了自覺。這種自覺培養出更多頭腦，整個宇宙的頭腦聯合起來超越了之前一切的限制。集體頭腦的命運就是要往所有的方向擴展想像力，直到再也不孤單，反映出無限。

甚至還有現代神學假設神也會改變。這套神學叫做「歷程神學」，並不想鑽牛角尖，把神描述成一個歷程，可以說是完美的過程。在這套神學中，神不是離我們很遠、很重要的白鬍子翻修天才，而是持續的變遷，一種運動，一個過程，基本上從無開始成形。生命、演化、心智和科技體持續不斷、自我組織的易變性反映出神的形成。把神當成動詞，就能解開一組規則，展開成無限的遊戲，一場會持續循環回原點的遊戲。

我在書末提到神，因為說到自動創造卻不提到神，也就是自動創造的模範，似乎不公平。由之前的創造觸發的一連串無止境的創造，只有一個替代方案，就是從自我肇因中浮現的創造。最初的自我肇因史無前例，首先製造出自我，然後才製造出時間或空無，那才是神最符合邏輯的定義。把神想像成很易變的樣子，無法脫離影響到所有自我組織層次的自我創造矛盾，而是欣然接受所有必要的矛盾。不管是不是神，自我創造都是一個謎。

就某個意義來說，這本書的重點放在持續的自動創造上（不一定考慮到最初的自動創造）。這裡的故事告訴讀者，我們現在能在科技體中看到愈來愈高的複雜度、擴展中的可能性和愈來愈普及的知覺，相關的自主性不斷增生，背後驅動的力量從一開始就在幾乎看不見的一小點存在裡，現在這流動的種子已經開展，理論上來說，這種開展的模式會不斷顯露出來，也會延續很長的一段時間。

我希望透過這本書告訴大家，有一條很獨特的自我繁衍線把宇宙、生物圈和科技圈綁成同一項創造。生命不是奇蹟，而是物質和能量必然的結果。科技體不是生物的敵人，而是生物的延伸。人類不是這條軌跡的頂點，而是自然和人為之間的中間點。

幾千年來，人類曾在生物世界中探索創造的本質有哪些線索，也曾探索過有沒有創造者。生命反映出神性。尤其是人類，注定要按著神的形象被創造出來。但如果你相信人是用神（自動創造者）的形象被創造出來，那我們的表現還不錯，因為我們也剛剛賦予生命給自己的創造：科技體。很多人（包括很多相信神的人）會覺得這個說法太傲慢。看看之前的歷史，就會覺得我們的成就微不足道。

「把目光從銀河上移開，看向人類身上那一大群努力不懈的細胞，想達成某些不可能的任務，讓我們想起人類，這些穿過冰河世代的自我製造者，望向鏡子和科學的魔法。當然他並不只想看到自己或他野性的面容。他來，因為他心中渴望聆聽，要尋找已經超越他的領域。」這段話引述自人類學家和作家艾斯禮，他不斷思考到目前為止他所謂「無垠的旅程」。

恆星超越一切的無限性嚴峻告訴我們，我們啥也不是。要和五千億個銀河爭論並不容易，何況每個銀河中都有十億顆星。我們在這沒有終點的宇宙中，在黑暗的角落裡快速眨眨眼，完全不會對宇宙造成任何影響。

然而，在廣大星際的某個角落，有東西奮力供養自己，確實有能自給自足的東西，表示恆星的虛無主義仍有可以抗衡的論點。除非整個宇宙及物理學定律給予鼓勵，不然最小的思維便無法存在。

一個玫瑰花苞、一張油畫、一列奇裝異服走在磚頭路上的人、一片閃著光等待輸入的螢幕，或一本描述人類創造本質的書，這些東西的存在都需要適合生命的特質被深深植入原始的存在定律。戴森說：「宇宙知道我們會出現。」要是宇宙定律偏頗，先製造出一點點的生命、心智和科技，然後又會多一點點。我們浩瀚無邊的旅程只是一絲絲細微、不太可能發生的事件堆疊成一連串的必然性。

科技體便是宇宙設計出自我察覺的方式。薩根的說法令人難忘：「我們是星塵，反覆思量著我們的母體，也就是恆星。」但到目前為止，人類最偉大、最無邊無際的旅程並不是從星塵成形到產生知覺的漫長跋涉，而是眼前無限的旅程。過去四十億年來，複雜度和無限度創造的弧線和眼前的一比，根本不算什麼。

宇宙大多空空蕩蕩，因為宇宙等著要被生命和科技體的產物填滿，還要填入問題和疑難，以及我們所謂的**共知**，意思是人類共享的知識，也就是片段與片段之間愈來愈濃厚的關係。

不管喜不喜歡，我們都站在未來的支點上。我們要為地球上不斷向前的演化負某種程度的責任。

大約兩千五百年前，在一段相當緊湊的時間內，人類的主要宗教紛紛興起。孔子、老子、佛陀、祆教創始人瑣羅亞斯德、《奧義書》的作者以及猶太教的長老彼此相隔不到二十代。在那之後出現的主要宗教只有少數幾個。歷史學家把這段全球變化紛起的時間稱為「軸心時代」。彷彿地球上所有人都同時覺醒，一瞬間全都在尋找他們神祕的起源。有些人類學家相信，世界各地大規模的灌溉和供水系統讓農業創造出過剩富饒，因此促成了軸心時代。

如果有一天，看到科技洪流推動另一次軸心時代的覺醒，我並不覺得意外。人類能不能創造出機器人，效用十足卻又不會阻礙我們對宗教和神的看法？我覺得很難相信。有一天我們會製造出其他的頭腦，也會因此大吃一驚。這些頭腦會想到我們從未想像到的事物，如果我們賦予這些頭腦完整的形體，它們會自稱神的子民，那時我們該說什麼？改變了血管中的基因，不會重新定義靈魂的意義嗎？穿越到量子領域中，同樣的物質可以同時存在於兩個地方，那時我們還能不相信有天使嗎？

放眼未來：科技正把地球上所有生物的頭腦聯結在一起，以電子神經構成、不斷振動的斗篷包住整個世界，布滿各大陸的機器彼此對話，整個群體透過百萬架相機每天刊登出來的資料觀察自己。人心能敏銳察覺到比我們更大的事物，這怎麼能不讓那個器官怦然跳動呢？

風吹草長，自有歷史以來，人類就坐在野外的樹蔭下尋求啟蒙，希望能看見神。他們在自然世界中尋找人類起源的蛛絲馬跡。在蕨類植物和鳥羽構成的虛華外表下，他們找到無限本源的幻影。就連不求神拜佛的人也會研究在其中生物不斷演化的世界，搜尋線索，想明白我們為什麼在這裡。對大多數人來說，自然是令人感到快樂的長期機遇，或詳盡地反映出其創造者。就後者而言，每個物種都能解讀成與神長達四十億年的邂逅。

然而，手機似乎比樹蛙反映出更高的神性。手機延伸了樹蛙四十億年來的學習，增添了六十億個人腦無窮無盡的研究。有一天，我們可能會相信，人類所能製造出同樂性最高的科技並不會證明人的心靈手巧，而是神存在的證據。科技體的自主性上升，我們對人造事物的影響則會衰退。科技體會依循自身從大爆炸時就出現的動力。新的軸心時代來臨，很有可能最偉大的科技成品在眾人眼中會變成神的寫照，跟人沒有關係。除了在紅杉樹林中靈修，已有兩百歲的網路構成的迷宮，也會讓我們臣服其下。橫跨兩個世紀累積下來的邏輯錯綜複雜、深不可測，仿自雨林的生態系統，由數百個活躍的人工腦袋編織在一起，成果非常美好，說的話跟紅杉樹林一樣，只是聲音更響亮更有說服力：「早在你們出生前，我就已經存在。」

科技體太小了，不是神，也不是烏托邦。甚至沒有實體。科技體才剛開始形成，但包含的善早已超越我們所知的一切。

科技體擴展了生物基本的特質，同時也擴展了生物基本的善。愈來愈高的多樣性、對知覺的尋求、從一般移向不同的長期趨勢、能產生自身新版本的必要（也是矛盾的）能力、永久參與無限的遊戲，都是生物最重要的特質，也是科技體的「需求」。或者該說，科技體的願望跟生物的一樣。但是科技體不會停下來。科技體也會擴展心智的基本特質，同時擴展心智基本的善。科技強化了人腦想要讓所有想法融合的衝動，加快了全人類之間的聯繫，也會為世人提供所有想像得到的方法，以便領會無限。

沒有人能突破人性的極限；沒有科技能捕捉科技的所有承諾。要集合所有的生物、所有的頭腦、所有的科技，才能讓現實顯露。包括我們在內的整個科技體必須全力以赴，才能發現必要的工具，讓世人大吃一驚。在這趟旅程中，我們產生了更多選項、更多機會、更多關係、更高的多樣性、更強的一致性、更多思維、更高層的美好，還有更多問題。總和起來，善的層次提高了，無限的遊戲值得我們玩下去。

那就是科技想要的。

致謝

這本書要給我的三個孩子：凱琳、婷婷、泰溫。也要獻給我的妻子家敏，在這條漫漫長路上，她付出的愛正滿足我的需要。

非常感謝企鵝出版社的斯洛瓦克，在這本書孕育的多年間一直給予支持。他從不放棄，而且他對書中想法非常熱切，成為本書的催生劑。

塔福是我這輩子合作過最棒的編輯，他是這本書不流於冗贅的救星；把敘述文字簡化成好讀的樣子，從雜亂的書稿雕塑出一本書來。本書的大綱和完稿都要歸功給塔福。

克露堤耶是我的主要共同研究員。她的貢獻不勝枚舉：尋找專家、安排訪談、準備引用和章節、找到關鍵的圖表、檢查全書的論據、加注解、校對、管理所有的版本、匯編書目、確保軟體不會當機，用盡全力確認我說的話都確切無誤。

本書中報導的原創研究幾乎全由研究員麥金妮絲負責。她在圖書館待了好幾個月，又花了五年的時間在網路上搜尋出處。她的研究結果讓本書的每一頁都改善了。

總設計師和插畫家崑崙用他充滿特色、極度清楚的風格畫出書中的圖表。精裝本的書皮則由懷斯曼設計。

布洛克曼是非凡的顧問和經紀人，這是我和他合作出版的第六本書。沒有他，我就別想出書了。

在幕後工作的還有來特，他把訪談內容確切地謄寫出來；教人寫書的施瓦爾貝給了我幾句充滿禪意的話，在我停滯的時候提供非常有幫助的建議。瑞絲妮可負責本書排版，卡魯斯有限公司負責編輯索引。

幾位讀者忍耐著看完了本書的初稿，提供極有價值、充滿建設性的意見回饋：米契爾、陶德、史瓦茲、普拉特、洛依德、吳爾夫和萊恩高德。

在研究過程中，我所認識的最聰明的人接受了我的訪問、與我對談或和我通訊。下面按字母排列，這些專家為我的作品撥出寶貴的時間和洞察力。在傳達他們的想法時若有任何不當之處，都應歸咎於我。

Chris Anderson	Gordon Bell	Katy Borner	Stewart Brand
Eric Brende	David Brin	Rob Carlson	James Carse
Jamais Cascio	Richard Dawkins	Eric Drexler	Freeman Dyson
George Dyson	Niles Eldredge	Brian Eno	Joel Garreau
Paul Hawken	Danny Hillis	Piet Hut	Derrick Jensen
Bill Joy	Stuart Kauff man	Donald Kraybill	Mark Kryder
Ray Kurzweil	Jaron Lanier	Pierre Lemonnier	Seth Lloyd
Lori Marino	Max More	Simon Conway Morris	Nathan Myhrvold
Howard Rheingold	Paul Saffo	Kirkpatrick Sale	Tim Sauder

Peter Schwartz	John Smart	Lee Smolin	Alex Steffen
Steve Talbot	Edward Tenner	Sherry Turkle	Hal Varian
Vernor Vinge	Jay Walker	Peter Warshall	Robert Wright

延伸閱讀

寫作過程中我查閱了數百本書，下面這些對我特別有用。按重要順序排列（其餘的出處則列在「參考書目」裡）。

Autonomous Technology: Technics-Out-of-Control as a Theme in Political Thought. Langdon Winner. Cambridge: MIT Press, 1977.

就科技的自主權來說，溫納的概念和我最為接近，不過他的想法比我早了幾十年。雖然他得出的結論很不一樣，他也做了不少研究，我從他的著作中獲益良多。他的寫作風格也十分簡練。

Technology Matters: Questions to Live With. David Nye. Cambridge: MIT Press, 2006.

針對科技體的範圍、規模和哲學，提出最傑出最全面的概論。奈伊提供了豐富的學識，在這本好讀的小書中審慎公平地介紹各種理論，也納入許多範例。

The Nature of Technology: What It Is and How It Evolves. W. Brian Arthur. New York: Free Press, 2009.

在我讀過的書裡面，這本書對科技的描述最清楚，最注重實用。亞瑟把科技的複雜度降低到數學般的純粹。同時他的觀點也很仁慈，很巧妙。我百分之百同意亞瑟的看法。

Visions of Technology: A Century of Vital Debate About Machines, Systems, and the Human World. Richard Rhodes, ed. New York: Simon & Schuster, 1999.

在這本單冊文選中，羅德斯收集了過去一百年來和科技相關的著作。評論家、詩人、發明家、作家、藝術家和平民百姓呈現出最值得引述的科技篇章和觀點。我在這本書裡找到了前所未見的深入觀察。

Does Technology Drive History? The Dilemma of Technological Determinism. Merritt Roe Smith and Leo Marx, eds. Cambridge: MIT Press, 1994.

學術性相當濃厚的文選，歷史學家想要回答書名中令人費解的問題。

The Singularity Is Near. Ray Kurzweil. New York: Viking, 2005.

我說這本書很像神話，因為我覺得奇異點是我們這一代的全新神話。不太可能成真，但或許很有影響力。奇異點的神話就像超人或烏托邦，這個想法一旦誕生就不可能磨滅，永遠會有人重新解讀。本書提出了這個持久的想法，不可不讀。

Thinking Through Technology: The Path Between Engineering and Philosophy. Carl Mitcham. Chicago:

University of Chicago Press, 1994.

好讀易懂的科技歷史，也是學校採用的教科書。

Life's Solution: Inevitable Humans in a Lonely Universe. Simon Conway Morris. Cambridge: Cambridge University Press, 2004.

這本書的組織很散漫，有兩個主題：演化會趨同，生命形式無可避免。作者是破解了伯吉斯頁岩化石的生物學家，這些化石也是古爾德《奇妙的生命》一書中的主題，但兩人的結論相去甚遠。

The Deep Structure of Biology: Is Convergence Sufficiently Ubiquitous to Give a Directional Signal? Simon Conway Morris, ed. West Conshohocken, PA: Templeton Foundation Press, 2008.

來自許多不同學科的文選，主題是趨同演化。

Cosmic Evolution. Eric J. Chaisson. Cambridge: Harvard University Press, 2002.

作者為物理學家，認為演化出現在連續體上，而這連續體比生物還早出現，他的探索並未廣為人知。

Biocosm : The New Scientific Theory of Evolution: Intelligent Life Is the Architect of the Universe. James Gardner. Makawao Maui, HI: Inner Ocean, 2003.

本書的中心思想非常激進（宇宙是生物），或許對大多數人來說都很不尋常，但繞著這個核心思想，整本書充滿了證據，證明無生命宇宙、生命和科技圈之間有個連續體。就我所知，只有這本書涵蓋的宇宙趨勢跟我想要捕捉的一樣。

Cosmic Jackpot: Why Our Universe Is Just Right for Life. Paul Davies. Boston: Houghton Mifflin, 2007.

戴維斯利用物理學的專業知識，把生命過程、心智和熵綁在一起。今日最具原創性的記者非他莫屬，鑽研艱難偉大的哲學問題，卻仍能以實驗科學結果為基礎。他引領我走入存在的大規模結構中。這本書是他最新的作品，也是最完善的總結。

Finite and Infinite Games. James Carse. New York: Free Press, 1986.

在這本小書內讀者能找到無窮無盡的智慧。作者是位神學家，你可能只需要讀第一章和最後一章，但這樣就夠了。這本書改變我對生命、宇宙以及萬事萬物的看法。

The Riddle of Amish Culture. Donald B. Kraybill. Baltimore: The Johns Hopkins University Press, 2001.

克雷比爾傳達了阿米希人的矛盾，同時表現出客觀的洞察力和由衷的同情心。他熟知阿米希人使用科技的方法。有次去拜訪阿米希人的時候，他擔任我的嚮導。

Better Off : Flipping the Switch on Technology. Eric Brende. New York: HarperCollins, 2004.

布仁德曾離開電網兩年，住在靠近阿米希人社區的地方，這本書描述那兩年的日子，令人耳目一新，想要一口氣看完。想感受極簡的生活型態，這本書就是最好的管道，讓讀者感受到溫暖、氣味和氣氛。因為布仁德有科技背景，他早就預料到讀者會有什麼問題。

Laws of Fear: Beyond the Precautionary Principle. Cass Sunstein. Cambridge: Cambridge University Press, 2005.

預防原則缺點的案例研究，也提議另一個方法的架構。

Whole Earth Discipline. Stewart Brand. New York: Viking, 2009.

關於進步、都市化和隨時警惕，我有不少的主題都由布蘭德首開先例。這本書也盛讚工具和科技能夠變化的本質。

Limited Wants, Unlimited Means: A Reader on Hunter-Gatherer Economics and the Environment. John M. Gowdy, ed. Washington, D.C.: Island Press, 1998.

包含許多學術論文，探討人類學家驚人的研究，他們發現狩獵採集的生活型態並不如現代人認為的那麼討人厭。在讀這本文選的時候，你的想法一定會改變很多次。

The Foraging Spectrum: Diversity in Hunter-Gatherer Lifeways. Robert L. Kelly, ed. Washington, D.C.:

Simthsonian Institution Press, 1995.

可信賴的跨文化資料，說明狩獵採集的人實際上怎麼消磨時間、熱量和注意力。對農業社會前生活的經濟和群居性提供了最佳的科學研究。

Neanderthals, Bandits, and Farmers: How Agriculture Really Began. Colin Tudge. New Haven: Yale University Press, 1999.

一本很大膽的小書，將農業誕生的理由總結到小小的五十二頁裡。濃縮了整座研究圖書館中的五冊巨作，把精華抽取到一篇漂亮的論文裡。我真希望我也能寫這樣一本很精采的小書。

After Eden: The Evolution of Human Domination. Kirkpatrick Sale. Durham: Duke University Press, 2006.

揭發早在農業或工業出現前，早期現代人快速掌控環境和造成崩潰的過程。

The Ascent of Man. Jacob Bronowski. Boston: Little, Brown, 1974.

根據英國國家廣播公司於一九七三年拍攝的同名電視系列節目，這本書給我靈感，提供了關鍵的改變。布魯諾斯基集宅男、詩人、神祕學家和科學家於一身，早就走在時代的尖端。

參考書目

第一章　大哉問

二十四頁　**一直到一九三九年**：Franklin D. Roosevelt. (1939, January 4) "Annual Message to Congress." http://www.presidency.ucsb.edu/ws/index.php?pid=15684.

二十四頁　**一九五二年**：Harry S. Truman. (1952, January 9) "Annual Message to the Congress on the State of the Union." http://www.presidency.ucsb.edu/ws/index.php?pid=14418.

二十四頁　**古希臘國王奧德賽就能掌控 *techne***：Steve Talbott. (2001) "The Deceiving Virtues of Technology." NetFuture, (125). http://netfuture.org/2001/Nov1501_125.html.

二十五頁　***technology* 這個詞基本上便消失了**：Carl Mitcham. (1994) *Thinking Through Technology: The Path Between Engineering and Philosophy*. Chicago: University of Chicago Press, pp. 128-129.

二十五頁　**吹製玻璃、水泥、下水道和水車磨坊**：Henry Hodges. (1992) *Technology in the Ancient World*. New York: Barnes & Noble Publishing.

二十五頁　**「也不只是因為技術的關係」**：Carl Mitcham. (1994) *Thinking Through Technology: The Path Between Engineering and Philosophy.* Chicago; University of Chicago Press, p. 123.

二十六頁　**「主要力量並非來自人類」**：Lynn White. (1940) "Technology and Invention in the Middle Ages." *Speculum*, 15 (2), p. 156. http://www.jstor.org/stable/2849046.

二十六頁　**這個早被遺忘的希臘字**：Johann Beckmann. (1802) *Anleitung zur Technologie* [*Guide to Technology*].

Gottingen: Vandenhoeck und Ruprecht.

二十八頁　**數學問題的答案，就跟電腦一樣**：L. M. Adleman. (1994) "Molecular Computation of Solutions to Combinatorial Problems." *Science*, 266 (5187). http://www.sciencemag.org/cgi/content/abstract/266/5187/1021.

三十頁　**工具的集合和文化**：David Nye. (2006) *Technology Matters: Questions to Live With*. Cambridge, MA: MIT Press, pp. 12, 28.

三十二頁　**規模龐大的電腦平台**：Kevin Kelly. (2008) "Infoporn: Tap into the 12-Million-Teraflop Handheld Megacomputer." *Wired*, 16 (7). http://www.wired.com/special_multimedia/2008/st_infoporn_1607.

三十二頁　**人工眼睛（電話和網路攝影機）**：Ibid.

三十二頁　**以十四千赫的速率嗡嗡響著處理關鍵字搜尋**：comScore. (2007) "61 Billion Searches Conducted Worldwide in August." http://www.comscore.com/Press_Events/Press_Releases/2007/10/Worldwide_Searches_Reach_61_Billion. Calculation based on comScore's figure for the number of searches performed in a month.

三十二頁　**消耗的電力占全球的百分之五**：Kevin Kelly. (2007) "How Much Power Does the Internet Consume?" The Technium. http://www.kk.org/thetechnium/archives/2007/10/how_much_power.php. This figure was calculated by David Sarokin; see http://uclue.com//index.php?xq=724.

三十二頁　**來自整個系統**：Reginald D. Smith. (2008, revised April 20, 2009) "The Dynamics of Internet Traffic: Self-Similarity, Self-Organization, and Complex Phenomena," *arXiv:0807.3374*. http://arxiv.org/abs/0807.3374.

三十三頁　**自行組織成碎形圖案**：Ibid.

第二章　人類的生活，來自人類的發明

三十八頁　**給自己一雙掠食的爪子**：Jay Quade, Naomi Levin, et al. (2004) "Paleoenvironments of the Earliest Stone Toolmakers, Gona, Ethiopia." *Geological Society of America Bulletin*, 116 (11/12). http://gsabulletin.gsapubs.org/

content/116/11-12/1529.abstract.
三十八頁　用火讓食物變得更好消化：Richard Wrangham and NancyLou Conklin-Brittain. (2003) "Cooking as a Biological Trait." *Comparative Biochemistry and Physiology-Part A: Molecular & Integrative Physiology,* 136 (1). http://dx.doi.org/10.1016/S1095-6433(03)00020-5.
三十八頁　紅鹿骨骼：Kirkpatrick Sale. (2006) *After Eden: The Evolution of Human Domination.* Durham, NC: Duke University Press.
三十九頁　演化成現代人的形象：Paul Mellars. (2006) "Why Did Modern Human Populations Disperse from Africa Ca. 60,000 Years Ago? A New Model." *Proceedings of the National Academy of Sciences,* 103 (25). http://www.pnas.org/content/103/25/9381.full.pdf+html.
三十九頁　有些人說二十萬年前：Ian McDougall, Francis H. Brown, et al. (2005) "Stratigraphic Placement and Age of Modern Humans from Kibish, Ethiopia." *Nature*, 433 (7027). http://dx.doi.org/10.1038/nature03258.
三十九頁　外表更像現代人：Paul Mellars. (2006) "Why Did Modern Human Populations Disperse from Africa Ca. 60,000 Years Ago? A New Model." *Proceedings of the National Academy of Sciences,* 103 (25). http://www.pnas.org/content/103/25/9381.full.pdf+html.
四十頁　少了點東西：Jared M. Diamond. (2006) *The Third Chimpanzee: The Evolution and Future of the Human Animal*. New York: HarperPerennial, p. 44.
四十頁　史前時代的人口爆炸：Data from Quentin D. Atkinson, Russell D. Gray et al. (2008) "Mtdna Variation Predicts Population Size in Humans and Reveals a Major Southern Asian Chapter in Human Prehistory." *Molecular Biology and Evolution*, 25 (2), p. 472. http://mbe.oxfordjournals.org/cgi/content/full/25/2/468.
四十頁　距今差不多一萬年，農業時代也即將開始：United States Census Bureau. (2008) "Historical Estimates of World Population." United States Census Bureau. http://www.census.gov/ipc/www/worldhis.html.

四十一頁　他們到達亞洲的邊緣：Kirkpatrick Sale. (2006) *After Eden: The Evolution of Human Domination*. Durham, NC: Duke University Press, p. 34.

四十一頁　遍布整個新世界：Jared M. Diamond. (1997) *Guns, Germs, and Steel: The Fates of Human Societies*. New York: W. W. Norton, pp. 50-51.

四十一頁　「在全世界地形最崎嶇的地方」：Ibid., p. 51.

四十一頁　在洞穴裡發現殘餘的獸皮：Kirkpatrick Sale. (2006) *After Eden: The Evolution of Human Domination*. Durham, NC: Duke University Press, p. 68.

四十一頁　布料的壓印，有的織成網狀，有的看起來很鬆散：Ibid., p. 77.

四十二頁　最多的時候：Juan Luis de Arsuaga, Andy Klatt, et al. (2002) *The Neanderthal's Necklace: In Search of the First Thinkers*. New York: Four Walls Eight Windows, p. 227.

四十三頁　「快速產生、聽得懂的言詞」：Richard G. Klein. (2002) "Behavioral and Biological Origins of Modern Humans." California Academy of Sciences/BioForum, Access Excellence. http://www.accessexcellence.org/BF/bf02/klein/bf02e3.php. Transcript of a lecture, "The Origin of Modern Humans," delivered December 5, 2002.

四十三頁　「飛越了地球上所有的物種」：Daniel C. Dennett. (1996) *Kinds of Minds*. New York: Basic Books, p. 147.

四十四頁　迅速想到好幾串概念：William Calvin. (1996) *The Cerebral Code: Thinking a Thought in the Mosaics of the Mind*. Cambridge, MA: MIT Press.

四十四頁　尼安德塔人……多半以肉食為主：Kirkpatrick Sale. (2006) *After Eden: The Evolution of Human Domination*. Durham, NC: Duke University Press, p. 51.

四十四頁　漢普灣部落二一六〇千卡：Marshall David Sahlins. (1972) *Stone Age Economics*. Hawthorne, NY: Aldine de Gruyter, p. 18.

四十五頁　睡一整天，應該也很常見：Ibid., p. 23.
四十五頁　「看起來也不怎麼疲累」：Ibid., p. 28.
四十五頁　只有採集的一半：Mark Nathan Cohen. (1989) *Health and the Rise of Civilization.* New Haven, CT: Yale University Press.
四十六頁　「失掉了尊敬」：Marshall David Sahlins. (1972) *Stone Age Economics*. Hawthorne, NY: Aldine de Gruyter, p. 30.
四十七頁　森林的好處：Nurit Bird-David. (1992) "Beyond 'The Original Affluent Society': A Culturalist Reformulation." *Current Anthropology,* 33(1), p. 31.
四十八頁　農業社會中則平均有六到八個小孩：Robert L. Kelly. (1995) *The Foraging Spectrum: Diversity in Hunter-Gatherer Lifeways.* Washington, DC: Smithsonian Institution Press, p. 244.
四十八頁　十六或十七歲才開始：Ibid., p. 245.
四十八頁　一直吃到六歲：Ibid., p. 247.
四十八頁　「人口成長率就會增加」：Ibid., p. 254.
四十八頁　近距離跟憤怒的大型動物搏鬥：Juan Luis de Arsuaga, Andy Klatt, et al. (2002) *The Neanderthal's Necklace: In Search of the First Thinkers.* New York: Four Walls Eight Windows, p. 221.
五十頁　「現代人類壽命戲劇性地增加」約從五萬年前開始：Rachel Caspari and Sang-Hee Lee. (2004) "Older Age Becomes Common Late in Human Evolution." *Proceedings of the National Academy of Sciences of the United States of America,* 101 (30). http://www.pnas.org/content/101/30/10895.abstract.
五十頁　襯衫、外套、長褲和獸皮鞋：Robert L. Kelly. (1995) *The Foraging Spectrum: Diversity in Hunter-Gatherer Lifeways.* Washington, DC: Smithsonian Institution Press.
五十一頁　部落戰爭：Lawrence H. Keeley. (1997) *War Before Civilization.* New York: Oxford University Press, p. 89.

五十二頁　戰爭致命率的比較：Data from Lawrence H. Keeley. (1997) *War Before Civilization*. New York: Oxford University Press, p. 89.

五十二頁　探索早期的戰役：Ibid., pp. 174-75.

五十三頁　靠著少量的工具儘量擴大探險的範圍：Carl Haub. (1995) "How Many People Have Ever Lived on Earth?-Population Reference Bureau." Population Reference Bureau. http://www.prb.org/Articles/2002/HowManyPeopleHaveEverLivedonEarth.aspx.

五十三頁　之前的六百萬年：Gregory Cochran and Henry Harpending. (2009) *The 10,000 Year Explosion: How Civilization Accelerated Human Evolution*. New York: Basic Books, p. 1.

五十四頁　地球上最北的地方：William F. Ruddiman. (2005) *Plows, Plagues, and Petroleum: How Humans Took Control of Climate*. Princeton NJ: Princeton University Press, p. 12.

五十六頁　貴族封建制度……在歐洲：John Sloan. (1994) "The Stirrup Thesis." http://www.fordham.edu/halsall/med/sloan.html.

五十七頁　「展開科學的過程」：John Brockman. (2000) *The Greatest Inventions of the Past 2,000 Years*. New York: Simon & Schuster, p. 142.

五十八頁　「結構、組織、資訊和控制」：Richard Rhodes. (1999) *Visions of Technology: Machines, Systems and the Human World*. New York: Simon & Schuster, p. 188.

第三章　第七界的歷史

五十九頁　時間：四十億年：Lynn Margulis. (1986) *Microcosmos: Four Billion Years of Evolution from Our Microbial Ancestors*. New York: Summit Books.

六十一頁　「組合式演化最早開始，也很常見」：W. Brian Arthur. (2009) *The Nature of Technology: What It Is and How It Evolves*. New York: Free Press, p. 188.

六十二頁　**生物組織中的主要變遷**‥John Maynard Smith and Eors Szathmary. (1997) *The Major Transitions in Evolution*. New York: Oxford University Press.

六十七頁　**演化會被打斷，也會逐步上升**‥Stephen Jay Gould and Niles Eldredge. (1977) "Punctuated Equilibria: The Tempo and Mode of Evolution Reconsidered." *Paleobiology*, 3 (2).

六十七頁　**年份最久遠的是一八二五年**‥Belinda Barnet and Niles Eldredge. (2004) "Material Cultural Evolution: An Interview with Niles Eldredge." *Fibreculture Journal*, (3). http://journal.fibreculture.org/issue3/issue3_barnet.html.

六十七頁　**「比目魚的祖先原本眼睛對稱長在頭部的兩側」**‥Belinda Barnet and Niles Eldredge. (2004) "Material Cultural Evolution: An Interview with Niles Eldredge." *Fibreculture Journal* (3). http://journal.fibreculture.org/issue3/issue3_barnet.html.

六十八頁　**短號的演化家系**‥Data from Ilya Temkin and Niles Eldredge. (2007) "Phylogenetics and Material Cultural Evolution." *Current Anthropology*, 48 (1). http://dx.doi.org/10.1086/510463.

六十九頁　**千年來的頭盔演化**‥Bashford Dean. (1916) *Notes on Arms and Armor.* New York: Metropolitan Museum of Art, p. 115.

六十九頁　**由架在空中的驅動軸提供蒸氣動力**‥David Nye. (2006) *Technology Matters: Questions to Live With.* Cambridge, MA: MIT Press, p. 57.

七十一頁　**經久耐用的產品目錄**‥Aaron Montgomery Ward and Joseph J. Schroeder, Jr. (1977) *Montgomery Ward & Co 1894-95 Catalogue & Buyers Guide, No. 56.* Northfield, IL: DBI Books, p. 562. Right-hand portion of this side-by-side comparison assembled by the author.

七十二頁　**每年製造出來的全新矛頭和箭頭**‥John Charles Whittaker. (2004) *American Flintknappers*. Austin: University of Texas Press, p. 266.

七十二頁　**強調流行玩意稍縱即逝的本質**‥Bruce Sterling. (1995, September 15) "The Life and Death of Media." Sixth International Symposium on Electronic Art ISEA, Montreal. http://www.alamut.com/subj/artiface/deadMedia/dM_Address.html. The Dead Media project is now defunct.

第四章　反熵崛起

七十四頁　**數十億年前**‥National Aeronautics and Space Administration. (2009) "How Old Is the Universe?" http://map.gsfc.nasa.gov/universe/uni_age.html.

七十六頁　**功率密度梯度**‥Data from Eric J. Chaisson. (2002) *Cosmic Evolution.* Cambridge, MA: Harvard University Press, p. 139.

七十六頁　**最出色的就是電腦晶片**‥Eric J. Chaisson. (2005) *Epic of Evolution: Seven Ages of the Cosmos.* New York: Columbia University Press.

八十一頁　**宇宙的主力**‥Designed by the author.

八十二頁　**每條遺傳譜系（例如鸚鵡或小袋鼠）**‥Motoo Kimura and Naoyuki Takahata. (1994) *Population Genetics, Molecular Evolution, and the Neutral Theory.* Chicago: University of Chicago Press.

八十三頁　**「避開化學的規則，才能繁茂興旺」**‥Paul Davies. (1999) *The Fifth Miracle: The Search for the Origin and Meaning of Life.* New York: Simon & Schuster, p. 256.

八十三頁　**「財務和法律顧問等等服務」**‥Richard Fisher. (2008) "Selling Our Services to the World (with an Ode to Chicago)." Chicago Council on Global Affairs, Chicago: Federal Reserve Bank of Dallas. http://www.dallasfed.org/news/speeches/fisher/2008/fs080417.cfm.

八十三頁　**而不是製成品（原子）**‥Robert E. Lipsey. (2009) "Measuring International Trade in Services." *International Trade in Services and Intangibles in the Era of Globalization,* eds. Mathew J. Slaughter and Marshall

Reinsdorf. Chicago: University of Chicago Press, p. 60.

八十四頁　**美國出口貨物失去實體**‥Data from "U.S. International Trade in Goods and Services Balance of Payments Basis, 1960-2004." U.S. Department of Commerce, International Trade Administration. http://www.ita.doc.gov/td/industry/OTEA/usft h/aggregate/H04t01.html.

第五章　深層的進步

八十九頁　**「善多於惡，但高出不多」**‥Matthew Fox and Rupert Sheldrake. (1996) *The Physics of Angels: Exploring the Realm Where Science and Spirit Meet.* San Francisco: HarperSanFrancisco, p. 129.

九十頁　**希望能在擁擠的貨架上長久占有一席之地**‥Barry Schwartz. (2004) *The Paradox of Choice: Why More Is Less.* New York: Ecco, p. 12.

九十頁　**全世界使用的條碼總數至少有三千萬**‥GS1 US. (2010, January 7) In discussion with the author's researcher. Jon Mellor, of GS1 US, explains that 1.2 million company prefixes have been issued worldwide. This is the first string of numbers used in both UPC and EAN bar codes. Based on this, he estimates the number of active UPC/EANs worldwide to be 30-48 million.

九十頁　**包含一萬八千件物品**‥David Starkey. (1998) *The Inventories of King Henry VIII.* London: Harvey Miller Publishers.

九十二頁　**家中全部的財物也要一起入鏡**‥Peter Menzel. (1995) *Material World: A Global Family Portrait.* San Francisco: Sierra Club Books.

九十二頁　**家裡全部的東西**‥Edward Waterhouse and Henry Briggs. (1970) "A declaration of the state of the colony in Virginia." The English experience, its record in early printed books published in facsimile, no. 276. Amsterdam: Theatrum Orbis Terrarum.

九十三頁　**伊斯特林於一九七四年發表的研究結果，目前已經成為經典**：Richard A. Easterlin. (1996) *Growth Triumphant*. Ann Arbor: University of Michigan Press.

九十三頁　**富裕能帶來滿足**：David Leonhardt. (2008, April 16) "Maybe Money Does Buy Happiness After All." *New York Times*. http://www.nytimes.com/2008/04/16/business/16leonhardt.html.

九十五頁　**住在城市裡的人口比率很低**：United States Census Bureau. (2008) "Historical Estimates of World Population." http://www.census.gov/ipc/www/worldhis.html; George Modelski. (2003) *World Cities*. Washington, D.C.: Faros.

九十五頁　**現在則增加到百分之五十**：United Nations. (2007) "World Urbanization Prospects: The 2007 Revision." http://www.un.org/esa/population/publications/wup2007/2007wup.htm.

九十六頁　**全球的都會人口**：The author's calculations based on data from United States Census Bureau. (2008) "Historical Estimates of World Population." http://www.census.gov/ipc/www/worldhis.html; United Nations. (2007) "World Urbanization Prospects: The 2007 Revision." http://www.un.org/esa/population/publications/wup2007/2007wup.htm; Tertius Chandler. (1987) *Four Thousand Years of Urban Growth: An Historical Census*. Lewiston, N.Y.: Edwin Mellen Press; George Modelski. (2003) *World Cities*. Washington, D.C.: Faros.

九十七頁　**中世紀的巴黎**：Bronislaw Geremek, Jean-Claude Schmitt, et al. (2006) *The Margins of Society in Late Medieval Paris*. Cambridge, UK: Cambridge University Press, p. 81.

九十八頁　**「在火爐前互相依偎」**：Joseph Gies and Frances Gies. (1981) *Life in a Medieval City*. New York: HarperCollins, p. 34.

九十八頁　**一八八〇年代鼎盛時期的貧民區**：Robert Neuwirth. (2006) *Shadow Cities*. New York: Routledge.

九十八頁　**「一家大小所有的需求都在這裡解決」**：Ibid., p. 177.

九十八頁　**「真正的合法契約，證明自己擁有那塊地」**：Ibid., p. 198.

九十八頁　「五六頂帳棚或小屋」：Ibid., p. 197.
九十九頁　「城市創造出財富」：Stewart Brand. (2009) *Whole Earth Discipline*. New York: Viking, p. 25.
九十九頁　「每十項新申請專利的發明中就占了快九項」：Ibid., p. 32.
九十九頁　「國民生產毛額有百分之八十到九十來自城市」：Ibid., p. 31.
九十九頁　「在城裡至少住了六年」：Mike Davis. (2006) *Planet of Slums*. London: Verso, p. 36.
一〇〇頁　但他們的下一代識字率則有百分之九十四：Stewart Brand. (2009) *Whole Earth Discipline*. New York: Viking, pp. 42-43.
一〇〇頁　「忍耐一時不便，就能投資未來」：Ibid., p. 36.
一〇一頁　「讓小孩都能上學」：Ibid., p. 26.
一〇一頁　「未來有更多選擇」：Donovan Webster. (2005) "Empty Quarter." *National Geographic*, 207 (2).
一〇三頁　「線條應該都會往上走」：Gregg Easterbrook. (2003) *The Progress Paradox: How Life Gets Better While People Feel Worse*. New York: Random House, p. 163.
一〇七頁　全球的文明人口：Data from United States Census Bureau. (2008) "Historical Estimates of World Population." http://www.census.gov/ipc/www/worldhis.html.
一〇八頁　一定是不斷擴展的人口：Niall Ferguson. (2009) In discussion with the author.
一〇八頁　深層進步的首要來源：Julian Lincoln Simon. (1996) *The Ultimate Resource 2*. Princeton, NJ: Princeton University Press.
一〇九頁　全球人口預測：Data from United Nations Population Division. (2002) "World Population Prospects: The 2002 Revision." http://www.un.org/esa/population/publications/wpp2002/WPP2002-HIGHLIGHTSrev1.pdf.
一〇九頁　也就是往後三百年：United Nations Department of Economic and Social Affairs Population Division. (2004) "World Population to 2300." http://www.un.org/esa/population/publications/longrange2/WorldPop2300final.

pdf.

一一〇頁　估計的長期全球人口數目：Data from United Nations Department of Economic and Social Affairs Population Division. (2004) “World Population to 2300.” http://www.un.org/esa/population/publications/longrange2/WorldPop2300final.pdf.

一一〇頁　歐洲的每個國家都低於二：Rand Corporation. (2005) “Population Implosion? Low Fertility and Policy Responses in the European Union.” http://www.rand.org/pubs/research_briefs/RB9126/index1.html.

一一〇頁　日本則是一・三四：(2008, June 24) “Negligible Rise in Fertility Rate.” *Japan Times Online*. http://search.japantimes.co.jp/cgi-bin/ed20080624a1.html.

一一一頁　歐洲近期的生育率：Data from Rand Corporation. (2005) “Population Implosion? Low Fertility and Policy Responses in the European Union.” http://www.rand.org/pubs/research_briefs/RB9126/index1.html.

一一五頁　「最後都證實沒錯」：Julian Lincoln Simon. (1995) *The State of Humanity*. Oxford, UK: Wiley-Blackwell, pp. 644-45.

一一六頁　到了一九九四年，已經變成七十五・七歲：Kevin M. White and Samuel H. Preston. (1996) “How Many Americans Are Alive Because of Twentieth-Century Improvements in Mortality?” *Population and Development Review,* 22 (3), p. 415. http://www.jstor.org/stable/2137714.

一一六頁　「我們現在耕種的土地面積」：Ronald Bailey. (2009, February) “Chiefs, Thieves, and Priests: Science Writer Matt Ridley on the Causes of Poverty and Prosperity.” *Reason Magazine.* http://reason.com/archives/2009/01/07/chiefs-thieves-andpriests/3.

一一七頁　「但是確實存在」：Simon Conway Morris. (2004) *Life’s Solution: Inevitable Humans in a Lonely Universe*. New York: Cambridge University Press, p. xiii.

第六章 命中注定

二一九頁 「找到了所有的方法」：Richard Dawkins. (2004) *The Ancestor's Tale: A Pilgrimage to the Dawn of Evolution*. Boston: Houghton Mifflin, p. 588.

二二〇頁 物種共存：W. Hardy Eshbaugh. (1995) "Systematics Agenda 2000: An Historical Perspective." *Biodiversity and Conservation,* 4 (5). http://dx.doi.org/10.1007/BF00056336.

二二〇頁 「演化反覆出現的現象非常值得注意」：Sean Carroll. (2008) "The Making of the Fittest DNA and the Ultimate Forensic Record of Evolution." *Paw Prints,* p. 154.

二二〇頁 演化的明顯例子有好幾百個，而且繼續增加：(2009) "List of Examples of Convergent Evolution." Wikipedia, Wikimedia Foundation. http://en.wikipedia.org/w/index.php?title=List_of_examples_of_convergent_evolution&oldid=344747726.

二二三頁 有很多獨立演化的種類：John Maynard Smith and Eors Szathmary. (1997) *The Major Transitions in Evolution*. New York: Oxford University Press.

二二三頁 用氣泡呼吸：Richard Dawkins. (2004) *The Ancestor's Tale: A Pilgrimage to the Dawn of Evolution.* Boston: Houghton Mifflin, p. 592.

二二四頁 各自重新演化出魚鰭：George McGhee. (2008) "Convergent Evolution: A Periodic Table of Life?" *The Deep Structure of Biology*, ed. Simon Conway Morris. West Conshohocken, PA: Templeton Foundation, p. 19.

二二六頁 生物的大小比例尺：Data from K. J. Niklas. (1994) "The Scaling of Plant and Animal Body Mass, Length, and Diameter." *Evolution*, 48 (1), pp. 48-49. http://www.jstor.org/stable/2410002.

二二七頁 「速率和次數大多非常接近，很值得注意」：Erica Klarreich. (2005) "Life on the Scales-Simple Mathematical Relationships Underpin Much of Biology and Ecology." *Science News*, 167 (7).

二二七頁 「不變的理想形式」：Michael Denton and Craig Marshall. (2001) "Laws of Form Revisited." *Nature*,

410 (6827). http://dx.doi.org/10.1038/35068645.

一二八頁　「通過大角星上的考試」：David Darling. (2001) *Life Everywhere: The Maverick Science of Astrobiology*. New York: Basic Books, p. 14.

一二九頁　「大部分無法自我複製」：Kenneth D. James and Andrew D. Ellington. (1995) "The Search for Missing Links Between Self-Replicating Nucleic Acids and the RNA World." *Origins of Life and Evolution of Biospheres*, 25 (6). http://dx.doi.org/10.1007/BF01582021.

一三一頁　「宇宙間最奇怪的分子」：Simon Conway Morris. (2004) *Life's Solution: Inevitable Humans in a Lonely Universe*. New York: Cambridge University Press.

一三二頁　「生命中的官能基」：Norman R. Pace. (2001) "The Universal Nature of Biochemistry." *Proceedings of the National Academy of Sciences of the United States of America*, 98 (3). http://www.pnas.org/content/98/3/805.short.

一三二頁　至少也是「百萬中選一」：Stephen J. Freeland, Robin D. Knight, et al. (2000) "Early Fixation of an Optimal Genetic Code." *Moleculor Biology and Evolution*, 17 (4). http://mbe.oxfordjournals.org/cgi/content/abstract/17/4/511.

一三二頁　經過數十億年的演化應該早就出現了，不是嗎？：David Darling. (2001) *Life Everywhere: The Maverick Science of Astrobiology*. New York: Basic Books, p. 130.

一三三頁　「有碳基生物的地方」：Michael Denton and Craig Marshall. (2001) "Laws of Form Revisited." *Nature*, 410 (6827). http://dx.doi.org/10.1038/35068645.

一三五頁　「原本就編碼在基因圖譜中」：Lynn Helena Caporale. (2003) "Natural Selection and the Emergence of a Mutation Phenotype: An Update of the Evolutionary Synthesis Considering Mechanisms That Affect Genomic Variation." *Annual Review of Microbiology*, 57 (1).

一三六頁　**從同一個起點**：(2009) "Skeuomorph." Wikipedia, Wikimedia Foundation. http://en.wikipedia.org/w/index.php?title=Skeuomorph&oldid=340233294.

一三七頁　**「把偶發事件具體化」**：Stephen Jay Gould. (1989) *Wonderful Life: The Burgess Shale and Nature of History*. New York: W. W. Norton, p. 320.

一三八頁　**演化三向量**：Inspired by Stephen Jay Gould. (2002) *The Structure of Evolutionary Theory*. Cambridge, MA: Belknap Press of Harvard University Press, p. 1052; designed by the author.

一三九頁　**「並非基因隨機發生變化」**：Simon Conway Morris. (2004) *Life's Solution: Inevitable Humans in a Lonely Universe*. New York: Cambridge University Press, p. 132.

一三九頁　**「數十萬年前」**：Stephen Jay Gould. (2002) *The Structure of Evolutionary Theory.* Cambridge: Belknap Press of Harvard University Press, p. 1085.

一三九頁　**如果把生命倒帶**：Michael Denton. (1998) *Nature's Destiny: How the Laws of Biology Reveal Purpose in the Universe*. New York: Free Press, p. 283.

一四〇頁　**「符合生命的利益」**：Paul Davies. (1998) *The Fifth Miracle: The Search for the Origin of Life*. New York: Simon & Schuster, p. 264.

一四〇頁　**「由原子間的力量預先決定」**：Ibid., p. 252.

一四〇頁　**「似乎會左右（生命）合成的方式」**：Ibid., p. 253.

一四一頁　**「而是符合期待」**：Stuart A. Kauff man. (1995) *At Home in the Universe*. New York: Oxford University Press, p. 8.

一四一頁　**「必然的過程」**：Manfred Eigen. (1971) "Self-organization of Matter and the Evolution of Biological Macromolecules." *Naturwissenschaft en*, 58 (10), p. 519. http://dx.doi.org/10.1007/BF00623322.

一四一頁　**「寫入宇宙的結構中」**：Christian de Duve. (1995) *Vital Dust: Life as a Cosmic Imperative*. New York:

Basic Books, pp. xv, xviii.

一四一頁　**「漸漸變得無可避免」**：Simon Conway Morris. (2004) *Life's Solution: Inevitable Humans in a Lonely Universe*. New York: Cambridge University Press, p. xiii.

一四二頁　**細節則聽天由命**：Richard E. Lenski. (2008) "Chance and Necessity in Evolution." *The Deep Structure of Biology*, ed. Simon Conway Morris. West Conshohocken, PA: Templeton Foundation.

一四二頁　**「聚合在類似的表型上」**：Sean C. Sleight, Christian Orlic, et al. (2008) "Genetic Basis of Evolutionary Adaptation by Escherichia Coli to Stressful Cy-cles of Freezing, Thawing and Growth." *Genetics*, 180 (1). http://www.genetics.org/cgi/content/abstract/180/1/431.

一四二頁　**「所有的結果都會變得不一樣」**：Sean Carroll. (2008) *The Making of the Fittest: DNA and the Ultimate Forensic Record of Evolution*. New York: W. W. Norton.

一四三頁　**他說的沒錯，但正好反了**：Stephen Jay Gould. (1989) *Wonderful Life: The Burgess Shale and Nature of History*. New York: W. W. Norton, p. 320.

一四三頁　**富勒曾說**：Richard Buckminster Fuller, Jerome Agel, et al. (1970) *I Seem to Be a Verb*. New York: Bantam Books.

第七章　趨同

一四六頁　**美國各地仍會鋪設**：Christopher A. Voss. (1984) "Multiple Independent Invention and the Process of Technological Innovation." *Technovation*, 2 p. 172.

一四六頁　**「好幾個人要求」**：William F. Ogburn and Dorothy Thomas. (1975) "Are Inventions Inevitable? A Note on Social Evolution." *A Reader in Culture Change*, eds. Ivan A. Brady and Barry L. Isaac. New York: Schenkman Publishing, p. 65.

一四六頁　**牛痘的效力**：Bernhard J. Stern. (1959) "The Frustration of Technology." *Historical Sociology: The Selected Papers of Bernhard J. Stern*. New York: The Citadel Press, p. 121.

一四六頁　**經歷了同樣的過程**：Ibid.

一四六頁　**前後相差不到一個月**：Dean Keith Simonton. (1979) "Multiple Discovery and Invention: Zeitgeist, Genius, or Chance?" *Journal of Personality and Social Psychology*, 37 (9), p. 1604.

一四七頁　**「是否鐵路必然要電氣化？」**：William F. Ogburn and Dorothy Thomas. (1975) "Are Inventions Inevitable? A Note on Social Evolution." *A Reader in Culture Change*, eds. Ivan A. Brady and Barry L. Isaac. New York: Schenkman Publishing, p. 66.

一四七頁　**稱為波松分布的模式**：Dean Keith Simonton. (1978) "Independent Discovery in Science and Technology: A Closer Look at the Poisson Distribution." *Social Studies of Science*, 8 (4).

一四八頁　**最偉大的發明家買的彩券最多**：Dean Keith Simonton. (1979) "Multiple Discovery and Invention: Zeitgeist, Genius, or Chance?" *Journal of Personality and Social Psychology*, 37 (9).

一四八頁　**巴黎的西屋實驗室**：John Markoff . (2003, February 24) "A Parallel Inventor of the Transistor Has His Moment." *New York Times*. http://www.nytimes.com/2003/02/24/business/ a-parallel-inventor-of-the-transistorhas-his-moment.html.

一四八頁　**時間相差不到幾個月**：Adam B. Jaffe, Manuel Trajtenberg, et al. (2000, April) "The Meaning of Patent Citations: Report on the NBER/Case-Western Reserve Survey of Patentees." Nber Working Paper No. W7631.

一四九頁　**「全然超越了偶然出現的各種性格」**：Alfred L. Kroeber. (1917) "The Superorganic." *American Anthropologist*, 19 (2) p. 199.

一四九頁　**但卻無法達成目標**：Spencer Weart. (1977) "Secrecy, Simultaneous Discovery, and the Theory of Nuclear Reactors." *American Journal of Physics*, 45 (11), p. 1057.

一五〇頁 **用不同的方法找到相同的天體**：Dean Keith Simonton. (1979) "Multiple Discovery and Invention: Zeitgeist, Genius, or Chance?" *Journal of Personality and Social Psychology*, 37 (9), p. 1608.

一五〇頁 **「單獨的發現都差點就成為同時被好多人發現的案例」**：Robert K. Merton. (1961) "Singletons and Multiples in Scientific Discovery: A Chapter in the Sociology of Science." *Proceedings of the American Philosophical Society,* 105 (5), p. 480.

一五〇頁 **「去探索其他的東西」**：Augustine Brannigan. (1983) "Historical Distributions of Multiple Discoveries and Theories of Scientific Change." *Social Studies of Science*, 13 (3), p. 428.

一五一頁 **百分之二十六則超過一次**：Eugene Garfield. (1980) "Multiple Independent Discovery & Creativity in Science." *Current Contents*, 44. Reprinted in *Essays of an Information Scientist: 1979-1980,* 4(44). http://www.garfield.library.upenn.edu/essays/v4p660y1979-80.pdf.

一五一頁 **專利局的審核人員**：Adam B. Jaff e, Manuel Trajtenberg, et al. (2000) "The Meaning of Patent Citations: Report on the Nber/Case-Western Reserve Survey of Patentees." National Bureau of Economic Research, April 2000, p. 10.

一五二頁 **「涉及幾乎同時出現的發明」**：Mark Lemley and Colleen V. Chien. (2003) "Are the U.S. Patent Priority Rules Really Necessary?" *Hastings Law Journal*, 54 (5), p. 1300.

一五二頁 **「創新過程中常見的特質」**：Adam B. Jaffe, Manuel Trajtenberg, et al. (2000) "The Meaning of Patent Citations: Report on the Nber/Case-Western Reserve Survey of Patentees." National Bureau of Economic Research, April 2000, p. 1325.

一五三頁 **發明家，他們比愛迪生更早發明白熾燈泡**：Robert Douglas Friedel, Paul Israel, et al. (1986) *Edison's Electric Light*. New Brunswick, NJ: Rutgers University Press.

一五三頁 **燈泡的種類**：Collage by the author from archival materials.

一五四頁　「天才只能很有效率地提供洞察力」：Malcolm Gladwell. (2008, May 12) "In the Air: Who Says Big Ideas Are Rare?" *New Yorker*, 84 (13).

一五五頁　「我們的想法只有三分之一」：Nathan Myhrvold. (2009) In discussion with the author.

一五五頁　「不知道何時會出現，而不是有沒有可能出現」：Jay Walker. (2009) In discussion with the author.

一五六頁　想到同樣創意的人：W. Daniel Hillis. (2009) In discussion with the author.

一五七頁　發明的倒金字塔：Inspired by W. Daniel Hillis; designed by the author.

一五八頁　「兩位學者的功勞應該算是不相上下」：Abraham Pais. (2005) *"Subtle Is the Lord . . .": The Science and the Life of Albert Einstein*. Oxford: Oxford University Press, p. 153.

一五八頁　「就算讀了愛因斯坦的論文」：Walter Isaacson. (2007) *Einstein: His Life and Universe*. New York: Simon & Schuster, p. 134.

一五八頁　「至少比愛因斯坦晚十多年」：Walter Isaacson. (2009) In discussion with the author.

一五八頁　「看起來則最堅定」：Dean Keith Simonton. (1978) "Independent Discovery in Science and Technology: A Closer Look at the Poisson Distribution." *Social Studies of Science*, 8 (4), p. 526.

一五八頁　《衝鋒九號》和《福將與福星》：Sean Dwyer. (2007) "When Movies Come in Pairs: Examples of Hollywood Deja Vu." Film Junk. http://www.filmjunk.com/2007/03/07/when-movies-come-in-pairs-examples-of-hollywood- deja-vu/.

一五九頁　裡面的裝置就叫做「多多」：Tad Friend. (1998, September 14) "Copy Cats." *New Yorker*. http://www.newyorker.com/archive/1998/09/14/1998_09_14_051_TNY_LIBRY_000016335.

一六〇頁　同時出現在不同的自然創作中：(2009) "Harry Potter Influences and Analogues." Wikipedia, Wikimedia Foundation. http://en.wikipedia.org/w/index.php?title=Harry_Potter_influences_and_analogues&oldid=330124521.

一六三頁　吹箭文化同時出現：Collage by the author from archival materials.

一六三頁　**抓住吹箭的時機**：Robert L. Rands and Caroll L. Riley. (1958) "Diffusion and Discontinuous Distribution." *American Anthropologist*, 60 (2), p. 282.

一六三頁　**算盤**：John Howland Rowe. (1966) "Diffusionism and Archaeology." *American Antiquity*, 31 (3), p. 335.

一六三頁　**「類似的軌道」**：Laurie R. Godfrey and John R. Cole. (1979) "Biological Analogy, Diffusionism, and Archaeology." *American Anthropologist,* New Series, 81 (1), p. 40.

一六五頁　**先耕種穀類，再耕種根莖類作物**：Neil Roberts. (1998) *The Holocene: An Environmental History.* Oxford: Blackwell Publishers, p. 136.

一六五頁　**獨立的平行發現**：John Troeng. (1993) *Worldwide Chronology of Fifty-three Innovations*. Stockholm: Almqvist & Wiksell International.

一六五頁　**統計學家的協助**：Andrew Beyer. (2009) In discussion with the author.

一六六頁　**「一八七六年美國人會發明電話」**：Alfred L. Kroeber. (1948) *Anthropology*. New York: Harcourt, Brace & Co., p. 364.

一六六頁　**歷史上同時出現的發明物**：Robert K. Merton. (1973) *The Sociology of Science: Theoretical and Empirical Investigations*. Chicago: University of Chicago Press, p. 371.

一六七頁　**靠新的科技產品來提供動力**：Dean Keith Simonton. (1979) "Multiple Discovery and Invention: Zeitgeist, Genius, or Chance?" *Journal of Personality and Social Psychology*, 37 (9), p. 1614.

一六七頁　**已經擺在那裡的下一步**：A. L. Kroeber. (1948) *Anthropology*. New York: Harcourt, Brace & Co.

一六九頁　**「碰到新科技時，處境相當不利」**：(2008, February 9) "Of Internet Cafes and Power Cuts." *Economist*, 386 (8566).

第八章　聆聽科技的聲音

一七〇頁　**超級軍刀式戰鬥機以每小時一千兩百一十五公里的速度創下新紀錄**：(2009) "Flight Airspeed Record." Wikipedia, Wikimedia Foundation. http://en.wikipedia.org/w/index.php?title=Flight_airspeed_record&oldid=328492645.

一七一頁　**速度趨勢曲線**：Robert W. Prehoda. (1972) "Technological Forecasting and Space Exploration." *An Introduction to Technological Forecasting*, ed. Joseph Paul Martino. London: Gordon and Breach, p. 43.

一七一頁　**很快就能到達月球**：Damien Broderick. (2002) *The Spike: How Our Lives Are Being Transformed by Rapidly Advancing Technologies*. New York: Forge, p. 35.

一七一頁　**「科幻大師克拉克那種瘋狂迷戀時空旅行的人所期待的」**：Ibid.

一七三頁　**這家公司那時剛成立，生產積體晶片**：John Markoff . (2005) *What the Dormouse Said: How the 60s Counterculture Shaped the Personal Computer*. New York: Viking, p. 17.

一七三頁　**描繪摩爾定律**：Data from Gordon Moore. (1965) "The Future of Integrated Electronics." *Understanding Moore's Law: Four Decades of Innovation,* ed. David C. Brock. Philadelphia: Chemical Heritage Foundation, p. 54. https://www.chemheritage.org/pubs/moores_law/; David C. Brock and Gordon E.Moore. (2006) "Understanding Moore's Law." Philadelphia: Chemical Heritage Foundation, p. 70.

一七四頁　**品質也更好**：David C. Brock and Gordon E. Moore. (2006) "Understanding Moore's Law." Philadelphia: Chemical Heritage Foundation, p. 99.

一七四頁　**「科技降低了生產的成本」**：Gordon E. Moore. (1995) "Lithography and the Future of Moore's Law." *Proceedings of SPIE,* 2437, p. 17.

一七四頁　**「摩爾定律其實是經濟學的定律」**：David C. Brock and Gordon E. Moore. (2006) "Understanding Moore's Law." Philadelphia: Chemical Heritage Foundation.

一七四頁　「來成就這件事」：Bob Schaller. (1996) "The Origin, Nature, and Implications of 'Moore's Law.'" http://research.microsoft .com/en-us/um/people/gray/moore_law.html.

一七五頁　你能夠相信的東西：University Video Corporation. (1992) *How Things Really Work: Two Inventors on Innovation, Gordon Bell and Carver Mead.* Stanford: University Video Corporation.

一七五頁　「也算是自行驅動前進」：Bob Schaller. (1996) "The Origin, Nature, and Implications of 'Moore's Law.'" http://research.microsoft .com/en-us/um/people/gray/moore_law.html.

一七六頁　「當硬碟繼續縮小時」：Mark Kryder. (2009) In discussion with the author.

一七六頁　「並不如我們預期的完全一樣」：Lawrence G. Roberts. (2007) "Internet Trends." http://www.ziplink.net/users/lroberts/IEEEGrowthTrends/IEEEComputer12-99.htm.

一七七頁　其他四種定律：Data from National Renewable Energy Laboratory Energy Analysis Office. (2005) "Renewable Energy Cost Trends." cost_curves_2005.ppt. www.nrel.gov/analysis/docs/cost_curves_2005.ppt; Ed Grochowski. (2000) "IBM Areal Density Perspective: 43 Years of Technology Progress." http://www.pcguide.com/ref/hdd/histTrends-c.html; Rob Carlson. (2009, September 9) "The Bio-Economist." *Synthesis*. http://www.synthesis.cc/2009/09/the-bio-economist.html. Deloitte Center for the Edge. (2009) "The 2009 Shift Index: Measuring the Forces of Long-Term Change," p. 29. http://www.edgeperspectives.com/shift index.pdf.

一七八頁　「實際ＤＮＡ的序列」：Rob Carlson. (2009) In discussion with the author.

一七八頁　「就算有人不相信，趨勢依然如此運作」：Rob Carlson. (2009) In discussion with the author.

一七八頁　不只是產業的規畫藍圖那麼簡單：Ray Kurzweil. (2005) *The Singularity Is Near.* New York: Viking.

一七九頁　科茲威爾定律：Data from Ray Kurzweil. (2005) "Moore's Law: The Fifth Paradigm." The Singularity Is Near (January 28, 2010). http://singularity.com/charts/page67.html.

一八一頁　加倍的時間：Data from Ray Kurzweil. (2005) *The Singularity Is Near.* New York: Viking; Eric S. Lander,

Lauren M. Linton, et al. (2001) "Initial Sequencing and Analysis of the Human Genome." *Nature*, 409 (6822). http://www.ncbi.nlm.nih.gov/pubmed/11237011; Rik Blok. (2009) "Trends in Computing." http://www.zoology.ubc.ca/~rikblok/ComputingTrends/; Lawrence G. Roberts. (2007) "Internet Trends." http://www.ziplink.net/users/lroberts/IEEEGrowthTrends/IEEEComputer12-99.htm; Mark Kryder. (2009) In discussion with the author; Robert V. Steele. (2006) "Laser Marketplace 2006: Diode Doldrums." *Laser Focus World*, 42 (2). http://www.laserfocusworld.com/articles/248128.

一八二頁　**一九九七年達到兩百五十奈米製程時，他的定律就會失效**：David C. Brock and Gordon E. Moore. (2006) "Understanding Moore's Law." Philadelphia: Chemical Heritage Foundation.

一八三頁　**科茲威爾定律的連續體**：Data from Clayton Christensen. (1997) *The Innovator's Dilemma: When New Technologies Cause Great Firms to Fail*. Boston: Harvard Business School Press, p. 10.

一八四頁　**需要「聆聽科技的聲音」**：(2001) "An Interview with Carver Mead." *American Spectator*, 34 (7). http://laputan.blogspot.com/2003_09_21_laputan_archive.html.

一八五頁　**複合式S曲線**：Data from Clayton Christensen. (1997) *The Innovator's Dilemma: When New Technologies Cause Great Firms to Fail*. Boston: Harvard Business School Press, p. 40.

第九章　走向必然

一八九頁　**初次問世的影像電話**：AT&T archival photograph via "Showcasing Technology at the 1964-1965 New York World's Fair." http://www.westland.net/ny64fair/map-docs/technology.htm.

一九〇頁　**每個人都知道這項發明**：(2010) "Videophone." Wikipedia, Wikimedia Foundation. http://en.wikipedia.org/w/index.php?title=Videophone&oldid=340721504.

一九〇頁　**「自立自強，無法逃避的波流」**：Langdon Winner. (1977) *Autonomous Technology: Technics-Out-of-*

Control as a Theme in Political Thought. Cambridge, MA: MIT Press, p. 46.

一九四頁　「能選擇的也不少」：Ibid., p. 55.

一九五頁　「進展中的重要關頭」：Ibid., p. 71.

一九五頁　**生物演化的三股力量**：Inspired by Stephen Jay Gould. (2002) *The Structure of Evolutionary Theory,* Cambridge, MA: Belknap Press of Harvard University Press, p. 1052; designed by the author.

一九六頁　**科技演化的三股力量**：Designed by the author.

一九七頁　**夜間的北韓**：Paul Romer. (2009) "Rules Change: North vs. South Korea." Charter Cities (January 28, 2010). http://chartercities.org/blog/37/ruleschange-north-vs-south-korea.

一九八頁　**稀少微弱**：Paul Romer. (2009) "Paul Romer's Radical Idea: Charter Cities." TEDGlobal, Oxford.

一九八頁　**原本就設計成這個樣子**：Robert Wright. (2000) *Nonzero: The Logic of Human Destiny*. New York: Pantheon.

二〇〇頁　**科技是我們的「第二個自我」**：Sherry Turkle. (1985) *The Second Self*. New York: Simon & Schuster.

二〇一頁　「但我們希望身處於科技之中」：W. Brian Arthur. (2009) *The Nature of Technology: What It Is and How It Evolves*. New York: Free Press, p. 246.

第十章　大學炸彈客有他的道理

二〇四頁　「飛機很有可能會讓戰爭消逝」：Richard Rhodes. (1999) *Visions of Technology: A Century of Vital Debate About Machines, Systems, and the Human World.* New York: Simon & Schuster, p. 66.

二〇四頁　「簡直無法計算」：Christopher Cerf and Victor S. Navasky. (1998) *The Experts Speak: The Definitive Compendium of Authoritative Misinformation.* New York: Villard, p. 274.

二〇四頁　「戰爭不可能發生」：Ibid.

二〇四頁　「一千次的世界會議」：Ibid., p. 273.

二〇四頁　「機關槍讓戰爭不可能出現」：Havelock Ellis. (1926) *Impressions and Comments: Second Series 1914-1920*. Boston: Houghton Mifflin.

二〇四頁　「戰爭會變得很可笑」：Ivan Narodny. (1912) "Marconi's Plans for the World." *Technical World Magazine* (October).

二〇四頁　「實現『世界得太平，人間持善意』的概念」：Christopher Cerf and Victor S. Navasky. (1998) *The Experts Speak: The Definitive Compendium of Authoritative Misinformation*. New York: Villard, p. 105.

二〇四頁　「人間持善意」：Janna Quitney Anderson. (2006) "Imagining the Internet: A History and Forecast." Elon University/Pew Internet Project. http://www.elon.edu/e-web/predictions/150/1870.xhtml.

二〇五頁　「就能為地球帶來和平與融洽」：Nikola Tesla. (1905) "The Transmission of Electrical Energy Without Wires as a Means for Furthering Peace." *Electrical World and Engineer*. http://www.tfcbooks.com/tesla/1905-01-07.htm.

二〇五頁　「想法也能自由流通」：David Nye. (2006) *Technology Matters: Questions to Live With*. Cambridge, MA: MIT Press, p. 151.

二〇五頁　「參與式民主夢想」：Stephen Doheny-Farina. (1995) "The Glorious Revolution of 1971." *CMC Magazine*, 2 (10). http://www.december.com/cmc/mag/1995/oct/last.html.

二〇五頁　「在大家眼中居然變得如此神聖」：Joel Garreau. (2009) In discussion with the author.

二〇五頁　「解決方法的答案」：W. Brian Arthur. (2009) *The Nature of Technology: What It Is and How It Evolves*. New York: Free Press, p. 153.

二〇五頁　死於車禍：M. Peden, R. Scurfield, et al. (2004) "World Report on Road Traffic Injury Prevention." World Health Organization. http://www.who.int/violence_injury_prevention/publications/road_traffic/world_report/en/index.

html.
二〇五頁　造成的死亡人數卻高過癌症：Melonie Heron, Donna L. Hoyert, et al. (2006) "Deaths, Final Data for 2006." National Vital Statistics Reports, Centers for Disease Control and Prevention, 57 (14).
二〇五頁　「一輪科技創新」：Theodore Roszak. (1972) "White Bread and Technological Appendages: I." *Visions of Technology: A Century of Vital Debate About Machines, Systems, and the Human World*, ed. Richard Rhodes. New York: Simon & Schuster, p. 308.
二〇七頁　「人心自囚的桎梏」：William Blake. (1984) "London." *Songs of Experience*, New York: Courier Dover Publications, p. 37.
二〇七頁　「改變心智的習性」：Neil Postman. (1994) *The Disappearance of Childhood*. New York: Vintage Books, p. 24.
二〇八頁　每年有五萬種以上：John H. Lawton and Robert M. May. (1995) *Extinction Rates.* Oxford: Oxford University Press.
二〇九頁　未來的清楚景象跟近在眼前的事物：Paul Saffo. (2008) "Embracing Uncertainty: The Secret to Effective Forecasting." Seminars About Long-term Thinking. San Francisco: The Long Now Foundation. http://www.longnow.org/seminars/02008/jan/11/embracing-uncertainty-the-secret-to-effective-forecasting/.
二〇九頁　某項後果：Kevin Kelly and Paula Parisi. (1997) "Beyond Star Wars: What's Next for George Lucas." *Wired*, 5 (2). http://www.wired.com/wired/archive/5.02/fflucas.html.
二〇九頁　「他們可能永遠察覺不到空虛的存在」：Langdon Winner. (1977) *Autonomous Technology: Technics-Out-of-Control as a Theme in Political Thought.* Cambridge: MIT Press, p. 34.
二一〇頁　「有自尊心的人」：Eric Brende. (2004) *Better Off : Flipping the Switch on Technology.* New York: HarperCollins, p. 229.

二一一頁　並非由意識形態引導，而是依循技術上的需要：Theodore Kaczynski. (1995) “Industrial Society and Its Future.” http://en.wikisource.org/wiki/Industrial_Society_and_Its_Future.

二一四頁　文明會在二〇二〇年以前瓦解：Kevin Kelly. (1995) “Interview with the Luddite.” *Wired*, 3 (6). http://www.wired.com/wired/archive/3.06/saleskelly.html.

二一四頁　現代文選《反抗文明》，也聚焦在解除文明的主題：John Zerzan. (2005) *Against Civilization: Readings and Reflections.* Los Angeles: Feral House.

二一四頁　瓦斯管線和資訊基礎建設：Derrick Jensen. (2006) *Endgame, Vol. 2: Resistance*. New York: Seven Stories Press.

二一四頁　「削減自由」：Theodore Kaczynski. (1995) “Industrial Society and Its Future.” http://en.wikisource.org/wiki/Industrial_Society_and_Its_Future.

二一四頁　「認為自己一定會失敗、有罪惡感、憎恨自己等等」：Ibid.

二一五頁　「還有一片瀑布呢！」：Theresa Kintz. (1999) “Interview with Ted Kaczynski.” *Green Anarchist* (57/58). http://www.insurgentdesire.org.uk/tedk.htm.

二一五頁　「復仇變成我的第一優先」：Ibid.

二一七頁　我們「不得不」使用科技：Theodore Kaczynski. (1995) “Industrial Society and Its Future.” http://en.wikisource.org/wiki/Industrial_Society_and_Its_Future.

二一七頁　大眾無法理性抵抗，抵抗也沒有效：Ibid.

二一八頁　最終我們就會因此失去自由：Ibid.

二二一頁　大學炸彈客的小屋裡面：Federal Bureau of Investigation photograph via (2008) “Unabom Case: The Unabomber’s Cabin.” http://cbs5.com/slideshows/unabom.unabomber.exclusive.20.433402.html.

二二三頁　「人人身體強健」：Green Anarchy. (n.d.) “An Introduction to Anti-Civilization Anarchist Thought and

Practice." Green Anarchy Back to Basics (4). http://www.greenanarchy.org/index.php?action=viewwritingdetail&writingId=283.

二三三頁　「幾種文明衍生出來的毀滅性產物」：Ibid.

二三三頁　「幾千幾萬年」：Derrick Jensen. (2009) In discussion with the author.

二三五頁　「激進份子能面對這樣的問題」：Theresa Kintz. (1999) "Interview with Ted Kaczynski." *Green Anarchist* (57-58). http://www.insurgentdesire.org.uk/tedk.htm.

第十一章　阿米希翻修家給我們的啟示

二三八頁　美國人採用科技：Stephen Scott. (1990) *Living Without Electricity: People's Place Book No. 9*. Intercourse, PA: Good Books.

二四一頁　他都寫入了著作：Eric Brende. (2004) *Better Off : Flipping the Switch on Technology*. New York: HarperCollins.

二四二頁　「我覺得很滿意」：Wendell Berry. (1982) *The Gift of Good Land: Further Essays Cultural & Agricultural*. San Francisco: North Point Press.

二四六頁　「自己動手創業」：Stewart Brand. (1995, March 1) "We Owe It All to the Hippies." *Time*, 145 (12). http://www.time.com/time/magazine/article/0,9171,982602,000.html.

二四八頁　成效大增，但不一定比較好：Wendell Berry. (1982) *The Gift of Good Land: Further Essays Cultural & Agricultural*. San Francisco: North Point Press, p. 180.

二四九頁　「想像自己是另外一個人」：Brink Lindsey. (2007) *The Age of Abundance: How Prosperity Transformed America's Politics and Culture*. New York: HarperBusiness, p. 4.

二五一頁　「功能還不十分完全的東西」：W. Daniel Hillis. (2009) In discussion with the author.

第十二章　尋求同樂

三五三頁　**「掌握人腦創造出來的東西？」**：Langdon Winner. (1977) *Autonomous Technology: Technics-Out-of-Control as a Theme in Political Thought.* Cambridge, MA: MIT Press, p. 13.

三五五頁　**禁令持續的時間**：Data compiled from research gathered by Michele McGinnis and Kevin Kelly in 2004; originally presented at http://www.kk.org/thetechnium/archives/2006/02/the_futility_of.php.

三五五頁　**「防禦要塞和船隻時」**：David Bachrach. (2003) "The Royal Crossbow Makers of England, 1204-1272." *Nottingham Medieval Studies* (47).

三五六頁　**在帳目上使用阿拉伯數字**：Bernhard J. Stern. (1937) "Resistances to the Adoption of Technological Innovations." Report of the Subcommittee on Technology to the National Resources Committee.

三五六頁　**每年會增加百分之九**：Applications International Service for the Acquisition of Agri-Biotech. (2008) "Global Status of Commercialized Biotech/Gm Crops: 2008; The First Thirteen Years, 1996 to 2008." ISAAA Brief 39-2008: Executive Summary. http://www.isaaa.org/resources/publications/briefs/39/executivesummary/default.html.

三五六頁　**每年總共增加了百分之二**：International Atomic Energy Agency. (2007) "Nuclear Power Worldwide: Status and Outlook." International Atomic Energy Agency. http://www.iaea.org/NewsCenter/PressReleases/2007/prn200719.html.

三五六頁　**在一九八六年的高峰期有六萬五千個單位，現在則留下兩萬個**：National Resources Defense Council. (2002) "Table of Global Nuclear Weapons Stockpiles, 1945-2002." http://www.nrdc.org/nuclear/nudb/datab19.asp.

三六〇頁　**「防止環境惡化」**：United Nations Environment Program. (1992) "Rio Declaration on Environment and Development." Rio de Janeiro: United Nations Environment Program. http://www.unep.org/Documents.multilingual/Default.asp?DocumentID=78&ArticleID=1163.

三六〇頁　**波特蘭、奧勒岡和舊金山等**：Lawrence A. Kogan. (2008) "The Extra-WTO Precautionary Principle: One

European 'Fashion' Export the United States Can Do Without." *Temple Political & Civil Rights Law Review*, 17 (2). p. 497. http://www.itssd.org/Kogan%2017%5B1%5D.2.pdf.

二六〇頁　「根本看不到這個原則有什麼方向」：Cass Sunstein. (2005) *Laws of Fear: Beyond the Precautionary Principle*. Cambridge: Cambridge University Press, p. 14.

二六一頁　在家居室內噴灑DDT：Lawrence Kogan. (2004) "'Enlightened' Environmentalism or Disguised Protectionism? Assessing the Impact of EU Precaution-Based Standards on Developing Countries," p. 17. http://www.wto.org/english/forums_e/ngo_e/posp47_nftc_enlightened_e.pdf.

二六一頁　同意分階段完全淘汰DDT：Tina Rosenberg. (2004, April 11) "What the World Needs Now Is DDT." *New York Times*. http://www.nytimes.com/2004/04/11/magazine/what-the-world-needs-now-is-ddt.html.

二六二頁　「一個晚上就能割下整片田裡的作物，然後全部偷走」：Richard Rhodes. (1999) *Visions of Technology: A Century of Vital Debate About Machines, Systems, and the Human World*. New York: Simon & Schuster, p. 145.

二六三頁　「系統中隱藏的路徑」：Charles Perrow. (1999) *Normal Accidents: Living with High-Risk Technologies*. Princeton NJ: Princeton University Press, p. 11.

二六四頁　「跟我們現在居住的世界完全不一樣」：Langdon Winner. (1977) *Autonomous Technology: Technics-Out-of-Control as a Theme in Political Thought*. Cambridge, MA: MIT Press, p. 98.

二六五頁　想像沒有馬的馬車：Arthur C. Clarke. (1984) *Profiles of the Future*. New York: Holt, Rinehart and Winston.

二六五頁　滲入社會的科技分支互動的結果：M. Rodemeyer, D. Sarewitz, et al. (2005) *The Future of Technology Assessment*. Washington, D.C.: The Woodrow Wilson International Center.

二六六頁　永恆的暫時：Stewart Brand. (2009) *Whole Earth Discipline*. New York: Viking, p. 164.

二六七頁　但幸運的話就能看到成效：Edward Tenner. (1996) *Why Things Bite Back: Technology and the Revenge of Unintended Consequences*. New York: Knopf, p. 277.

二六八頁　**激進的超人類主義者麥可斯摩爾於二〇〇四年**：Max More. (2005) “The Proactionary Principle.” http://www.maxmore.com/proactionary.htm.

二六九頁　**「高估人類科技的風險」**：Ibid.

二七四頁　**停下所有跟奈米科技相關的研究**：James Hughes. (2007) “Global Technology Regulation and Potentially Apocalyptic Technological Threats.” *Nanoethics: The Ethical and Social Implications of Nanotechnology,* ed. Fritz Allhoff. Hoboken, NJ: Wiley-Interscience.

二七四頁　**用在抗菌塗層上**：Dietram A. Scheufele. (2009) “Bund Wants Ban of Nanosilver in Everyday Applications.” http://nanopublic.blogspot.com/2009/12/bund-wants-ban-of-nanosilver-in.html; Wiebe E. Bijker, Thomas P. Hughes, et al. (1989) *The Social Construction of Technological Systems*. Cambridge, MA: MIT.

二七七頁　**不論誰來執行都具有破壞性**：Ivan Illich. (1973) *Tools for Conviviality.* New York: Harper & Row.

第十三章　科技的軌道

二八六頁　**在現實生活中都一樣地不恰當**：Seth Lloyd. (2006) *Programming the Universe: A Quantum Computer Scientist Takes on the Cosmos.* New York: Knopf.

二八六頁　**演化有任何方向**：Stephen Jay Gould. (1989) *Wonderful Life: The Burgess Shale and Nature of History.* New York: W. W. Norton.

二八七頁　**展現出有效複雜度**：Seth Lloyd. (2006) *Programming the Universe: A Quantum Computer Scientist Takes on the Cosmos.* New York: Knopf, p. 199.

二八七頁　**「生物的宇宙論起源」**：James Gardner. (2003) *Biocosm: The New Scientific Theory of Evolution.* Makawao Maui, HI: Inner Ocean.

二八七頁　**生物演化變遷**：John Maynard Smith and Eors Szathmary. (1997) *The Major Transitions in Evolution.*

New York: Oxford University Press.

二八八頁　**每一步都無法逆轉**：John Maynard Smith and Eors Szathmary. (1997) *The Major Transitions in Evolution*. New York: Oxford University Press, p. 9.

二八九頁　**Vista 版本含有五千萬行程式碼**：Vincent Maraia. (2005) *The Build Master: Microsoft's Soft ware Configuration Management Best Practices.* Upper Saddle River, NJ: Addison-Wesley Professional.

二九〇頁　**軟體的複雜度**：Data from Vincent Maraia. (2005) *The Build Master: Microsoft's Soft ware Configuration Management Best Practices*. Upper Saddle River, NJ; Addison-Wesley Professional.

二九一頁　**人造機器的複雜度**：Data from Robert U. Ayres. (1991) *Computer Integrated Manufacturing: Revolution in Progress*. London: Chapman & Hall, p. 3.

二九三頁　**例如UNIX系統的核心**：W. Daniel Hillis. (2007) In discussion with the author.

二九四頁　**創造出一百多種穩定的元素**：George Wallerstein, Icko Iben, et al. (1997) "Synthesis of the Elements in Stars: Forty Years of Progress. *Reviews of Modern Physics*, 69 (4), p. 1053. http://link.aps.org/abstract/RMP/v69/p995.10.1103/RevModPhys.69.995.

二九四頁　**目前的四千三百多種礦物質**：Robert M. Hazen, Dominic Papineau, et al. (2008) "Mineral Evolution." *American Mineralogist,* 93 (11/12). http://ammin.geoscienceworld.org/cgi/content/abstract/93/11-12/1693.

二九四頁　**僅僅兩百萬年前**：Dale A. Russell. (1995) "Biodiversity and Time Scales for the Evolution of Extraterrestrial Intelligence." *Astronomical Society of the Pacific Conference Series* (74). http://adsabs.harvard.edu/full/1995ASPC...74..143R.

二九五頁　**生命的總多樣性**：J. John Sepkoski. (1993) "Ten Years in the Library: New Data Confirm Paleontological Patterns." *Paleobiology*, 19 (1), p. 48.

二九五頁　**過去五十年來，期刊文章的數目呈現爆炸性成長**：Stephen Hawking. (2001) *The Universe in a*

Nutshell. New York: Bantam Books, p. 158.

二九五頁　**光在美國就發出了七百萬個專利**．．Brigid Quinn and Ruth Nyblod. (2006) "United States Patent and Trademark Office Issues 7 Millionth Patent." United States Patent and Trademark Office.

二九六頁　**專利申請和科學文章的總數**．．United States Patent and Trademark Office. (2009) "U.S. Patent Activity, Calendar Years 1790 to Present: Total of Annual U.S. Patent Activity Since 1790." http://www.uspto.gov/web/offices/ac/ido/oeip/taf/h_counts.htm; Stephen Hawking. (2001) *The Universe in a Nutshell*. New York: Bantam Books, p. 158.

二九六頁　**人工學習機器認得出來的**．．Irving Biederman. (1987) "Recognition- by-Components: A Theory of Human Image Understanding." *Psychological Review*, 94 (2), p. 127.

二九七頁　**型錄上的產品超過四十八萬種**．．"McMaster-Carr." http://www.mcmaster.com/#.

二九七頁　**大約一百萬部電視影集**．．"IMDB Statistics." Internet Movie Database. http://www.imdb.com/database_statistics.

二九七頁　**錄製的歌曲**．．"iTunes A to Z." Apple Inc. http://www.apple.com/itunes/features/.

二九七頁　**編目的化學物有五千萬種**．．Paul Livingstone. (2009, September 8) "50 Million Compounds and Counting." *R&D Mag*. http://www.rdmag.com/Community/Blogs/RDBlog/50-million-compounds-and-counting/.

二九七頁　**可說是獨一無二的模樣**．．David Nye. (2006) *Technology Matters: Questions to Live With*. Cambridge, MA: MIT Press, pp. 72-73.

二九八頁　**讓消費者麻痺了**．．Barry Schwartz. (2004) *The Paradox of Choice: Why More Is Less*. New York: Ecco, pp. 9-10.

二九八頁　**「愈不可能做出選擇」**．．Barry Schwartz. (2005, January 5) "Choose and Lose." *New York Times*. http://www.nytimes.com/2005/01/05/opinion/05schwartz.html.

二九八頁　「甚至是一種壓迫」：Barry Schwartz. (2004) *The Paradox of Choice: Why More Is Less*. New York: Ecco, p. 2.

二九八頁　到了二〇六〇年，送到美國專利局申請的專利：Kevin Kelly. (2009) Calculation extrapolated by the author based on historic U.S. Patent data. http://www.uspto.gov/web/offices/ac/ido/oeip/taf/h_counts.htm.

二九九頁　英文書籍：Library of Congress. (2009). "About the Library." http://www.loc.gov/about/generalinfo.html.

三〇一頁　「僅距離一天路程」：Pierre Lemonnier. (1993) *Technological Choices: Transformation in Material Cultures Since the Neolithic*. New York: Routledge, p. 74.

三〇一頁　「材料效率或進步的邏輯」：Ibid., p. 24.

三〇一頁　等野豬路過踩到就會掉下來：Ibid.

三〇二頁　水車的物理學永遠不變：Ibid.

三〇四頁　骨骼細胞、皮膚細胞和腦細胞：Stuart Kauff man. (1993) *The Origins of Order: Self-Organization and Selection in Evolution*. New York: Oxford University Press, p. 407.

三〇五頁　特化的細胞類型：Data from James W. Valentine, Allen G. Collins, et al. (1994) "Morphological Complexity Increase in Metazoans." *Paleobiology*, 20 (2), p. 134. http://paleobiol.geoscienceworld.org/cgi/content/abstract/20/2/131.

三〇八頁　人腦和人手：Peter M. Vitousek, Harold A. Mooney, et al. (1997) "Human Domination of Earth's Ecosystems." *Science*, 277 (5325).

三一〇頁　科技採納不斷加快的步調：Peter Brimelow. (1997, July 7) "The Silent Boom." *Forbes*, 160 (1). http://www.forbes.com/forbes/1997/0707/6001170a.html.

三一二頁　遍及製造業："Electric Motor." Wikipedia, Wikimedia Foundation. http://en.wikipedia.org/w/index.php?title=Electric_motor&oldid=344778362.

三一二頁　**無所不在的馬達**‥David A. Hounshell. (1984) *From the American System to Mass Production 1800-1932: The Development of Manufacturing Technology in the United States*. Baltimore: Johns Hopkins University Press, p. 232.

三一三頁　**家用馬達的廣告**‥Donald Norman. (1998) *The Invisible Computer: Why Good Products Can Fail, the Personal Computer Is So Complex, and Information Appliances Are the Solution*. Cambridge: MIT Press, p. 50.

三一三頁　**攪打奶油和雞蛋**‥Donald Norman. (1998) *The Invisible Computer: Why Good Products Can Fail, the Personal Computer Is So Complex, and Information Appliances Are the Solution*. Cambridge, MA: MIT Press.

三一六頁　**「兩個美國」出現了**‥Don Tapscott. (1999) *Growing up Digital*. New York: McGraw-Hill, p. 258. Referring to Brad Fay's research for the 1996 Roper Starch report "The Two Americas: Tools for Succeeding in a Polarized Marketplace."

三一九頁　**一定要描述成自由意志的行動**‥Freeman J. Dyson. (1988) *Infinite in All Directions*. New York: Basic Books, p. 297.

三一九頁　**改變旋轉方向**‥J. Conway. (2009) "The Strong Free Will Theorem." *Notices of the American Mathematical Society*, 56 (2).

三一九頁　**量子影響出現在所有的物質中**‥Stuart Kauff man. (2009) "Five Problems in the Philosophy of Mind." Edge: The Third Culture, (297). http://www.edge.org/3rd_culture/kauff man09/kauff man09_index.html.

三二〇頁　**我們最終的解釋**‥Conway. "The Strong Free Will Theorem."

三二一頁　**有了更多自由，我們就更有人性**‥Richard Rhodes. (1999) *Visions of Technology: Machines, Systems and the Human World*. New York: Simon & Schuster Inc., p. 266.

三二二頁　**人類大腦和手臂合作**‥(1998) " 'Quick-Thinking' Robot Arm Helps MIT Researchers Catch on to Brain Function." MITnews. http://web.mit.edu/newsoffice/1998/wam.html.

三二三頁 **在地球上，有一半以上的生物都屬寄生生物**：Peter W. Price. (1977) "General Concepts on the Evolutionary Biology of Parasites." *Evolution*, 31 (2). http://www.jstor.org.libaccess.sjlibrary.org/stable/2407761.

三二六頁 **共同寫作和編輯**：Ward Cunningham. "Publicly Available Wiki Soft ware Sorted by Name." http://c2.com/cgi/wiki?WikiEngines.

三二六頁 **每個月光在美國，發表在 YouTube 上的影片**：comScore. (2009) "YouTube Surpasses 100 Million U.S. Viewers for the First Time." ComScore. http://www.comscore.com/Press_Events/Press_Releases/2009/3/YouTube_Surpasses_100_Million_US_Viewers.

三二六頁 **發表在同人小說網站上的故事**：M. E. Curtin. (2007) In discussion with the author's researcher. See M. E. Curtin's Alternate Universes for her earlier stats: http://www.alternateuniverses.com/ff nstats.html.

三二六頁 **類別、標籤和關鍵字**：Heather Champ. (2008) "3 Billion!" Flickr Blog. http://blog.flickr.net/en/2008/11/03/3-billion/.

三二七頁 **Fedora Linux 9 軟體發行前**：Amanda McPherson, Brian Proffitt, et al. (2008) "Estimating the Total Development Cost of a Linux Distribution." The Linux Foundation. http://www.linuxfoundation.org/publications/estimatinglinux.php.

三二七頁 **自由軟體計畫**：Ohloh. (2010) "Open Source Projects." http://www.ohloh.net/p.

三二七頁 **但沒有主管**：General Motors Corporation. (2008) "Form 10-K." http://www.sec.gov.

三三〇頁 **一生下來就深受生物吸引**：Stephen R. Kellert and Edward O. Wilson. (1993) *The Biophilia Hypothesis*. Washington, D.C.: Island Press.

三三一頁 **人體工學剪刀**：Generic tailor's scissors, unknown origin.

三三二頁 **禱告也開始了**：Langdon Winner. (1977) *Autonomous Technology: Technics-Out-of-Control as a Theme in Political Thought*. Cambridge, MA: MIT Press, p. 44.

三三三頁　到一個沒有人的世界裡：Joan Didion. (1990). *The White Album.* New York: Macmillan, p. 198.

三三四頁　「熱情和實用性」抓住了某些人：Mark Dow. (June 8, 2009) "A Beautiful Description of Technophilia [Weblog comment]." Technophilia. The Technium. http://www.kk.org/thetechnium/archives/2009/06/technophilia.php#comments.

三三四頁　「我們也愛有助於思緒的物品」：Sherry Turkle. (2007) *Evocative Objects: Things We Think With.* Cambridge, MA: MIT Press, p. 3.

三三七頁　小到幾乎看不見：Nigel R. Franks and Simon Conway Morris. (2008) "Convergent Evolution, Serendipity, and Intelligence for the Simple Minded." *The Deep Structure of Biology*, ed. Simon Conway Morris. West Conshohocken, PA: Templeton Foundation Press.

三三七頁　人類到了一七三三年才發現：J. F. Ramley. (1969) "Buffon's Needle Problem." *American Mathematical Monthly,* 76 (8).

三三七頁　趕走在屁股上飛來飛去的討厭蒼蠅：Donald R. Griffin. (2001) *Animal Minds: Beyond Cognition to Consciousness*. Chicago: University of Chicago Press, p. 12.

三三八頁　鼓勵他們繼續走：Ibid.

三三八頁　我們對動物智力的定義：Anthony Trewavas. (2008) "Aspects of Plant Intelligence: Convergence and Evolution." *The Deep Structure of Biology,* ed. Simon Conway Morris. West Conshohocken, PA: Templeton Foundation Press.

三三八頁　「低等動物」：Ibid., p. 80.

三三八頁　在迷宮中用最短的距離找到食物，老鼠就是這樣：Ibid.

三三九頁　其他剛到池子裡來的海豚：Donald R. Griffin. (2001) *Animal Minds: Beyond Cognition to Consciousness.* Chicago: University of Chicago Press, p. 229.

三三九頁　「由心理學家來進行，而不是鳥類學家」：Anthony Trewavas. (2008) "Aspects of Plant Intelligence: Convergence and Evolution." *The Deep Structure of Biology,* West Conshohocken, PA: Templeton Foundation Press, p. 131.

三四〇頁　一個裡面就包含十億個電晶體：Jim Held, Jerry Bautista, et al. (2006) "From a Few Cores to Many: A Tera-Scale Computing Research Overview." http://download.intel.com/research/platform/terascale/terascale_ovierview_paper.pdf

三四一頁　抹香鯨的腦：Lori Marino. (2004) "Cetacean Brain Evolution: Multiplication Generates Complexity." *International Journal of Comparative Psychology*, 17 (1).

三四二頁　有十萬兆個（10^{17}）電晶體：Kevin Kelly. (2008) "Infoporn: Tap into the 12-Million-Teraflop Handheld Megacomputer." *Wired*, 16 (7). http://www.wired.com/special_multimedia/2008/st_infoporn_1607.

三四二頁　產生將近兩千萬兆位元組的資料：Ibid.

三四二頁　大約二十七億支手機：Portio Research. (2007) "Mobile Messaging Futures 2007-2012." http://www.portioresearch.com/MMF07-12.html.

三四二頁　十三億台室內電話：Central Intelligence Agency. (2009) "World Communications." *World Factbook.* https://www.cia.gov/library/publications/theworld-factbook/geos/xx.html.

三四二頁　兩千七百萬台資料伺服器：Jonathan Koomey. (2007) "Estimating Total Power Consumption by Servers in the U.S. and the World." Oakland: Analytics Press. www.amd.com/us-en/assets/content_type/DownloadableAssets/Koomey_Study-v7.pdf.

三四二頁　八千萬台無線掌上型電腦：eMarketer. (2002) "PDA Market Report: Global Sales, Usage and Trends," p. 1. Citing Gartner Dataquest. http://www.info-edge.com/samples/EM-2058sam.pdf. Based on the cumulative total of 2003-2005.

三四二頁　**數以兆計的網頁**：Marcus P. Zillman. (2006) "Deep Web Research 2007." LLRX. http://www.llrx.com/features/deepweb2007.htm.

三四二頁　**突觸連結，連到其他幾千個神經元上**：David A. Drachman. (2005) "Do We Have Brain to Spare?" *Neurology*, 64 (12). http://www.neurology.org.

三四二頁　**連到其他六十個網頁**：Andrei Z. Broder, Marc Najork, et al. (2003) "Efficient URL Caching for World Wide Web Crawling." *Proceedings of the 12th International Conference on the World Wide Web,* Budapest, Hungary, May 20-24, p. 5. http://portal.acm.org/citation.cfm?id=775152.775247.

三四四頁　**幾百萬兆個線上電晶體**：Semiconductor Industry Association. (2007) "SIA Hails 60th Birthday of Microelectronics Industry." Semiconductor Industry Association. http://www.sia-online.org/cs/papers_publications/press_release_detail?pressrelease.id=96.

三四四頁　**幾億兆位元組的真實資料**：John Gantz, David Reinsel, et al. (2007) "The Expanding Digital Universe: A Forecast of Worldwide Information Growth Through 2010." http://www.emc.com/collateral/analyst-reports/expanding-digitalidc-white-paper.pdf.

三四六頁　**幾百萬個位元**：Stephen Hawking. (1996) "Life in the Universe." http://hawking.org.uk/index.php?option=com_content&view=article&id=65.

三四六頁　**每年我們加入科技體的新資訊**：Bret Swanson and George Gilder. (2008) "Estimating the Exaflood." Discovery Institute. http://www.discovery.org/a/4428.

三四六頁　**一百多年來也遵循指數型曲線**：Andrew Odlyzko. (2000) "The History of Communications and Its Implications for the Internet." SSRN eLibrary. http://papers.ssrn.com/sol3/papers.cfm?abstract_id=235284.

三四六頁　**自科學開始**：Derek Price. (1965) *Little Science, Big Science.* New York: Columbia University Press.

三四八頁　**推翻科學典範**：Freeman J. Dyson. (2000) *The Sun, the Genome, and the Internet: Tools of Scientific*

Revolutions. New York: Oxford University Press, p. 15.

第十四章　沒有結局的遊戲

三五七頁　「蒸氣引擎要怎麼讓人變得更好？」：Wendell Berry. (2000) *Life Is a Miracle: An Essay Against Modern Superstition*. Washington, D.C.: Counterpoint Press, p. 74.

三六〇頁　失蹤的科技：Collage by the author.

三六二頁　「行動一定要增加選擇的數目」：Heinz von Foerster. (1984) *Observing Systems*. Seaside, CA: Intersystems Publications, p. 308.

三六三頁　「無限的玩家玩弄界限」：James Carse. (1986) *Finite and Infinite Games*. New York: Free Press, p. 10.

三六四頁　「一直無法達到這個理想」：Ray Kurzweil. (2005) *The Singularity Is Near*. New York: Viking, p. 389.

三六五頁　叫做「歷程神學」：John B. Cobb Jr. and David Ray Griffin. (1977) *Process Theology: An Introductory Exposition*. Philadelphia: Westminster Press.

三六六頁　到目前為止：Loren Eiseley. (1985) *The Unexpected Universe*. San Diego: Harcourt Brace Jovanovich, p. 55.

三六七頁　「宇宙知道我們會出現」：Freeman J. Dyson. (2001). *Disturbing the Universe*. New York: Basic Books, p. 250.

三六七頁　「我們是星塵，反覆思量著我們的母體，也就是恆星」：Carl Sagan. (1980) *Cosmos*. New York: Random House.

中英對照表

文獻

一至四畫

《X 世代》 *Generation X*
《十三號月台的祕密》 *The Secret of Platform 13*
《大眾科學》 *Popular Science*
《小蟻雄兵》 *Antz*
《反抗文明》 *Against Civilization*
《文明前的戰爭》 *War Before Civilization*

五至六畫

《世界末日》 *Armageddon*
《只想買條牛仔褲：選擇的弔詭》 *The Paradox of Choice*
《失控》 *Out of Control*
《生物決定論》 *Vital Dust*
《生物圈的生命起源和演化》 *Origins of Life and Evolution of the Biospheres*
《白色相簿》 *The White Album*
《全球紀律》 *Whole Earth Discipline*
《全球概覽》 *Whole Earth Catalog*
《同樂工具》 *Tools for Conviviality*
《地球第一！》期刊 *Earth First! Journal*
《有限和無限的遊戲》 *Finite and Infinite Games*

七至八畫

《別讓科技統治你》 *You Are Not a Gadget*
《完全地球紀律》 *Whole Earth Discipline*
《技術的本質》 *The Nature of Technology*
《侏儸紀公園》 *Jurassic Park*
《奇妙的生命》 *Wonderful Life*
《奇異點已近》 *The Singularity Is Near*
《法蘭克的生活》 *Frank's Life*
《物質世界》 *Material World*
《長釘》 *The Spike*
《阿凡達》 *Avatar*
《非零理論》 *Nonzero*

九至十畫

《哈利波特》 *Harry Potter*
《哈姆雷特》 *Hamlet*
〈城市星球〉 City Planet
《星際大戰》 *Star Wars*
《星際爭霸戰》 *Star Trek*
《活得更好》 *Better Off*
《看不見的力量》 *Blessed Unrest*
《科技反撲——萬物對人類展開報復》 *Why Things Bite Back*
《科技指南》 *Guide to Technology*
《美地的禮物》 *The Gift of Good Land*

《修辭學》 *Rhetoric*
《紐約客》 *New Yorker*
《紐約時報》 *New York Times*
《追求卓越》 *In Search of Excellence*
《追風的人》 *Catch the Wind*

十一至十三畫

《國家地理雜誌》 *National Geographic*
《貧民窟星球》 *Planet of Slums*
《連線》 *Wired*
〈植物智慧面面觀〉 Aspects of Plant Intelligence
《湖濱散記》 *Walden*
《無電生活》 *Living Without Electricity*
《進步的弔詭》 *The Progress Paradox*
《奧義書》 *Upanishads*
《愛因斯坦：他的人生，他的宇宙》 *Einstein: His Life and Universe*
《愛迪生的電燈：發明的傳記》 *Edison's Electric Light: Biography of an Invention*
《新經濟，新規則》 *New Rules for the New Economy*
《楚門的世界》 *The Truman Show*
《極大之城》 *Maximum City*
《經濟學人》 *The Economist*
《電的時代》 *The Age of Electricity*

十四畫以上

《槍炮、病菌與鋼鐵》 *Guns, Germs, and Steel*
《福將與福星》 *Turner & Hooch*
《綠色無政府主義入門書》 *Green Anarchy Primer*
《影子城市》 *Shadow Cities*
《彗星撞地球》 *Deep Impact*
《數位革命》 *Being Digital*
《衝鋒九號》 *K-9*
《操縱程式，或被程式操縱》 *Program or Be Programmed*
《龍捲風》 *Twister*
〈趨同演化〉 Convergent Evolution
《蟲蟲危機》 *A Bug's Life*
《關鍵》 *Linchpin*
《魔戒》 *Lord of the Rings*

人名

一至四畫

J．K．羅琳 J. K. Rowling
凡爾納 Jules Verne
丹尼特 Daniel Dennett
孔恩 Thomas Kuhn
尤蘭 Jane Yolen
巴克 Bob Bakker
巴克拉區 David Bachrach
戈德弗瑞 Laurie Godfrey
木村資生 Motoo Kimura

五畫

加斯頓　Jerry Gaston
加羅　Joel Garreau
卡文迪西　Cavendish
卡克辛斯基　Ted Kaczynski
卡波瑞爾　L. H. Caporale
卡提　John J. Carty
卡斯　James Carse
卡爾文　William Calvin
卡爾森　Rob Carlson
卡德里　Richard Kadrey
古爾德　Stephen Jay Gould
古德溫　Brian Goodwin
史瓦茲　Barry Schwartz
史考特　W. B. Scott
史坦海爾　Karl Steinheil
史旺　Joseph Swan
史特林　Bruce Sterling
史密斯　John Maynard Smith
史蒂芬斯　John Stevens
尼布爾　Reinhold Niebuhr
尼埃普斯　Nicephore Niepce
尼葛洛龐帝　Nicholas Negroponte
布仁德　Eric Brende
布里格斯　Henry Briggs
布洛克曼　John Brockman
布萊克　William Blake
布爾基　Joost Burgi
布魯諾斯基　Jacob Bronowski
布羅德瑞克　Damien Broderick
布蘭德　Stewart Brand
瓦雷利　Paul Valery
田納　Edward Tenner
白特甘　Pierre Petrequin

六畫

伊利奇　Ivan Illich
伊斯特布魯克　Gregg Easterbrook
伊斯特林　Richard Easterlin
伊斯瑞　Paul Israel
伊諾　Brian Eno
米切姆　Carl Mitcham
米佛德　Nathan Myhrvold
米契爾　Russ Mitchell
米德　Carver Mead
考夫曼　Stuart Kauffman
艾比　Edward Abbey
艾西莫夫　Isaac Asimov
艾伯特　David Apter
艾垂奇　Niles Eldredge
艾根　Manfred Eigen
艾斯禮　Loren Eiseley
艾薩克森　Walter Isaacson
艾靈頓　A. D. Ellington
西蒙頓　Dean Simonton

七畫

亨利　Joseph Henry
亨利亞當斯　Henry Adams
佛里德爾　Robert Friedel
佛洛姆　Erich Fromm
佛格森　Niall Ferguson
佛斯特　Heinz von Foerster

佛羅里達 Richard Florida
佛羅杭斯 Hercules Florence
佛蘭德 Tad Friend
伽森 Eric Chaisson
但頓 Michael Denton
克來德 Mark Kryder
克拉克 Arthur C. Clarke
克萊頓 Michael Crichton
克雷比爾 Donald B. Kraybill
克魯伯 Alfred Kroeber
克蘭 Richard Klein
克露提耶 Camille Cloutier
利歷 Lilly
吳爾夫 Gary Wolf
希利斯 Danny Hillis
希明頓 William Symington
杜維 Christian de Duve
杜謝呂 Paul du Chaillu
沃克 Jay Walker
沃特 Spencer Weart
狄克森 William Dickson
貝克曼 Johann Beckmann
貝瑞 Wendell Berry
貝爾 Alexander Bell
里斯曼 David Riesman

八畫

亞瑟 Brian Arthur
亞當斯 John Couch Adams
佳斯柏里 Rachel Caspari
來特 Victoria Wright
佩奇 Page
佩斯 Norman Pace
奇洛里 James Gillooly
奈伊 David Nye
孟德爾 Gregor Mendel
屈華瓦斯 Anthony Trewavas
彼得斯 Tom Peters
拉姆達斯 Kavita Ramdas
拉蒂莫 Lewis Howard Latimer
明斯基 Marvin Minsky
波以耳 Robert Boyle
波依德 Albert Boyd
波斯曼 Neil Postman
波普爾 Karl Popper
法恩斯沃思 Philo Farnsworth
金納 Edward Jenner
阿達瑪 Jacques Hadamard

九畫

哈博德 James Harbord
奎曼 David Quammen
威爾遜 E. O. Wilson
施瓦爾貝 William Schwalbe
柯克 William Cooke
柯麥隆 James Cameron
柯普蘭 Doug Coupland
洛依德 Andreas Lloyd
洛西可夫 Douglas Rushkoff
洛克斐勒 John Rockefeller
洛依德 Seth Lloyd
洛威 John Rowe
科倫斯 Karl Erich Correns

科茲威爾 Ray Kurzweil
科爾 John Cole
范里安 Hal Varian
若姆西 Rumsey
韋伯斯特 Donovan Webster
韋恩 Wilhelm Wien
韋斯特 Geoffrey West

十畫

哲忍 John Zerzan
家敏 Gia-Miin
恩格伯特 Doug Engelbart
根特 George Gent
桑思坦 Cass R. Sunstein
格林 William Friese-Greene
格雷 Elisha Gray
泰特薩 Ian Tattersall
泰溫 Tywen
海格斯壯 Warren Hagstrom
海德格 Martin Heidegger
特克 Sherry Turkle
特斯拉 Nikola Tesla
特隆 John Troeng
班傑明 Park Benjamin
素斯 Konrad Zuse
紐沃斯 Rob Neuwirth
納皮爾 John Napier
茹佛華 Jouffroy
馬可尼 Guglielmo Marconi
馬克沁 Hiram Stevens Maxim
馬克斯 Karl Marx
馬歇爾 Craig Marshall
馬爾薩斯 Thomas Malthus
高汀 Seth Godin
高斯 Gauss

十一畫

勒威耶 Urbain Le Verrier
勒莫尼耶 Pierre Lemonnier
曼瑟 Peter Menzel
基利 Lawrence Keeley
培根 Francis Bacon
培羅 Charles Perrow
崑崙 Jonathan Corum
康威 John Conway
教宗依諾增爵二世 Pope Innocent II
梭羅 Thoreau
梅西里 Emmanuel Mesthene
梅烏奇 Antonio Meucci
梅塔 Suketu Meht
莫里斯 Simon Conway Morris
莫頓 Robert Merton
連斯基 Richard Lenski
陶德 Michael Dowd
麥可斯摩爾 Max More
麥克魯漢 Marshall McLuhan
麥金妮絲 Michele McGinnis
麥基 George McGhee
麥葛文 George McGavin

十二畫

傅利蘭 Stephen Freeland
傅爾頓 Robert Fulton

傑菲 Adam Jaffe
凱力 Robert Kelly
凱伊 Alan Kay
凱洛 Sean Carroll
凱斯勒 Stephen Kessler
凱琳 Kaileen
凱爾文 William Thomson Kelvin
勞侖茲 Hendrik Lorentz
喬伊 Bill Joy
婷婷 Ting
富勒 Buckminster Fuller
彭南貝魯馬 Cyril Ponnamperuma
惠特克 John Whittaker
惠斯頓 Charles Wheatstone
斯洛瓦克 Paul Slovak
斯特金 William Sturgeon
斯瑪特 John Smart
普利斯特利 Joseph Priestley
普拉特 Charles Platt
湯瑪絲 Dorothy Thomas
舒瓦 Peter Schwartz
華克 John Walker
華盛頓 George Washington
華萊士 Alfred Russel Wallace
華德 George Wald
萊布尼茲 Gottfried Leibniz
萊姆利 Mark Lemley
萊恩高德 Howard Rheingold
萊特 Orville Wright
費因 Bernard Finn
費雪 Richard Fisher
雅各比 Jacobi

十三畫

塞爾 Kirkpatrick Sale
塔爾博特 William Henry Fox Talbot
塔福 Paul Tough
奧斯本 Henry Osborn
愛迪生 Thomas Edison
溫納 Langdon Winner
瑞絲妮可 Nancy Resnick
瑞德利 Matt Ridley
蒂蒂安 Joan Didion
葛拉威爾 Malcolm Gladwell
葛登納 James Gardner
葛萊米克 Bronislaw Geremek
詹姆士 K. D. James
賈伯斯 Steve Jobs
道金斯 Richard Dawkins
達爾文 Charles Darwin
達蓋爾 Louis Daguerre
雷文霍克 Antonie van Leeuwenhoek
鼎恩 Bashford Dean

十四至十五畫

瑣羅亞斯德 Zoroaster
福特 Henry Ford
蓋曼 Neil Gaiman
豪爾 Hall
赫斯特 Laurence Hurst
德弗里斯 Hugo de Vries
德斐生 Davidson
摩斯 Samuel Morse

摩爾　Gordon Moore
撒羅米　Zalman Schachter-Shalomi
歐格朋　William Ogburn
鄧恩　Mark Dunn

十六畫

盧卡斯　George Lucas
諾伊曼　John von Neumann
諾貝爾　Alfred Nobel
諾曼　Donald Norman
賴利波特　Larry Potter
賴特　Robert Wright
霍布斯　Thomas Hobbes
霍肯　Paul Hawken

十七畫

戴文波特　Davenport
戴森　Freeman Dyson
戴維　Humphrey Davy
戴維斯　Paul Davies
戴蒙　Jared Diamond

謝勒　Carl Scheele
賽門　Julian Simon
賽塞內格　Erich Tschermak
邁可戴維斯　Mike Davis

十八畫以上

簡申　Derrick Jensen
薩佛　Paul Saffo
薩林斯　Marshall Sahlins
薩根　Carl Sagan
薩茲馬瑞　Eors Szathmary
藍尼爾　Jaron Lanier
龐加萊　Henri Poincare
懷特　Lynn White
懷斯曼　Ben Wiseman
羅伯茲　Neil Roberts
羅伯斯　Larry Roberts
羅斯札克　Theodore Roszak
羅斯柴爾德　Nathan Rothschild
羅德斯　Richard Rhodes
羅默　Paul Romer

騰布爾　Colin Turnbull

其他

二至四畫

丁卡　Dinka
人口替換水準　replacement level
人口過渡　demographic transition
人族　hominins
士林哲學　scholasticism
大角星　Arcturus
大腳雪人　Bigfoot
川陀　Trantor
反抗文明　Against Civilization
反熵　exotropy
尤羅克　Yurok
巴布亞新幾內亞　Papau New Guinea
木板市　Slab City
比例定律　scaling law

五畫

加州理工學院　Caltech

半導體產業協會　The Semiconductor Industry Association
卡多　Kato
卡抛族　Kapau
卡林加　Kalinga
卡魯斯有限公司　Cohen Carruth
占先原則　Proactionary Principle
去量產化　demassification
古格瑞　gray goo
史丹佛研究院　Stanford Research Institute
史丹佛國際研究中心　SRI International
史丹利　Stanley
史潑尼克衛星　Sputnik
四因數公式　four-factor formula
尼安德塔人　Neanderthal
布因　Buin
布希曼人　San Bushmen
布蘭迪斯大學　Brandeis University
瓦諾族　Wano
生態棲位　ecological niche
皮卡　pickup truck

六畫

伊斯法罕　Esfahan
伊奧族　Iau
企鵝出版社　Penguin
全錄　Xerox
共演化　coevolution
同人小說　fan-fiction
地球高峰會議　Earth Summit
「地球第一」環保組織　Earth First
安加族　Anga
安達曼人　Andamanese
死谷國家公園　Death Valley
百萬兆位元組　exabytes
米拉路　Mira Road
米德湖　Lake Mead
自我相似性　self-similarity
西屋　Westinghouse
西爾斯羅巴克　Sears, Roebuck and Co.

七畫

佛羅勒斯島　Flores Island
位能　potential, potential energy
伯吉斯頁岩　Burgess Shale
克來德法則　Kryder's Law
克魯斯根　Coruscant
克羅馬儂人　Cro-Magnons
冷媒　Freon
呆伯特　Dilbert
希捷　Seagate
快馬郵遞　Pony Express
技術評估局　Office for Technology Assessment
杜布雷族　Meervlakte Dubele
杜族　Dobe
沙利竇邁　Thalidomide
沃克數位實驗室　Walker Digital Lab
沃爾瑪零售商店　Wal-Mart

貝爾大媽　Ma Bell
里約宣言　Rio Declaration

八畫

亞歷山大港　Alexandria
亞諾馬諾人　Yanomamo
亞諾瑪米　Yanomama
刺果松　bristlecone pine
固態電路研討會　Solid State Circuits Conference
奇佩瓦　Chippewa
奇異點　Singularity
姆布蒂部落　Mbuti
姆特瓦　Mtetwa
孟根　Murngin
帕西菲卡　Pacifica
拉普蘭人　Laplanders
波克達尼　Boko Dani
波松分布　Poisson distribution
直立人　Homo erectus
門葉族　Menye
門諾派教徒　Mennonite
阿米希　Amish
阿岡昆　Algonquin
阿拉伯半島南部沙漠的空白之地　Empty Quarter
阿茲特克　Aztec

九畫

哈佛馬克一號　Harvard Mark 1
拜耳　Bayer
柏拉阿圖　Palo Alto
柳樹車庫　Willow Garage
派崗　Piegan
洛克希德流星式戰鬥機　Lockheed Shoot Star
科學怪人症候群　Frankenstein syndrome
科學怪食物　Frankenfood
科羅拉多州佛羅倫薩監獄　Colorado supermax prison
美國快捷半導體公司　Fairchild Semiconductor
美國空軍科學研究辦公室　Air Force Office of Scientific Research
美國國防部高級研究計畫局網路　ARPANET
美國無線電公司　RCA
美國電話電報公司　AT&T
迪士尼　Disney
飛秒　femtoseconds
峇里島　Bali

十畫

原人　protohumans
哥廷根大學　Gottingen University
格雷大媽　Ma Gray
殷商奧爾梅克假設　the Shang-Olmec hypothesis
泰樂佛民　Telefolmin
浦豐的針　Buffon's Needle
特設城市　charter cities

神奇畫板 Etch A Sketch
紐約上州 upstate New York
紐澤西理工學院 New Jersey Institute of Technology
耆那教 Jain
馬斯垂克條約 Maastricht Treaty
馬爾薩斯人口論 Malthusian
高智發明 Intellectual Ventures

十一畫

國際高速齒輪 International High Gear
清潔空氣法 Clean Air Act
現代人 Sapiens
習知技藝 prior art
莫伊萊 Moirae
莫多克 Modoc
莫哈維 Mohave
野蔓部落 Yamana tribe
陶威德 Tauade
魚溪 Fish Creek
麥恩加 Mae Enga
麻瓜 Muggles

十二畫

最大熵 maximum entropy
創用CC授權條款 Creative Commons licensing
堯它位元組 yottabytes
寒武紀大爆發 Cambrian explosion
提維 Tiwi
斐濟 Fiji
智人 Homo sapiens
智前古人 pre-Sapiens
華頓商學院 Wharton School
華爾騰池 Walden
視紫質 rhodopsin
超在地化 hyperlocal
超個體 superorganism
超級軍刀 Super Sabre
軸心時代 Axial Age
量子去相干 quantum decoherence
量子相干 quantum coherence
雅達利 Atari
黑莓機 BlackBerry

十三畫

愛克森瓦拉茲號油輪 Exxon Valdez
愛雅娜 Auyana
新喀里多尼亞烏鴉 New Caledonian crows
新聞博物館 Newseum
準晶體 quasicrystal
碎形圖案 fractal pattern
萬國工業博覽會 the Great Exposition
葛布希 Gebusi
跳鼠 kangaroo rat/jerboa
達尼 Dani
達拉斯聯邦準備銀行 Federal Reserve Bank of Dallas
達鋐 Dahon
預防原則 the Precautionary Principle

十四畫

圖阿雷格 Tuareg
寧靜禱文 Serenity Prayer
漢米爾頓 Hamilton Beach
漢普灣 Hemple Bay
碳吸存 carbon sequestration
維基百科 Wikipedia
蒙哥馬利華德公司 Montgomery Ward
酷工具 Cool Tools
銜尾蛇 Uroboros

十五至十七畫

德甘達尼 Dugum Dani
摩爾定律 Moore's Law
複雜適應系統 complex adaptive system
適居帶 Goldilocks zone
墾務局 Bureau of Reclamation
歷程神學 Process Theology
盧德份子 Luddites
隨機變異 random variation
應用心靈 Applied Minds
環境保護局 Environmental Protection Agency
聯合國氣候變化綱要公約 United Nations Framework Convention on Climate Change
趨同演化 convergent evolution
隱花色素 cryptochromes
點突變 point mutation

十八畫以上

薩米人 Sami
藍吉瑪 Langimar
豐饒論者 cornucopians
離身性 disembodiment
離應 exaptations
羅馬天主教第二次拉特朗大公會議 Second Lateran Council
蘋果電腦 Apple
蘇力菌 Bacillus thuringiensis
麵包果 mongongo nuts
蘭卡斯特 Lancaster

廣	告	回	信
台灣北區郵政管理局登記證			
台北廣字第000791號			
免	貼	郵	票

104

台北市民生東路二段141號5樓

英屬蓋曼群島商家庭傳媒（股）城邦分公司

貓頭鷹出版社　　收